普通高等教育“十二五”规划教材

基坑支护工程

孔德森　吴燕开　主编

北京
冶金工业出版社
2021

内容提要

本书全面系统地阐述了基坑工程的基本理论、设计方法和施工工艺，并进行了工程实例分析，充分反映了基坑支护工程的理论研究、设计施工技术现状以及发展趋势。全书共分12章，分别为绪论、基坑支护荷载计算、基坑工程稳定性分析、放坡与土钉墙支护技术、水泥土墙支护技术、排桩支护技术、地下连续墙设计与施工、支撑体系设计与施工、逆作法、地下水的控制、土方开挖设计与施工以及基坑工程监测。本书理论联系实际，实践性强，能较好地帮助读者理解和掌握基坑支护工程的相关理论和应用技术。

本书可作为高等学校土木工程专业和城市地下空间工程专业的教材，也可供从事基坑工程勘察、设计、施工、监测工作的技术人员参考。

图书在版编目(CIP)数据

基坑支护工程/孔德森，吴燕开主编．—北京：冶金工业出版社，2012.8（2021.6重印）
普通高等教育“十二五”规划教材
ISBN 978-7-5024-5987-1

Ⅰ.①基…　Ⅱ.①孔…　②吴…　Ⅲ.①基坑—坑壁支撑—高等学校—教材　Ⅳ.①TU46

中国版本图书馆CIP数据核字(2012)第183452号

出 版 人　苏长永
地　　址　北京市东城区嵩祝院北巷39号　邮编　100009　电话　(010)64027926
网　　址　www.cnmip.com.cn　电子信箱　yjcbs@cnmip.com.cn
责任编辑　杨　敏　美术编辑　李　新　版式设计　孙跃红
责任校对　李　娜　责任印制　李玉山
ISBN 978-7-5024-5987-1
冶金工业出版社出版发行；各地新华书店经销；北京虎彩文化传播有限公司印刷
2012年8月第1版，2021年6月第7次印刷
787mm×1092mm　1/16；15印张；359千字；225页
32.00元

冶金工业出版社　投稿电话　(010)64027932　投稿信箱　tougao@cnmip.com.cn
冶金工业出版社营销中心　电话　(010)64044283　传真　(010)64027893
冶金工业出版社天猫旗舰店　yjgycbs.tmall.com

前 言

基坑支护工程是岩土工程的一个重要分支，是一门理论内涵丰富且实践性非常强的综合性交叉学科。它涉及工程地质学、土力学、基础工程、结构力学、施工技术、测试技术和环境岩土工程等学科，主要包括基坑工程的理论、勘察、设计、施工以及监测技术，同时还包括地下水的控制和土方开挖等，是相互关联、综合性很强的系统工程。近几十年来，随着我国经济和城市建设的高速发展，特别是市政工程和高层建筑的大量兴建，地下空间开发利用突飞猛进，深基坑工程越来越多，基坑的开挖深度也越来越深，规模和复杂程度不断加大，从而推动了我国深基坑工程理论、设计计算方法、施工技术和监测手段等的发展。

同时，基坑工程是一项难度大、风险大、投资大的关键性工程，基坑支护的设计与施工，既要保证整个支护结构在施工过程中的安全，又要控制主体结构和周围土体的变形，进而保证周围环境的安全。在安全的前提下，设计既要合理，又要节约造价，方便施工，缩短工期。由于我国的基坑支护工程发展历史不长，在理论研究、设计方法、施工经验、组织管理等方面均显不足，理论研究落后于工程实践，故基坑工程事故偶有发生。因而，不断加深对基坑支护工程的相关理论研究，改进和完善设计方法，提高基坑工程施工水平，实现信息化施工是提高我国基坑支护工程整体水平的关键。

编者在多年从事基坑工程理论研究与工程实践的基础上，结合教学经验，吸收国内外基坑支护工程的研究成果和实践经验编写了本书，全面系统地阐述了基坑支护工程的基本理论、设计方法和施工工艺，并分析了工程实例，充分反映了基坑支护工程的技术现状和发展趋势。

全书分为 12 章，第 1 章介绍了基坑支护工程的现状、特点、设计原则、支护方法和发展趋势；第 2 章重点阐述了土压力的计算方法和水平荷载、水平抗力标准值的确定方法；第 3 章对基坑支护工程的各种稳定性验算方法进行了论述；第 4 章介绍了放坡技术和土钉墙支护技术；第 5 章 ~ 第 9 章分别详细介绍了水泥土墙支护技术、排桩支护技术、地下连续墙支护技术、支撑体系和逆作法的特点、适用条件、设计方法和施工工艺；第10章重点论述了地下水的控制方法以及由于基坑降水引起的环境保护措施；第11章介绍了各种条件下的基坑土方开挖方法；第12章对基坑工程施工过程中的常用监测手段和方法进行了论述。

本书由孔德森和吴燕开主编。在编写过程中，门燕青、杨洋、徐立民、牛斌、陈永坡、陈文杰等做了大量的工作，在此谨向他们致以衷心的感谢。同时，书中还参考了国内外众多单位和个人的研究成果与工作总结，在此一并表示感谢。

由于编者水平有限，书中不足之处，恳请读者批评指正，以便做进一步的修改和补充。

孔德森　吴燕开

2012年5月

目 录

1 绪论

1.1 概述

建筑基坑是指为进行建（构）筑物基础、地下建（构）筑物施工而开挖形成的地面以下的空间。随着经济的发展和城市化进程的加快，城市人口密度不断增大，城市建设向纵深方向飞速发展，地下空间的开发和利用成为一种必然，基坑工程的数量日益增多，规模不断扩大，基坑复杂性和技术难度也随之增大。大规模的高层建筑地下室、地下商场的建设和大规模的市政工程如地下停车场、大型地铁车站、地下变电站、地下通道、地下仓库、大型排水及污水处理系统和地下民防工事等的施工都面临深基坑工程，并且不断刷新着基坑工程的规模、深度和难度纪录。

我国基坑工程的发展是从20世纪90年代开始的。改革开放以前，我国的基础埋深较浅，基坑开挖深度一般在5m以内，一般建筑基坑均可采用放坡开挖或用少量钢板桩支护；80年代末期，由于高层建筑不多，地铁建设也很少，故涉及的基坑深度大多在10m以内；自90年代初期，高层建筑逐渐增多；90年代中后期，以北京、上海、深圳、广州等为代表的城市，高层建筑如雨后春笋般开始大量建设，以地铁为代表的地下工程也开始大规模建设，基坑开挖最大深度逐渐接近20m，少量超过20m；90年代末期以后，基坑开挖最大深度迅速增大至30～40m。上海地铁4号线董家渡基坑的开挖深度为38.0～40.9m，上海交通大学海洋深水试验池的开挖深度达39m，上海世博500kV地下变电站的开挖深度为33.6m，天津站交通枢纽工程的开挖深度为25.0～33.5m，开挖面积达5万平方米，上海中心的基坑开挖深度为31.3m。这些大型基坑工程的建成，标志着我国基坑工程技术达到了一个很高的水平。

基坑支护是指为保证基坑开挖和地下结构的施工安全以及保护基坑周边环境而对基坑侧壁和周边环境采取的支挡、加固和保护措施，它主要包括基坑的勘察、设计、施工及监测技术，同时还包括地下水的控制和土方开挖等，是相互关联、综合性很强的系统工程。基坑支护技术是基础和地下工程施工中的一个传统课题，同时又是一个综合性的岩土工程难题，是一项从实践中发展起来的技术，也是一门实践性非常强的学科。它涉及工程地质学、土力学、基础工程、结构力学、施工技术、测试技术和环境岩土工程等学科，主要包括土力学中典型的强度、稳定及变形问题，土与支护结构共同作用问题，基坑中的时空效应问题以及结构计算问题等。

基坑工程是世界各地建设工程中数量多、投资大、难度大、风险大的关键性工程项目，基坑支护的设计与施工，既要保证整个支护结构在施工过程中的安全，又要控制结构及其周围土体的变形，以保证周围环境（相邻建筑和地下公共设施等）的安全。在安全前提下，设计既要合理，又要节约造价，方便施工，缩短工期。要提高基坑支护的设计与施工水平，必须正确选择计算方法、计算模型和岩土力学参数，选择合理的支护结构体系，同时还要有丰富的设计和施工经验，其设计与施工是相互信赖、密不可分的。在基坑施工的每一个阶段，随着施工工艺、开挖位置和次序、支撑和开挖时间等的变化，结构体系和外部荷载都在变化，都对支护结构的内力产生直接的影响，每一个施工工况的数据都可能影响支护结构的稳定和安全。只有设计与施工人员密切配合，加强监测分析，及早发现和解决问题，总结经验，才能使基坑工程难题得到有效解决，也只有这样，设计理论和施工技术才能得到较快的发展。

1.2　基坑支护工程的特点

基坑支护工程具有以下特点：

(1) 风险大。当支护结构仅作为地下主体工程施工所需要的临时支护措施时，其使用时间不长，一般不超过两年，属于临时工程，与永久性结构相比，设计考虑的安全储备系数相对较小，加之岩土力学性质、荷载以及环境的变化和不确定性，使支护结构存在着较大的风险。

(2) 区域性强。岩土工程区域性强，基坑支护工程则表现出更强的区域性。不同地区岩土力学性质千差万别，即使在同一地区的岩土性质也有所区别，因此，基坑支护设计与施工应因地制宜，结合本地情况和成功经验进行，不能简单照搬。

(3) 独特性显著。基坑工程与周围环境条件密切相关，在城区和在空旷区的基坑对支护体系的要求差别很大，几乎每个基坑都有其相应的独特性。

(4) 综合性强。基坑支护是岩土工程、结构工程以及施工技术相互交叉的学科，同时基坑支护工程涉及土力学中的稳定、变形和渗流问题，影响基坑支护的因素也很多，所以要求基坑支护工程的设计者应具备多方面的综合专业知识。

(5) 时空效应明显。基坑工程空间形状对支护体系的受力具有较强的影响，同时土又具有较明显的蠕变性，从而导致基坑工程具有显著的时空效应。

(6) 信息化施工要求高。基坑挖土顺序和挖土速度对基坑支护体系的受力具有很大影响，基坑支护设计应考虑施工条件，并应对施工组织提出要求，基坑工程需要加强监测，实行信息化施工。

(7) 环境效应显著。基坑支护体系的变形和地下水位下降都可能对基坑周围的道路、地下管线和建筑物产生不良影响，严重的可能导致破坏，因此，基坑工程设计和施工一定要重视环境效应。

(8) 理论不成熟。尽管基坑支护技术得到了较大的发展，但在理论上仍属尚待发展的综合技术学科。目前只能采用理论计算和地区经验相结合的半经验、半理论的方法进行设计。

1.3　基坑工程的设计原则与安全等级

1.3.1　基坑工程的设计原则

基坑工程设计的主要内容包括基坑支护方案选择、支护参数确定、支护结构的强度和变形验算、基坑内外土体的稳定性验算、围护墙的抗渗验算、降水方案设计、基坑开挖方案设计和监测方案设计等。在进行基坑工程设计时，应遵循以下原则：

(1) 安全可靠。保证基坑四周边坡的稳定，满足支护结构本身强度、稳定和变形的要求，确保基坑四周相邻建筑物、构筑物和地下管线的安全。

(2) 经济合理。在支护结构安全可靠的前提下，要从工期、材料、设备、人工以及环境保护等方面综合确定具有明显技术经济效益的设计方案。

(3) 技术可行。基坑支护结构设计不仅要符合基本的力学原理，而且要能够经济、便利地实施，如设计方案应与施工机械相匹配、施工机械要具有足够的施工能力等。

(4) 施工便利。在安全可靠、经济合理的原则下，最大限度地满足方便施工条件，以缩短工期。

(5) 可持续发展。基坑工程设计要考虑可持续发展，考虑节能减耗，减少对环境的影响，减少对环境的污染。如在技术经济可行的条件下，尽可能地采用支护结构与主体结构相结合的方式；在设计中尽可能地少采用钢筋混凝土支撑，减少支撑拆除所造成的噪声和扬尘污染以及废弃材料的处置难题等。

(6) 采用以分项系数表示的极限状态设计方法进行设计。根据中华人民共和国行业标准《建筑基坑支护技术规程》（JGJ 120—99）中的规定，基坑支护结构应采用以分项系数表示的极限状态设计方法进行设计，基坑支护结构极限状态可分为以下两类：

1）承载能力极限状态。对应于支护结构达到最大承载能力或土体失稳、过大变形导致支护结构或基坑周边环境破坏。

2）正常使用极限状态。对应于支护结构的变形已妨碍地下结构施工或影响基坑周边环境的正常使用功能。

基坑开挖与支护设计应具备下列资料：

(1) 岩土工程勘察报告；

(2) 用地退界线及红线范围图、建筑总平面图、地下管线图、地下结构的平面图和剖面图；

(3) 邻近建筑物和地下设施的类型、分布情况和结构质量的检测评价。

在进行基坑工程设计时，应考虑的荷载主要包括：

(1) 土压力和水压力；

(2) 地面超载；

(3) 影响范围内建（构）筑物产生的侧向荷载；

(4) 施工荷载及邻近基础工程施工（如打桩、基坑开挖、降水等）的影响；

(5) 有时还应考虑温度影响和混凝土收缩、徐变引起的作用以及挖土和支撑施工时的时空效应。

1.3.2 基坑工程的安全等级

基坑侧壁安全等级划分难度较大，很难定量说明。《建筑基坑支护技术规程》（JGJ 120—99）中采用了结构安全等级划分的基本方法，按支护结构的破坏程度分为很严重、严重和不严重三种情况，分别对应于三种安全等级，具体见表 1－1。

表 1－1 基坑侧壁安全等级和重要性系数

安全等级	破 坏 后 果	重要性系数 γ_0
一级	支护结构破坏、土体失稳或过大变形对基坑周边环境及地下结构施工影响很严重	1.10
二级	支护结构破坏、土体失稳或过大变形对基坑周边环境及地下结构施工影响严重	1.00
三级	支护结构破坏、土体失稳或过大变形对基坑周边环境及地下结构施工影响不严重	0.90

根据承载能力极限状态和正常使用极限状态的设计要求，基坑支护应按下列规定进行计算和验算。

(1) 基坑支护结构均应进行承载能力极限状态的计算，计算内容包括：

1) 根据基坑支护形式及其受力特点进行土体稳定性计算；

2) 基坑支护结构的受压、受弯、受剪承载力计算；

3) 当有锚杆或支撑时，应对其进行承载力计算和稳定性验算。

(2) 对于安全等级为一级及对支护结构变形有限定的二级建筑基坑侧壁，尚应对基坑周边环境及支护结构变形进行验算。

(3) 应进行地下水控制计算和验算，具体包括：

1) 抗渗透稳定性验算；

2) 基坑底突涌稳定性验算；

3) 根据支护结构设计要求进行地下水位控制计算。

1.4 基坑支护总体方案与支护方法分类

1.4.1 基坑支护总体方案

基坑支护总体方案的选择直接关系到工程造价、施工进度和周围环境的安全。总体方案主要有顺作法和逆作法两种基本形式，且它们各有特点。在同一个基坑工程中，顺作法和逆作法也可以在不同的基坑区域组合使用，从而在特定条件下满足工程的技术经济要求。基坑工程的总体支护方案分类如图 1－1 所示。

1.4.2 基坑支护方法分类

基坑支护方法种类繁多，每一种支护方法都有一定的适用范围，也都有其相应的优点和缺点，一定要因地制宜，选用合理的支护方式，具体工程中采用何种支护方法主要根据基坑开挖深度、岩土性质、基坑周围场地情况以及施工条件等因素综合考虑决定。目前在基坑工程中常用的支护方法有：悬臂式支护结构、拉锚式支护结构、内支撑式支护结构、水泥土重力式支护结构、土钉支护和复合土钉支护等。同时，基坑支护方法的分类也多种多样，在基坑支护方法分类中要包括各种支护形式是十分困难的。龚晓南教授将其分为四大类，即放坡开挖及简易支护、加固边坡土体形成自立式支护结构、挡墙式支护结构和其他支护结构。常用基坑支护方法分类和适用范围见表 1－2，表中所列开挖深度应根据当地经验合理选用。

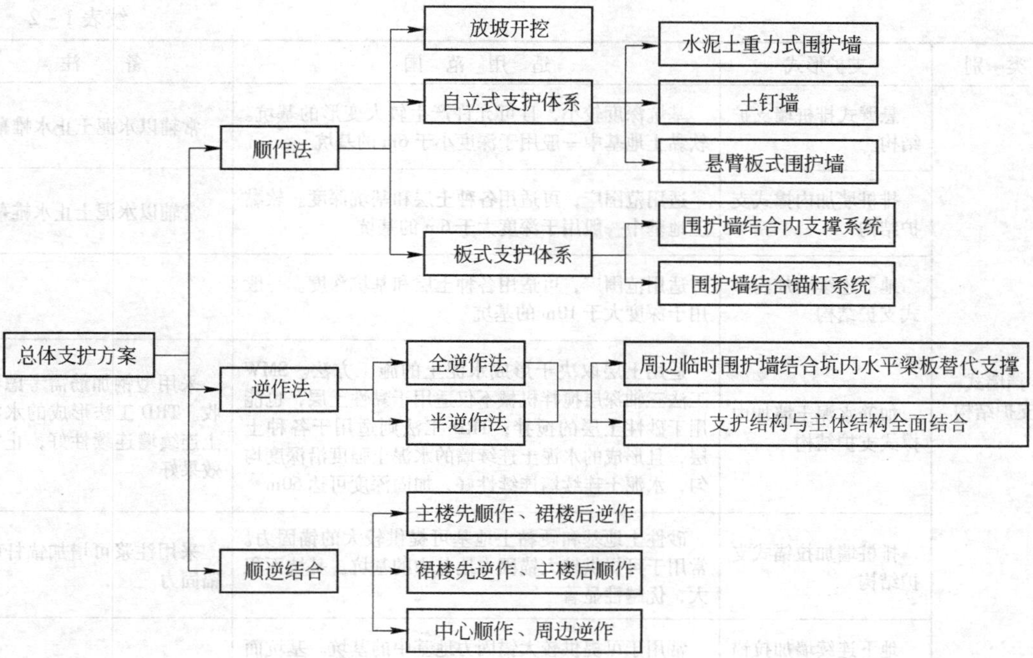

图1-1 基坑总体支护方案分类

表1-2 常用基坑支护方法分类及适用范围

类 别	支护形式	适 用 范 围	备 注
放坡开挖及简易支护	放坡开挖	地基土质较好，地下水位低，或可采取降水措施降低水位，以及施工现场有足够放坡场地的工程。允许开挖深度取决于地基土的抗剪强度和放坡坡度	费用较低，条件许可时尽量采用
	放坡开挖为主，坡脚辅以短桩、隔板及其他简易支护	基本同放坡开挖。坡脚采用短桩、隔板及其他简易支护可减小放坡占用场地面积，或提高边坡稳定性	
	放坡开挖为主，辅以喷锚网加固	基本同放坡开挖。喷锚网主要用于提高边坡表层土体稳定性	
加固边坡土体形成自立式支护结构	水泥土重力式支护结构	可采用深层搅拌法施工，也可采用旋喷法施工。适用土层取决于施工方法。软黏土地基中，一般用于支护深度小于6m的基坑	可布置成格栅状，支护结构宽度较大
	加筋水泥土墙支护结构	一般用于软黏土地基中深度小于6m的基坑	常用型钢、预制钢筋混凝土T形桩等加筋材料。采用型钢加筋需考虑回收
	土钉墙支护结构	一般适用于地下水位以上或降水后的基坑边坡加固。土钉墙支护临界高度与地基土抗剪强度有关。软黏土地基中应控制使用，一般可用于深度小于5m，且可允许产生较大变形的基坑	可与锚、撑式排桩墙支护联合使用，用于浅层支护
	复合土钉墙支护结构	基本同土钉墙支护结构	复合土钉墙形式很多，应具体情况具体分析
	冻结法支护结构	可用于各类地基	应考虑冻融过程对周围环境的影响、电源不能中断，以及工程费用等因素

续表 1－2

类 别	支护形式	适 用 范 围	备 注
挡墙式支护结构	悬臂式排桩墙支护结构	基坑深度较小，且可允许产生较大变形的基坑。软黏土地基中一般用于深度小于6m的基坑	常辅以水泥土止水帷幕
	排桩墙加内撑式支护结构	适用范围广，可适用各种土层和基坑深度。软黏土地基中一般用于深度大于6m的基坑	常辅以水泥土止水帷幕
	地下连续墙加内撑式支护结构	适用范围广，可适用各种土层和基坑深度。一般用于深度大于10m的基坑	
	加筋水泥土墙加内撑式支护结构	适用土层取决于形成水泥土的施工方法。SMW工法三轴深层搅拌机械不仅适用于黏性土层，也能用于砂性土层的搅拌；TRD工法则适用于各种土层，且形成的水泥土连续墙的水泥土强度沿深度均匀，水泥土连续墙连续性好，加固深度可达60m	采用型钢加筋需考虑回收。TRD工法形成的水泥土连续墙连续性好，止水效果好
	排桩墙加拉锚式支护结构	砂性土地基和硬黏土地基可提供较大的锚固力。常用于可提供较大锚固力地基中的基坑。基坑面积大，优越性显著	采用注浆可增加锚杆的锚固力
	地下连续墙加拉锚式支护结构	常用于可提供较大锚固力地基中的基坑。基坑面积大，优越性显著	
其他形式支护结构	门架式支护结构	常用于开挖深度已超过悬臂式支护结构的合理支护深度且深度也不是很大的情况。一般用于软黏土地基中深度7～8m,且可允许产生较大变形的基坑	
	重力式门架支护结构	基本同门架式支护结构	对门架内土体采用深层搅拌法加固
	拱式组合型支护结构	一般用于软黏土地基中深度小于6m，且可允许产生较大变形的基坑	辅以内支撑可增加支护高度、减小变形
	沉井支护结构	软土地基中面积较小且呈圆形或矩形等较规则形状的基坑	

1.5 基坑工程勘察

目前，基坑工程的勘察很少单独进行，大多数是与地基勘察一并完成的，但由于有些勘察人员对基坑工程的特点和要求不甚了解，所提供的勘察成果往往不能满足基坑支护设计的要求。

基坑工程勘察与地基勘察一样，一般可分为初步勘察、详细勘察和施工勘察三个阶段。在初步勘察阶段，应根据岩土工程条件，搜集工程地质和水文地质资料，并进行工程地质调查，初步判定基坑开挖可能发生的问题和需要采取的支护措施。在详细勘察阶段，应针对基坑工程设计的要求进行勘察。施工勘察是在施工阶段进行的补充勘察。

在详细勘察阶段，应按下列要求进行勘察工作：

（1）勘察范围应根据基坑开挖深度及场地的岩土工程条件确定，并宜在开挖边界外$(2\sim3)h$（h为开挖深度）范围内布置勘探点，当开挖边界外无法布置勘探点时，应通过调查取得相应资料。对于软土地区，勘察范围应适当扩大。

(2) 基坑周边勘探点的深度应根据基坑支护结构设计要求确定，不宜小于1倍开挖深度，一般为基坑开挖深度的2～3倍，软土地区应穿越软土层。

(3) 勘探点间距应视地层条件而定，可在15～30m范围内选择，地层变化较大时，应增加勘探点，查明分布规律。

工程地质勘察应为设计、施工提供符合实际情况的土性指标，因此，试验项目及方法选择应有明确的目的性和针对性，强调与工程实际的一致性。一般基坑工程设计和施工所需提供的勘探资料和土工参数见表1-3。

表1-3 基坑工程设计和施工所需提供的勘探资料和土工参数

类别	参数	类别	参数
土层特性	标高 层厚 土层层号和名称 土层描述	力学性质	压缩系数 a 压缩模量 E_s 回弹模量 E_{ur} 先期固结压力 p_c 超固结比 OCR 压缩指数 C_c 回弹指数 C_s 内摩擦角 φ 黏聚力 c 无侧限抗压强度 q_u 灵敏度 S_t 静止土压力系数 K_0 十字板剪切强度 S_u 标贯击数 N 比贯入阻力 p_s 侧向基床系数 K
物理性质	颗粒级配 不均匀系数 C_u 天然含水量 ω 饱和度 S_r 天然重度 γ 相对密度 d_s（比重 G） 塑限 ω_p 液限 ω_L 塑性指数 I_p 液性指数 I_L 孔隙比 e		
水理性质	渗透系数 k		

当场地水文地质条件复杂，在基坑开挖过程中需要对地下水进行治理时，应进行专门的水文地质勘察。场地水文地质勘察应达到以下要求：

(1) 查明开挖范围及邻近场地地下水含水层和隔水层的层位、埋深和分布情况，查明各含水层（包括上层滞水、潜水和承压水）的补给条件和水力联系；

(2) 测量场地各含水层的渗透系数和渗透影响半径；

(3) 分析施工过程中水位变化对支护结构和基坑周边环境的影响，提出应采取的措施。

基坑周边环境勘察应包括以下内容：

(1) 查明影响范围内建（构）筑物的结构类型、层数、基础类型、埋深、基础荷载大小及上部结构现状；

(2) 查明基坑周边的各类地下设施，包括水管、电缆、煤气、污水、雨水、热力等管线或管道的分布和性状；

(3) 查明场地周围和邻近地区地表水汇流、排泄情况、地下水管渗漏情况以及对基坑开挖的影响程度；

(4) 查明基坑四周道路的距离及车辆载重情况。

岩土工程勘察应在岩土工程评价方面有一定的深度，只有通过比较全面的分析评价，才能使支护方案选择的建议更为确切，更有依据。因此，基坑工程勘察应针对以下内容进行分析，提供有关计算参数和建议。

(1) 分析场地的地层结构和岩土的物理力学性质；

(2) 地下水的控制方法、计算参数以及降水效果和降水对邻近建筑物和地下设施等周边环境的影响；

(3) 施工中应进行的现场监测项目；

(4) 基坑开挖过程中应注意的问题及其防治措施。

岩土工程勘察报告中，与基坑工程有关的部分应包括以下内容：

(1) 与基坑开挖有关的场地条件、土质条件和工程条件；

(2) 提出处理方式、计算参数和支护结构选型的建议；

(3) 提出地下水控制方法、计算参数和施工控制的建议；

(4) 提出施工方法和施工中可能遇到的问题，并提出防治措施；

(5) 对施工阶段的环境保护和监测工作提出建议。

1.6 基坑工程的发展趋势

未来的基坑支护工程必将越来越多，基坑深度将会越来越深，地质条件也会越来越复杂，由此必然会对基坑支护工程各方面提出新的更高的要求。总结基坑支护工程未来的发展趋势，大致可归纳为以下几点：

(1) 系统化。基坑支护工程是一个系统工程，从勘察、设计到施工，牵涉到方方面面，故需要用系统的处理方法来解决基坑支护工程中的很多问题。

从国内的实际情况来看，设计方、施工方、监测方和科研方现在已经能够在基坑支护工程的实践中形成一个联合体。只要各方各谋其职，协调得当，是可以通过愉快的合作来保证工作的顺利进行的，但仍存在很多问题。如设计单位与施工单位的配合尚不够规范和默契，设计意图往往不能准确地得到理解和实施；监测单位只是负责提供数据，不可避免地会出现监测与科研各自为战的局面等，加上基坑支护工程比较容易出现意外情况，如渗水、地下连续墙变形过大、地面沉降等，谁来解释问题、解决问题和承担责任都需要通过系统地明确分工和综合调度来实现。在这一点上，我国与国外相比还有不小的差距，这就要求我们建立并完善基坑支护工程的组织管理系统。

(2) 规范化。实践证明，随着基坑深度的大幅增加，基坑支护结构、土体、地下水的性态等都将发生很大的变化，有些甚至发生了质变，相应的设计规范、方法、软件等都存在着这样那样的不足。当然，原因是多方面的，如参数的试验取定、结构的建模计算、有关内力、变形和稳定的限定等都受到理论、技术、设备和经验的限制，因此，出现了很多设计与施工脱节的现象。可喜的是随着超深、超大基坑的不断出现，相关的理论也在逐步完善，经验也在逐渐丰富，软硬件设备也有了很大的改善，深基坑支护工程也在不断规范化。

(3) 智能化。智能化是基坑工程发展的必然趋势。计算机的介入使有限元计算、神经网络模型、遗传算法等先进方法得以发挥巨大的作用。众多设计、监测、科研甚至施工中的问题得到了突破性的进展。但从长远的眼光来看，这仅仅是个开始，未来的基坑支护工程的智能化速度必将越来越快，这从近两年相关软件、硬件的发展速度就可看出。

(4) 机械化。施工机械化是基坑支护工程规模、难度不断加大的必然要求。地下连续墙的成槽、支撑立柱的钻孔、地下连续墙钢筋笼的起吊下放以及土方开挖、降水等都对施工机械的性能提出了越来越高的要求。虽然许多施工单位大胆投资引进了一些先进的施工机械设备，但还是不能满足基坑支护工程的要求，这必然影响施工的进度和精度。

(5) 信息化。信息化已经成为未来基坑工程施工的显著特征，作为一个与复杂地质环境紧密相关的系统工程，及时的信息采集、分析和处理既可以真实地反映基坑实际的运作状态，指导下一步的施工工作，又可为科研设计提供宝贵的第一手资料。在现有的技术设备条件下，很多基坑工程中的问题还不能通过单纯的理论分析和理论计算来解释确定，信息采集和积累的工作仍有其不可替代的作用。

思考与练习题

1-1　建筑基坑和基坑支护的定义是什么，为什么说基坑支护工程是一个复杂的系统工程？

1-2　基坑工程的特点是什么？

1-3　基坑工程的设计原则是什么，基坑工程的安全等级是怎样划分的？

1-4　简述基坑工程的总体支护方案分类和支护方法分类。

1-5　基坑工程勘察的要求有哪些？

1-6　简述基坑工程的发展趋势。

2 基坑支护荷载计算

2.1 概 述

随着城市高层建筑越来越多，城市建筑基坑设计也越来越深，为了维护基坑开挖边坡的稳定，常要设置临时性或半永久性的支护体系。作用于支护结构上的荷载主要有土压力和水压力，而土压力是主要的荷载，特别是在大型深基坑的开挖中能较正确地估计土压力，对于确保工程的顺利施工具有十分重要的意义。土压力是指支挡结构后的土体因自重或外荷载作用对支护结构体产生的侧压力。由于土压力是支挡结构的主要外荷载，因此在基坑支护设计时首先要确定土压力的性质、大小、方向和作用点。土压力的计算是个比较复杂的问题，它按支挡结构可能位移发生的方向分为主动土压力、被动土压力和静止土压力。

（1）静止土压力。当支挡结构在土压力作用下静止不动，土体处于弹性平衡状态时，作用于支挡结构上的土压力称为静止土压力。如建筑物地下室的外墙，由于横墙与楼板的支撑作用，墙体的变形很小，可以忽略不计，此时作用于墙上的土压力可认为是静止土压力，通常用 E_0 来表示，如图 2－1a 所示。

（2）主动土压力。当支挡结构在土压力的作用下，将向基坑内移动或绕前趾向基坑内转动，随着位移的增加，土体中的应力差将随之加大，则作用于挡土结构的土压力就逐渐减小。当位移达到一定量值时，其后土体开始形成滑裂面，应力到达极限平衡状态，这时作用于支挡结构上的土压力处于最小值，称为主动土压力，通常用 E_a 来表示，如图 2－1b 所示。进入主动土压力状态的位移量一般是比较小的，表 2－1 列出了位移的参考值。

（3）被动土压力。当支挡结构在外荷载作用下（如支承于其上的拱结构、支撑等的推力等），将向填土方向移动或转动。随着位移的增加，土体阻止其变位的抗力将增加，应力水平随之提高，使作用于结构上的土压力逐渐增加。当位移达到一定量值时，则土体中亦将形成一个滑裂面，应力到达极限平衡，这时作用于支挡结构上的土压力处于最大值，称为被动土压力，通常用 E_p 来表示，如图 2－1c 所示。进入被动土压力状态的位移

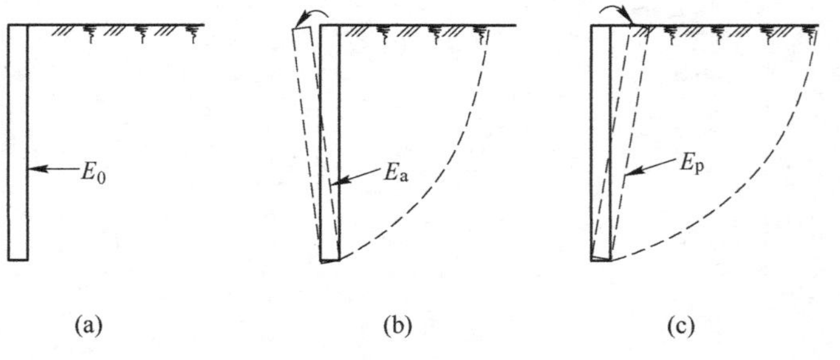

图 2－1　挡土结构上的三种土压力

量比主动状态要大得多。表 2-1 给出了砂土进入被动状态时位移的参考值。

表 2-1 产生主动和被动土压力所需要的位移量

土 类	应力状态	位移形式	所需位移量
砂土	主动	平移	0.001h
	被动	平移	0.001h
	主动	绕前趾转动	0.05h
	被动	绕前趾转动	0.1h
黏土	主动	平移	0.004h
	被动	绕前趾转动	0.004h

注：h 为墙体高度。

上述的三种土压力是随位移变化的三种极限情况，由图 2-2 可见，这三种土压力有如下关系：

$$E_a < E_0 < E_p$$

设计时应根据挡土结构的实际工作条件，主要是墙身的位移情况，决定采用哪一种土压力作为计算依据。一般基坑围护结构的上部分由于受到墙后土的作用和地基变形，总要转动向前移动，这些微小的转动或移动足以使作用在墙背后的土压力接近于主动土压力，所以设计时多按主动土压力计算。与此同时，基坑围护结构的下部分由于结构向坑内的可能位移，使土体处于被动受压状态，产生被动土压力以维持支护结构的平衡作用。

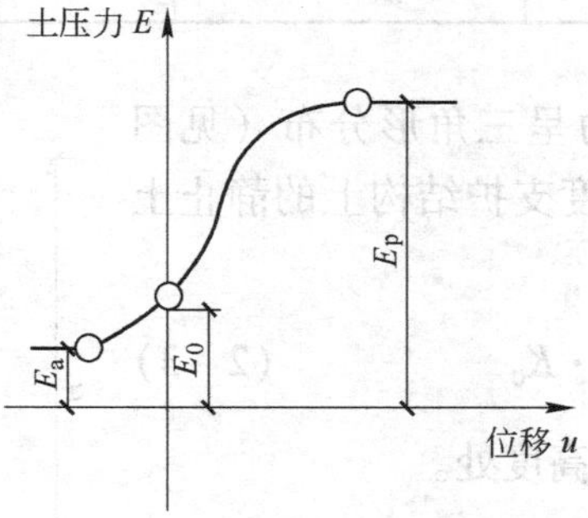

图 2-2 支挡结构位移与土压力的关系

2.2 土压力理论

2.2.1 静止土压力

当支挡结构无位移或位移量很小时，作用在支挡结构上的土压力可以按静止土压力计算。作用于挡土结构上的静止土压力强度以 e_0 表示，可按下式计算：

$$e_0 = K_0 \cdot \gamma \cdot z \tag{2-1}$$

式中 γ——土的重度，kN/m³；

z——计算点的深度，m；

K_0——静止土压力系数，为在侧限条件下，即土体或试样在无侧向位移条件下，水平向有效压应力与竖向有效压应力之比，可在侧压力仪或有特殊装置的三轴压缩仪中测定，在无试验资料条件下，可用下列经验公式计算，即：

$$K_0 = 1 - \sin\varphi' \tag{2-2}$$

φ'——土的有效内摩擦角。

K_0 也可由表2-2选定。

表2-2 静止土压力系数

土的类型	液限	塑性指数	K_0
饱和松砂	—	—	0.46
饱和密砂	—	—	0.36
干的密砂（$e=0.6$）	—	—	0.49
干的松砂（$e=0.8$）	—	—	0.64
压实的残积黏土	—	9	0.42
压实的残积黏土	—	31	0.66
原状的有机质淤泥质黏土	74	45	0.57
原状的高岭土	61	23	0.64~0.70
原状的海相黏土	37	16	0.48
灵敏黏土	34	10	0.52

由上式可知，静止土压力呈三角形分布（见图2-3），则土体作用于单位长度支护结构上的静止土压力为：

$$E_0 = \frac{1}{2}\gamma H^2 \cdot K_0 \tag{2-3}$$

作用点的位置在1/3支挡结构高度处。

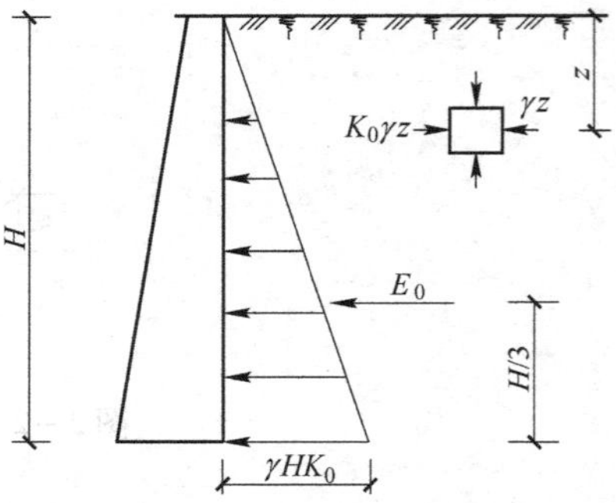

图2-3 静止土压力强度分布图

2.2.2 库仑土压力理论

1776年，法国科学家库仑（C. A. Coulomb）根据极限平衡的概念，并假定滑动为平面，分析了滑动楔体的力系平衡，从而求算出挡土墙上的土压力，即著名的库仑土压力理论。该理论做了如下假设：

(1) 墙后填土为均匀的无黏性土（黏聚力 $c=0$），填土表面倾斜 $\beta>0$；

(2) 挡土墙是刚性的，墙背倾斜，倾角为 ε；

(3) 墙面粗糙，墙背与土体之间存在摩擦力（$\delta>0$）；

(4) 滑动破裂面为通过墙踵的平面。

根据假设条件，利用墙后土体处于极限平衡状态下的大小主应力间的关系表达式，库仑分别得到了作用在墙背上的主动土压力及被动土压力的计算公式。

2.2.2.1 主动土压力

库仑主动土压力为：

$$e_a = K_a \gamma z \tag{2-4}$$

$$E_a = \frac{1}{2}\gamma h^2 K_a \tag{2-5}$$

$$K_a = \frac{\cos^2(\varphi - \rho)}{\cos^2\rho\cos(\rho + \delta)\left[1 + \sqrt{\dfrac{\sin(\varphi + \delta)\sin(\varphi - \beta)}{\cos(\rho + \delta)\cos(\rho - \beta)}}\right]^2} \tag{2-6}$$

式中 e_a——主动土压力强度，kPa；

E_a——总主动土压力，kN/m；

K_a——主动土压力系数；

ρ——墙背倾角，（°）；

β——墙背填土表面的倾角，（°）；

δ——墙背和土体之间的摩擦角，（°）；

z——所计算的点离填土面的深度，m；

γ——土的重度，kN/m^3；

φ——土的内摩擦角，（°）；

其他符号见图2－4、图2－5。

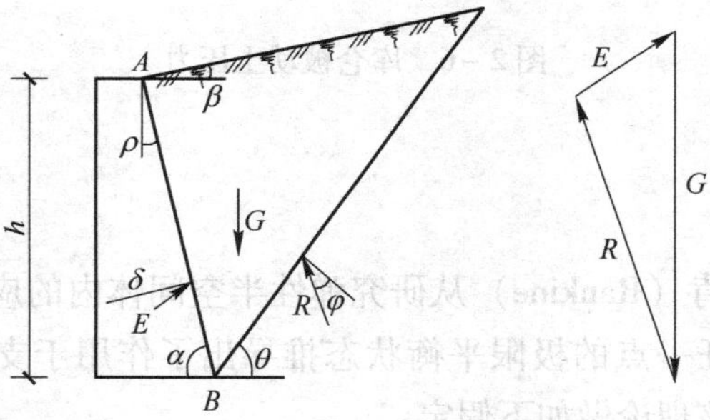

图2－4 主动状态下的滑动楔体

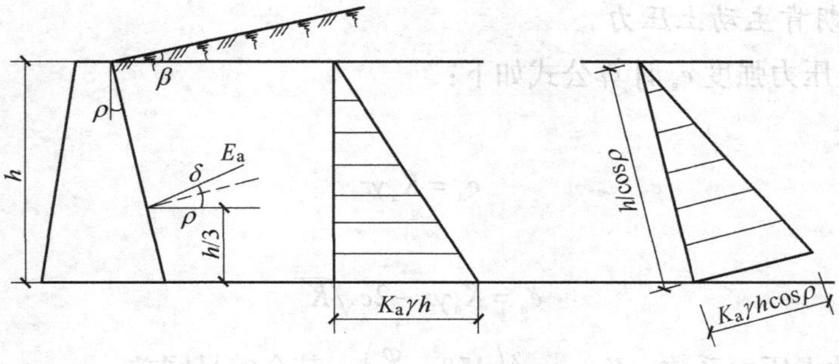

图2－5 库仑主动土压力

2.2.2.2 被动土压力

库仑被动土压力为：

$$e_p = K_p \gamma z \tag{2-7}$$

$$E_p = \frac{1}{2}\gamma h^2 K_p \tag{2-8}$$

$$K_p = \frac{\cos^2(\varphi+\rho)}{\cos^2\rho\cos(\rho-\delta)\left[1+\sqrt{\frac{\sin(\varphi+\delta)\sin(\varphi+\beta)}{\cos(\rho-\delta)\cos(\rho-\beta)}}\right]^2} \tag{2-9}$$

式中 e_p——被动土压力强度，kPa；

E_p——总被动土压力，kN/m；

K_p——被动土压力系数；

其他符号见图2-6。

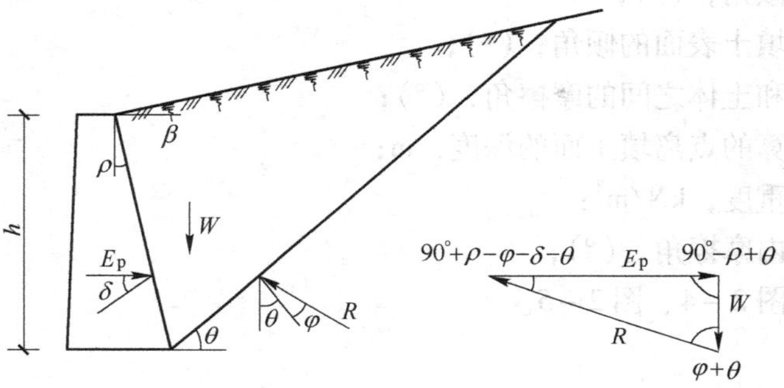

图2-6 库仑被动土压力

2.2.3 朗肯土压力理论

1857年英国学者朗肯（Rankine）从研究弹性半空间体内的应力状态，根据支挡结构的移动方向，由土体内任一点的极限平衡状态推导出了作用于支挡结构上的土压力的方法，又称极限应力法。该理论做如下假定：

(1) 墙身是刚性的，不考虑墙身的变形；

(2) 墙后填土延伸到无限远处，填土表面水平（$\beta=0$）；

(3) 墙背垂直光滑（墙与垂向夹角 $\varepsilon=0$，墙与土的摩擦角 $\delta=0$）。

2.2.3.1 朗肯主动土压力

朗肯主动土压力强度 e_a 计算公式如下：

对无黏性土

$$e_a = K_a \gamma z$$

对黏性土

$$e_a = K_a \gamma z - 2c\sqrt{K_a} \tag{2-10}$$

式中，K_a 为主动土压力系数，$K_a = \tan^2\left(45° - \frac{\varphi}{2}\right)$；其余符号同前。

无黏性土主动土压力为：

$$E_a = \frac{1}{2}\gamma H^2 K_a$$

由式（2－10）知，黏性土的主动土压力由两部分组成：一部分为土重产生的土压力，即 $\gamma z K_a$；另一部分是由内聚力 c 引起的负侧压力，即 $2c\sqrt{K_a}$，这两部分土压力叠加的结果如图 2－7 所示。可看出两项之和使得墙后土压力在 z_0 深度以上出现负值，即拉应力，但实际上墙与土在很小的拉力作用下就会脱开，出现深度为 z_0 的裂缝，因此，在 z_0 以上可认为土压力为零，z_0 以下，土压力强度按三角形 abc 分布，令式（2－10）中 $e_a = 0$，可解得：

$$z_0 = \frac{2c}{\gamma\sqrt{K_a}}$$

总主动土压力 E_a 应为三角形 abc 的面积，即：

$$E_a = \frac{1}{2}\gamma H^2 K_a - 2cH\sqrt{K_a} + \frac{2c^2}{\gamma} \tag{2-11}$$

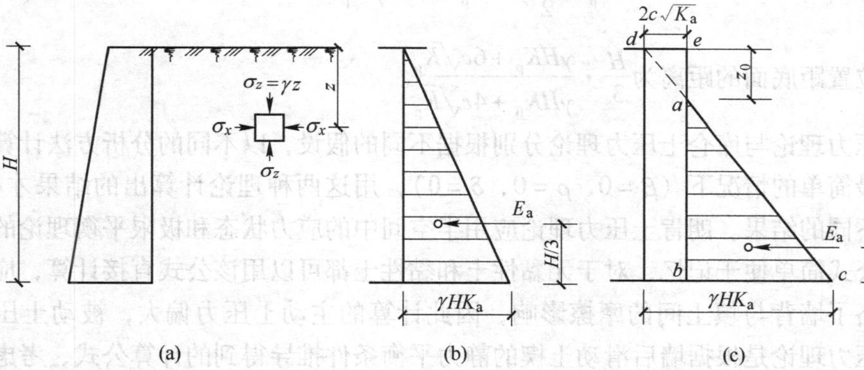

图 2－7　主动土压力强度分布图

（a）主动土压力；（b）无黏性土；（c）黏性土

2.2.3.2　朗肯被动土压力

如图 2－8 所示，被动土压力强度 e_p 为：

$$e_p = \sigma_z K_p + 2c\sqrt{K_p} \tag{2-12}$$

$$K_p = \tan^2\left(45° + \frac{\varphi}{2}\right) \tag{2-13}$$

式中　K_p——主动土压力系数。

朗肯土压力理论是库仑土压力理论的一个特例，但由于朗肯土压力理论计算方便，便于工程实际，故目前工程中，对作用于支挡结构上的土压力，绝大多数是采用朗肯土压力理论进行计算的。

无黏性土的被动土压力为：

$$E_p = \frac{1}{2}\gamma H^2 K_p \tag{2-14}$$

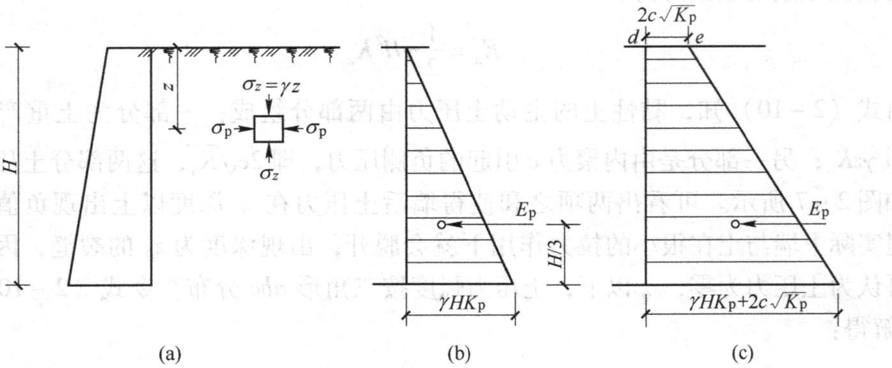

图2－8　被动土压力强度分布图

（a）被动土压力；（b）无黏性土；（c）黏性土

黏性土的被动土压力为：

$$E_p=\frac{1}{2}\gamma H^2K_p+2cH\sqrt{K_p} \tag{2-15}$$

其形心位置距底面的距离为$\frac{H}{3}\cdot\frac{\gamma HK_p+6c\sqrt{K_p}}{\gamma HK_p+4c\sqrt{K_p}}$。

朗肯土压力理论与库仑土压力理论分别根据不同的假设，以不同的分析方法计算土压力，只有在最简单的情况下（$\beta=0$，$\rho=0$，$\delta=0$），用这两种理论计算出的结果才相同，否则将得出不同的结果。朗肯土压力理论应用半空间中的应力状态和极限平衡理论的概念比较明确，公式简单便于记忆，对于无黏性土和黏性土都可以用该公式直接计算，应用较广。但其忽略了墙背与填土间的摩擦影响，因此计算的主动土压力偏大，被动土压力偏小。库仑土压力理论是根据墙后滑动土楔的静力平衡条件推导得到的计算公式，考虑因素较多，但其假设条件是针对无黏性土的土压力计算的，因此对于黏性土不宜采用该公式。

2.3　特殊情况下的土压力

2.3.1　基坑边有超载时的土压力

当基坑坡顶上作用有一定宽度的荷载时，如条形基础荷载、材料堆放或公路等，如图2－9所示，此时作用于支挡结构上的侧向土压力根据Terzaghi公式修正后可得：

$$\sigma_H=2q\cdot\frac{\beta-\sin\beta\cos2\alpha}{\pi} \tag{2-16}$$

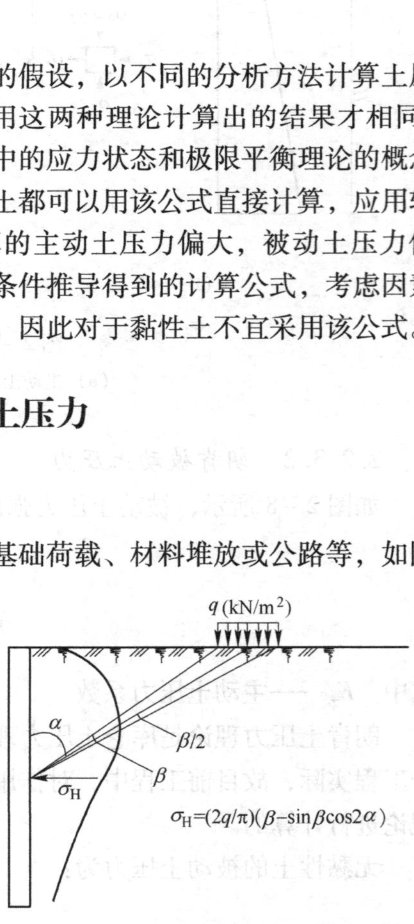

图2－9　支挡结构后作用条形荷载

2.3.2　坡顶地面非水平时的土压力

当支挡结构后地面为非水平时，计算土压力可先将坡顶地面分解为水平面和倾斜面分别计算，最后再进行组合。

坡顶倾斜时的土压力：

$$e_a = \gamma z\cos\beta \frac{\cos\beta - \sqrt{\cos^2\beta - \cos^2\varphi}}{\cos\beta + \sqrt{\cos^2\beta - \cos^2\varphi}} \tag{2-17}$$

坡顶水平时的土压力：

$$e_a' = K_a\gamma(z+h) - 2c\sqrt{K_a} \tag{2-18}$$

如图 2 - 10 所示，经分解和组合，土压力为图中的阴影部分。

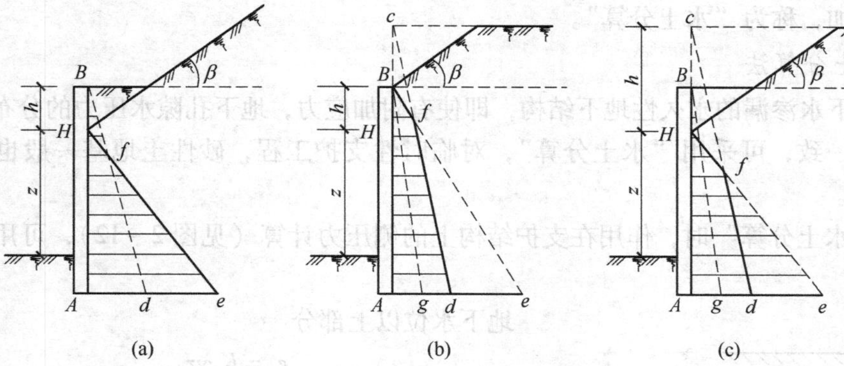

图 2 - 10　地面非水平时支护结构上的主动土压力近似计算

2.3.3　支挡结构后为非均质填土时的土压力

2.3.3.1　成层土

实际工程中支挡结构后的土层绝大多数是由不同土层组成的，对于支挡结构后土层是成层分布时，作用在支挡结构上的土压力计算如下：

如图 2 - 11 所示，对第 i 层土底面处主动土压力强度为：

$$e_{ai} = \left(q + \sum_{j=1}^{i}\gamma_j H_j\right)\tan^2\left(45° - \frac{\varphi_i}{2}\right) - 2c_i\tan^2\left(45° - \frac{\varphi_i}{2}\right) \tag{2-19}$$

被动土压力强度为：

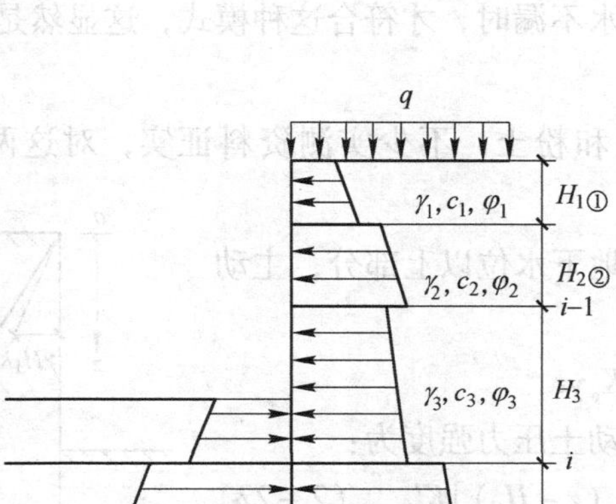

图 2 - 11　土压力强度分布图

$$e_{pi} = \sum_{j=j'}^{i} \gamma_j H_j \tan^2\left(45° + \frac{\varphi_i}{2}\right) + 2c_i \tan^2\left(45° + \frac{\varphi_i}{2}\right) \tag{2-20}$$

式中，j'为基坑底面以下第一层土的编号。

2.3.3.2 支挡结构后有地下水时的土压力计算

当墙后填土有地下水时，作用在墙背上的侧压力有土压力和水压力两部分。针对不同土体，对于黏性土，把土压力与水压力合起来计算，此时在计算时采用饱和重度进行计算，称为“水土合算”；而对于无黏性土，则把土压力与静水压力分别单独进行计算，然后把两者相加，称为“水土分算”。

A 水土分算法

对无地下水渗漏的永久性地下结构，即使有附加应力，地下孔隙水压力的分布最终和静水压力相一致，可采用“水土分算”，对临时性支护工程，砂性土地基一般也应采用“水土分算”。

采用“水土分算”时，作用在支护结构上的侧压力计算（见图2-12），可用下面公式进行计算：

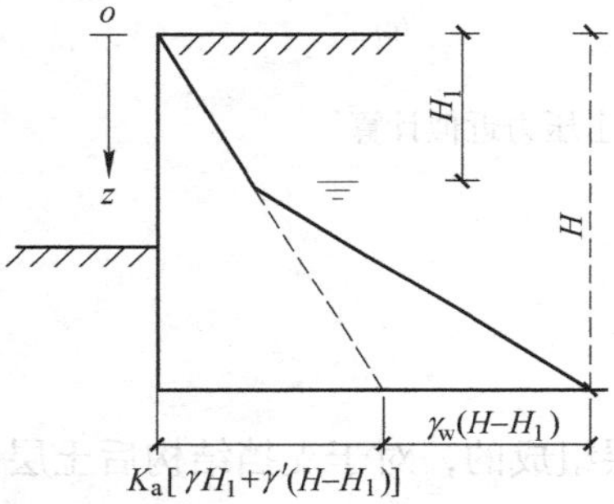

图2-12 水土分算法

地下水位以上部分

$$e_a = K_a \gamma z$$

地下水位以下部分

$$e_a = K_a[\gamma H_1 + \gamma'(z - H_1)] + \gamma_w(z - H_1) \tag{2-21}$$

式中 H_1——地面距地下水位处的距离；

z——计算点距地面的距离；

γ——土的重度；

γ'——土的浮重度；

γ_w——水的重度。

应用上式应注意的是，计算 K_a 应采用土的有效抗剪强度指标 c'、φ'，这样才能与土的有效自重应力 $\gamma' z$ 相匹配。

一般认为对砂质土宜取这种计算模式，实际上只有墙插入深度很深，墙底进入绝对不透水层，而且墙体接缝滴水不漏时，才符合这种模式，这显然是偏大的。

B 水土合算法

该法一般适用于黏土和粉土，不少实测资料证实，对这两种土采用水土合算是合适的。

如图2-13所示，对地下水位以上部分，主动土压力强度为：

$$e_a = K_a \gamma z$$

对地下水位以下部分，主动土压力强度为：

$$e_a = [\gamma H_1 + \gamma_{sat}(z - H_1)]K'_a \tag{2-22}$$

式中 γ_{sat}——土的饱和重度；

K'_a——水位下土的主动土压力系数。

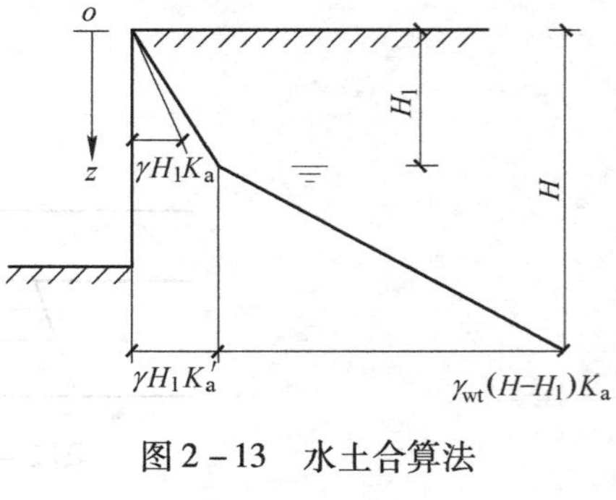

图2-13 水土合算法

计算K'_a时，应取总应力指标c、φ作为参数。

据有关实测资料，即使对砂性土，水压力也并非静水压力，而是土颗粒间的孔隙水压力。由图2－14知，在淤泥质黏土和夹砂黏土中，其平均水压力不到整个侧压力的20%，且不足静水压力的1/3。相关资料介绍，在某一深度范围内的孔隙水压力是静止水压力的65%左右，而且在这深度以下，水压力基本是常数，但也有减少的趋势，考虑到这种实际情况，可根据土体渗透性不同，考虑一部分水压力影响。这时上式变为：

$$e_a=[\gamma H_1+\gamma_{sat}(z-H_1)]K'_a+K_w\gamma_w(z-H_1) \tag{2-23}$$

式中　K_w——孔隙水压力侧压力系数，其值可根据填土体渗透系数取0.5～0.7（渗透系数小取小值，大者取大值）。

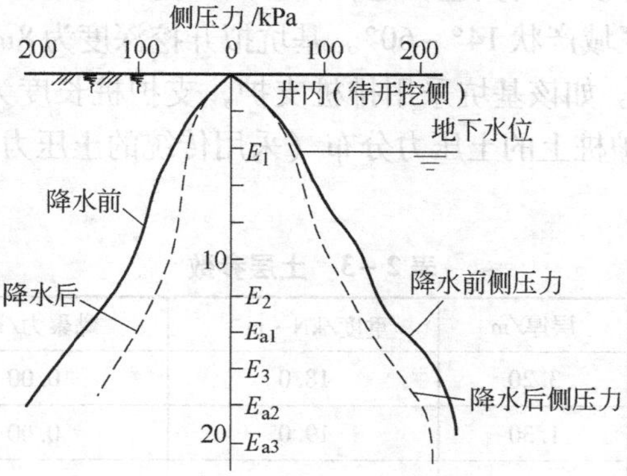

图2－14　降水前与降水后的实测侧压力变化图

如用朗肯土压力理论公式计算，其主动土压力沿桩长线性分布，但由于桩的位移，实测为曲线分布，如图2－15所示。朗肯主动土压力比实测值要大，且合力点也高，模型试验与工程实测都表明土压力的分布形式如图2－15所示。

图2－15　实测土压力分布与朗肯土压力对比

上述土压力的分布形态与变化趋势，明显不同于目前护坡设计中常采用的三角形分布的朗肯土压力理论计算结果的分布形式。

由实测结果进行分析，实测土压力与朗肯理论土压力的差异在于，对于具有黏聚性的土体，基坑的开挖使桩产生了倾斜的位移（沿某一深度处的转动），在桩的倾斜位移下，嵌入土中的刚性桩的位移与土的变形不协调，在桩上部，桩的位移会大于土的水平位移，而形成桩土间的虚空区段。

上述实测土压力的分布形式是在桩出现倾斜位移时发生的，因此在挖土一侧的嵌固段上，挖土表面的桩位移最大，使土受到挤压，会最先达到屈服强度，但在桩的根部，其位移很小，即使在结构失稳的状态下，土压力仍没有达到极限状态的被动土压力值。

【例题 2-1】

一场地拟进行基坑开挖，场地土层从上到下分布如下：①杂填土：褐~灰色，稍湿，松散，结构杂乱；②淤泥质粉细砂：灰~灰黑色，松散状态，饱和；③细砂（Q_4^m）：青灰~灰褐色，稍密~中密，饱和；④黏性土（Q_4^{al+pl}）：褐色~褐黄色，稍密~中密状态，饱和，软~可塑；⑤粗砾砂：褐黄色，饱和；⑥强风化云母片岩：褐绿~黄绿色，呈鳞片变晶结构，片状构造，区域产状 14°~60°。基坑拟开挖深度为 8m，水位埋深为 3.2m，各土层厚度如表 2-3 所示。如该基坑采用排桩支护，支护桩长度为 12m，基坑开挖深度为 6.5m，试计算作用于支护桩上的土压力分布（采用传统的土压力理论计算），并绘制土压力分布图。

表 2-3　土层参数

层号	土类名称	层厚/m	重度/kN·m^{-3}	黏聚力/kPa	内摩擦角/(°)
①	杂填土	3.20	18.0	0.00	12.00
②	淤泥质粉细砂	1.30	19.0	0.00	16.00
③	细　砂	2.70	20.0	0.00	32.00
④	黏性土	3.40	19.4	30.00	14.00
⑤	粗砾砂	1.80	20.0	0.00	30.00
⑥	强风化岩	未揭穿	22.0	12.00	35.00

【解】

根据基坑开挖深度范围内的土层分布情况，以及基坑支护形式，确定作用于基坑上的土压力为主动土压力。根据规范规定，对基坑顶部的临时荷载取 $q=15\text{kPa}$。开挖深度范围内作用于支挡结构上的土压力具体如下。

（1）主动土压力计算。

各土层的主动土压力系数：

$$K_{a1}=\tan^2(45°-\varphi/2)=\tan^2(45°-12°/2)=0.656$$

$$K_{a2}=\tan^2(45°-\varphi/2)=\tan^2(45°-16°/2)=0.568$$

$$K_{a3}=\tan^2(45°-\varphi/2)=\tan^2(45°-32°/2)=0.307$$

$$K_{a4}=\tan^2(45°-\varphi/2)=\tan^2(45°-14°/2)=0.61$$

$$K_{a5}=\tan^2(45°-\varphi/2)=\tan^2(45°-30°/2)=0.333$$

第一层土（杂填土）：

$$e_{a11}=q\times K_{a1}=15\times0.656=9.84\text{kPa}$$

$$e_{a12}=(q+\gamma_1\cdot h_1)K_{a1}-2c\sqrt{K_{a1}}$$
$$=(15+18\times3.2)\times0.656-2\times0=47.63\text{kPa}$$

第二层土（淤泥质土）:

$$e_{a21}=(q+\gamma_1\cdot h_1)\times K_{a2}-2c_2\sqrt{K_{a2}}$$
$$=(15+18\times 3.2)\times 0.568-2\times 0$$
$$=41.24\text{kPa}$$

$$e_{a22}=(q+\gamma_1\cdot h_1+\gamma_{sat2}\cdot h_2)\times K_{a2}-2c_2\sqrt{K_{a2}}$$
$$=(15+18\times 3.2+19\times 1.3)\times 0.568-2\times 0$$
$$=55.27\text{kPa}$$

第三层土（细砂）:

$$e_{a31}=(q+\gamma_1\cdot h_1+\gamma_{sat2}\cdot h_2)\times K_{a3}-2c_3\sqrt{K_{a3}}$$
$$=(15+18\times 3.2+19\times 1.3)\times 0.307-2\times 0$$
$$=29.87\text{kPa}$$

$$e_{a32}=(q+\gamma_1\cdot h_1+\gamma_{sat2}\cdot h_2+\gamma_{sat3}\cdot h_3)\times K_{a3}-2c_3\sqrt{K_{a3}}$$
$$=(15+18\times 3.2+19\times 1.3+20\times 2.7)\times 0.307-2\times 0$$
$$=46.45\text{kPa}$$

第四层土（黏性土）:

$$e_{a41}=(q+\gamma_1\cdot h_1+\gamma_{sat2}\cdot h_2+\gamma_{sat3}\cdot h_3)\times K_{a4}-2c_4\sqrt{K_{a4}}$$
$$=(15+18\times 3.2+19\times 1.3+20\times 2.7)\times 0.61-2\times 30\times\sqrt{0.61}$$
$$=92.29-46.86=45.43\text{kPa}$$

$$e_{a42}=(q+\gamma_1\cdot h_1+\gamma_{sat2}\cdot h_2+\gamma_{sat3}\cdot h_3+\gamma_{sat4}\cdot h_4)\times K_{a4}-2c_4\sqrt{K_{a4}}$$
$$=(15+18\times 3.2+19\times 1.3+20\times 2.7+19.4\times 3.4)\times 0.61-2\times 30\times\sqrt{0.61}$$
$$=85.67\text{kPa}$$

第五层土（粗砾砂）:

$$e_{a51}=(q+\gamma_1\cdot h_1+\gamma_{sat2}\cdot h_2+\gamma_{sat3}\cdot h_3+\gamma_{sat4}\cdot h_4)\times K_{a5}-2c_5\sqrt{K_{a5}}$$
$$=(15+18\times 3.2+19\times 1.3+20\times 2.7+19.4\times 3.4)\times 0.333-2\times 0$$
$$=72.35\text{kPa}$$

桩端:

$$e_{a桩端}=(q+\gamma_1\cdot h_1+\gamma_{sat2}\cdot h_2+\gamma_{sat3}\cdot h_3+\gamma_{sat4}\cdot h_4+\gamma_{sat5}\times 1.4)\times K_{a5}-2c_5\sqrt{K_{a5}}$$
$$=(15+18\times 3.2+19\times 1.3+20\times 2.7+19.4\times 3.4+20\times 1.4)\times 0.333-2\times 0$$
$$=81.67\text{kPa}$$

主动土压力为:

$$E_a=\frac{(9.84+47.63)}{2}\times 3.2+\frac{(41.24+55.27)}{2}\times 1.3+\frac{(29.87+46.45)}{2}\times 2.7+$$
$$\frac{(45.43+85.67)}{2}\times 3.4+\frac{(72.35+81.67)}{2}\times 1.4$$
$$=91.95+62.73+103.03+222.87+107.81$$
$$=588.39\text{kN/m}$$

(2) 被动土压力计算。

被动土压力系数:

$$K_{p3} = \tan^2\left(45° + \frac{\varphi}{2}\right) = \tan^2\left(45° + \frac{32°}{2}\right) = 3.25$$

$$K_{p4} = \tan^2\left(45° + \frac{\varphi}{2}\right) = \tan^2\left(45° + \frac{14°}{2}\right) = 1.64$$

$$K_{p5} = \tan^2\left(45° + \frac{\varphi}{2}\right) = \tan^2\left(45° + \frac{30°}{2}\right) = 3.0$$

基坑底部处被动土压力计算如下。

坑底第一层土：

$$e_{p31} = 2 \cdot c_3 \cdot \sqrt{K_{p3}} = 2 \times 0 = 0$$

$$e_{p32} = \gamma_3 \cdot h_3' \cdot K_{p3} + 2c_3\sqrt{K_{p3}} = 20 \times 1.2 \times 3.25 = 78\text{kPa}$$

坑底第二层土：

$$\begin{aligned} e_{p41} &= \gamma_3 \cdot h_3' \cdot K_{p4} + 2c_4\sqrt{K_{p4}} \\ &= 20 \times 1.2 \times 1.64 + 2 \times 30 \times \sqrt{1.64} \\ &= 116.2\text{kPa} \end{aligned}$$

$$\begin{aligned} e_{p42} &= (\gamma_3 h_3' + \gamma_4 h_4) K_{p4} + 2c_4\sqrt{K_{p4}} \\ &= (20 \times 1.2 + 19.4 \times 3.4) \times 1.64 + 2 \times 30 \times \sqrt{1.64} \\ &= 224.37\text{kPa} \end{aligned}$$

坑底第三层土：

$$\begin{aligned} e_{p51} &= (\gamma_3 h_3' + \gamma_4 h_4) K_{p5} + 2c_5\sqrt{K_{p5}} \\ &= (20 \times 1.2 + 19.4 \times 3.4) \times 3.0 + 2 \times 0 \\ &= 269.88\text{kPa} \end{aligned}$$

$$\begin{aligned} e_{p\text{桩端}} &= (\gamma_3 h_3' + \gamma_4 h_4 + \gamma_5 h_5) K_{p5} + 2c_5\sqrt{K_{p5}} \\ &= (20 \times 1.2 + 19.4 \times 3.4 + 20 \times 1.4) \times 3.0 + 2 \times 0 \\ &= 353.88\text{kPa} \end{aligned}$$

被动土压力为：

$$\begin{aligned} E_p &= \frac{78 \times 1.2}{2} + \frac{(116.2 + 224.37)}{2} \times 3.4 + \frac{(269.88 + 353.88)}{2} \times 1.4 \\ &= 46.8 + 578.97 + 436.63 = 1062.4\text{kN/m} \end{aligned}$$

土压力分布如图 2－16 所示。

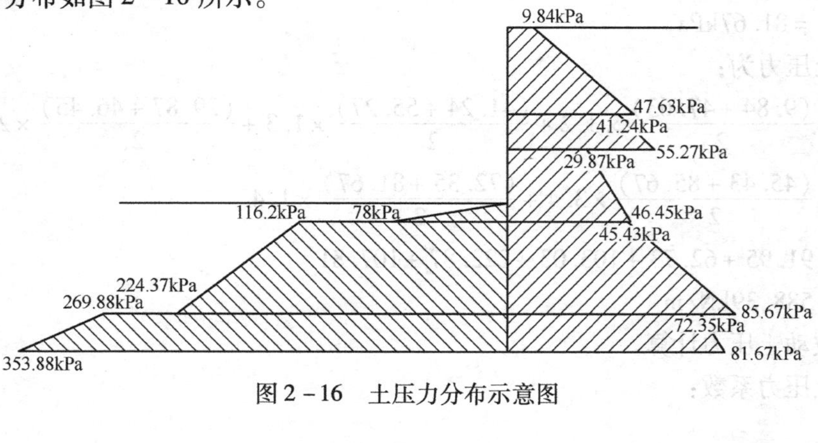

图 2－16　土压力分布示意图

2.4 现行规范土压力计算

《建筑基坑支护技术规程》(JGJ 120—99)(以下简称《规程》)采用了朗肯土压力理论，并规定对碎石土及砂土采用水土分算；对黏性土及粉土采用水土合算。

计算地下水位以下的水、土压力，一般采用水土分算（即水、土压力分别计算，再相加）和水土合算两种方法。对砂性土和粉土可按水土分算原则进行，即分别计算土压力和水压力，然后两者相加。对黏性土可根据现场情况和工程经验按水土分算或水土合算进行。

水土分算法是采用浮重度计算土压力，按静水压力计算水压力，然后两者相加即为总侧压力。水土压力合算法是采用饱和重度计算总土、水压力。

当计算基坑底面以下各深度处的基坑外侧主动土压力时，规定竖向自重应力一律采用基坑底面标高处的数值。

2.4.1 支挡结构水平荷载计算

作用于支挡结构上的水平荷载如图 2－17 所示，在《规程》中对于作用于支挡结构上的水平荷载计算方法如下：

(1) 水土分算（碎石土及砂土）。

1) 当计算点位于地下水位以上时：

$$e_{ajk} = \sigma_{ajk} K_{ai} - 2c_{ik}\sqrt{K_{ai}} \tag{2-24}$$

2) 当计算点位于地下水位以下时：

总应力法：

$$e_{ajk} = \sigma_{ajk} K_{ai} - 2c_{ik}\sqrt{K_{ai}} + [(z_j - h_{wa}) - (m_j - h_{wa})\eta_{wa} K_{ai}]\gamma_w \tag{2-25}$$

$$K_{ai} = \tan^2\left(45° - \frac{\varphi_{ik}}{2}\right) \tag{2-26}$$

式中 K_{ai}——第 i 层土的主动土压力系数；

σ_{ajk}——深度 z_j 处的总竖向应力标准值，由自重压力和附加应力组成，kN/m^2；

c_{ik}——第 i 层土的黏聚力标准值，kPa；

φ_{ik}——第 i 层土的内摩擦角标准值（总应力指标），(°)；

z_j——基坑外侧计算点深度，m；

h_{wa}——基坑外侧水位深度，m；

γ_w——水的重度，kN/m^3；

m_j——计算参数，当 $z_j < h$ 时，取 $m_j = z_j$；当 $z_j \geqslant h$ 时，取 $m_j = h$；

η_{wa}——计算参数，当 $h_{wa} \leqslant h$ 时，取 $\eta_{wa} = 1$；当 $h_{wa} > h$ 时，取 $\eta_{wa} = 0$。

有效应力法：

$$e_{ajk} = \sigma'_{ajk} K_{ai} - 2c'_{ik}\sqrt{K_{ai}} + u_j \tag{2-27}$$

$$K_{ai} = \tan^2\left(45° - \frac{\varphi'_{ik}}{2}\right) \tag{2-28}$$

式中 K_{ai}——第 i 层土的主动土压力系数；

σ'_{ajk}——深度 z_j 处的有效竖向应力标准值，kN/m^2；

c'_{ik}——第 i 层土的有效黏聚力标准值，kPa；

φ'_{ik}——第 i 层土的有效内摩擦角标准值（有效应力指标），(°)；

u_j——基坑外侧计算点深度处的水压力，kPa。

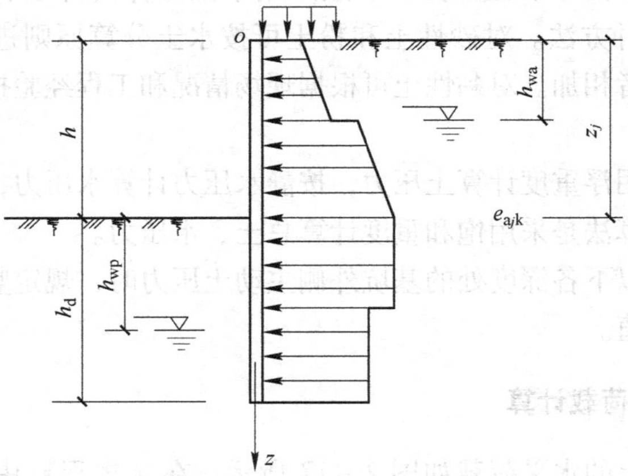

图 2－17 水平荷载计算简图

（2）水土合算（黏性土及粉土）。按下式计算：

$$e_{ajk} = \sigma_{ajk} K_{ai} - 2c_{ik}\sqrt{K_{ai}} \tag{2-29}$$

式中符号同前。

2.4.2 水平抗力（被动土压力）计算

水平抗力计算简图如图 2－18 所示。

（1）水土分算（碎石土及砂土）。

总应力法：

$$e_{pjk} = \sigma_{pjk} K_{pi} + 2c_{ik}\sqrt{K_{pi}} + (z_j - h_{wp})(1 - K_{pi})\gamma_w \tag{2-30}$$

有效应力法：

$$e_{pjk} = \sigma'_{pjk} K_{pi} + 2c'_{ik}\sqrt{K_{pi}} + u_w \tag{2-31}$$

式中
$$K_p = \tan^2\left(45° + \frac{\varphi}{2}\right) \tag{2-32}$$

（2）水土合算（黏性土及粉土）。按下式计算：

$$e_{pjk} = \sigma_{pjk} K_{pi} + 2c_{ik}\sqrt{K_{pi}} \tag{2-33}$$

在计算主动土压力时，对于基坑外侧竖向应力标准值 σ_{ajk}，可按下列规定进行计算：

$$\sigma_{ajk} = \sigma_{rk} + \sigma_{0k} + \sigma_{1k} \tag{2-34}$$

计算点深度 z_j 处自重竖向应力 σ_{rk} 按下式确定：

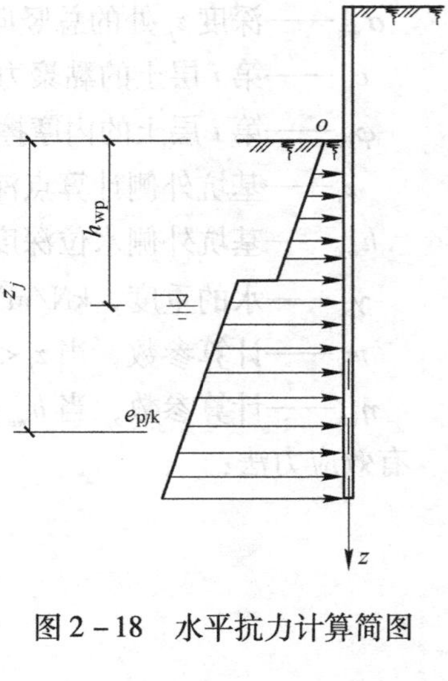

图 2－18 水平抗力计算简图

1）计算点位于基坑开挖面以上时：

$$\sigma_{rk}=\gamma_{mj}z_j \tag{2-35}$$

式中 γ_{mj}——深度 z_j 以上土的加权平均天然重度。

2）计算点位于基坑开挖面以下时：

$$\sigma_{rk}=\gamma_{mh}h \tag{2-36}$$

式中 γ_{mh}——开挖面以上土的加权平均重度。

当支护结构外侧地面作用满布附加荷载 q_0 时（见图2－19），基坑外侧任意深度附加竖向应力标准值 σ_{0k} 可按下式确定：

$$\sigma_{0k}=q_0 \tag{2-37}$$

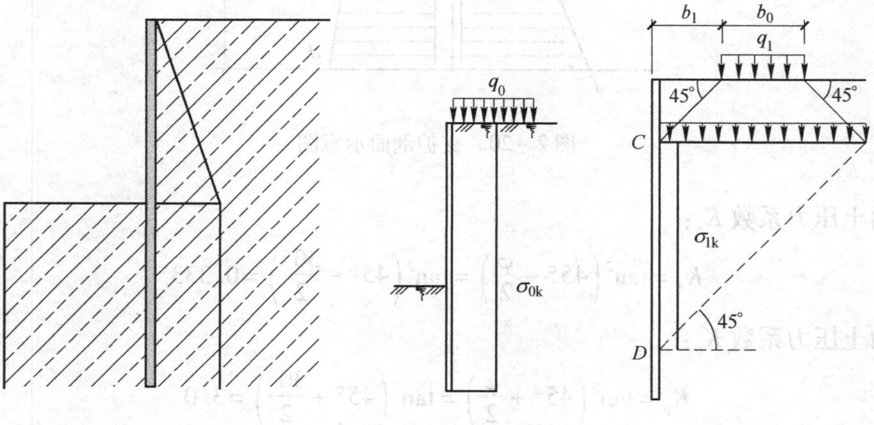

图2－19 基坑外侧竖向应力

（a）自重压力；（b）坡顶均布压力；（c）坡顶局部荷载

（3）当距支护结构 b_1 外侧，地表作用有宽度为 b_0 的条形附加荷载 q_1 时（见图2－19），基坑外侧深度 CD 范围内的附加竖向应力标准值 σ_{1k} 可按下式确定：

$$\sigma_{1k}=q_1\frac{b_0}{b_0+2b_1} \tag{2-38}$$

式中符号意义见图2－19c。

（4）上述基坑外侧附加荷载作用于地表以下一定深度时，将计算点深度相应下移，其竖向应力也可按上述规定确定。

【例题2－2】

某墙厚0.6m的钢筋混凝土地下连续墙支挡结构（见图2－20），基坑深8.0m，嵌固段10.0m，位于地面下2.0m处设置一道 $\phi500$ 的钢管支撑，支撑平面间距5.0m，土层为黏质砂土，水位以上砂土重度 $\gamma=18\text{kN/m}^3$，水位以下砂土饱和重度 $\gamma_{sat}=18\text{kN/m}^3$，内摩擦角 $\varphi=30°$，$c=10\text{kPa}$，地下水位在地面以下3.0m处，试按规范和朗肯土压力理论计算地下连续墙上的土压力。

【解】（1）采用规范计算方法计算土压力。

1）求主动土压力与被动土压力系数。

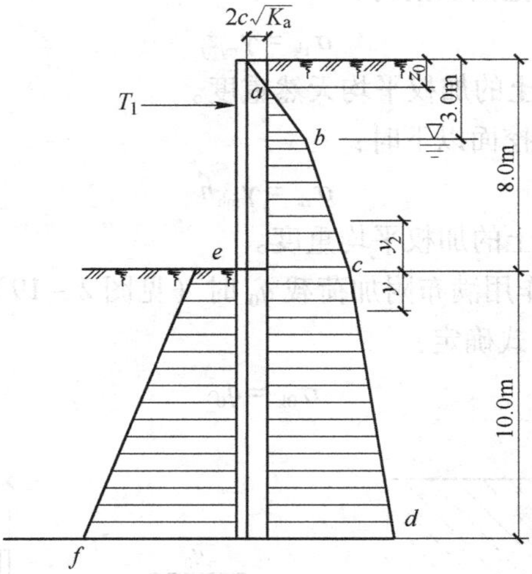

图 2－20　支护剖面示意图

主动土压力系数 K_a：

$$K_a = \tan^2\left(45° - \frac{\varphi}{2}\right) = \tan^2\left(45° - \frac{30°}{2}\right) = 0.333$$

被动土压力系数 K_p：

$$K_p = \tan^2\left(45° + \frac{\varphi}{2}\right) = \tan^2\left(45° + \frac{30°}{2}\right) = 3.0$$

2）求临界深度 z_0（土压力为零处离地面深度）。其值为：

$$z_0 = \frac{2c}{\gamma\sqrt{K_a}} = \frac{2 \times 10}{18 \times \sqrt{0.333}} = 1.93\text{m}$$

3）求主动土压力（水平荷载）。根据规范，水位以上的主动土压力强度为：

$$e_{ajk} = \sigma_{bjk} K_a - 2c\sqrt{K_a}$$

$$\sigma_{bjk} = \sigma_{rk} = \gamma_{mj} z_j = 18 \times 3 = 54\text{kPa}$$

b 点主动土压力强度：

$$e_{ajk} = 54 \times 0.333 - 2 \times 10 \times \sqrt{0.333} = 17.98 - 11.54 = 6.44\text{kPa}$$

根据式（2－25）可计算水位以下的主动土压力：

$\sigma_{ajk} = \gamma_{mj} z_j$，水位以下 γ 取饱和重度 γ_{sat}（水土合算）

$$\sigma_{ajk} = 18 \times 3 + 20 \times 5 = 154\text{kPa}$$

$$z_j - h_{wa} = 8 - 3 = 5\text{m}$$

$$h_{wa} = 3\text{m} < h = 8\text{m}$$

$\eta_{wa} = 1.0$，$z_j = 8\text{m} \leqslant h = 8\text{m}$，$m_j$ 取 $z_j = 8\text{m}$

$$m_j - h_{wa} = 8 - 3 = 5\text{m}$$

c 点主动土压力强度：

$$e_{ajk} = 154 \times 0.33 - 2 \times 10 \times \sqrt{0.333} + (5 - 5 \times 1.0 \times 0.333) \times 10$$
$$= 51.28 - 11.54 + 33.35 = 73.1\text{kPa}$$

d 点主动土压力强度：

$$\sigma_{ajk}=\sigma_{rk}=\gamma_{mh}h$$

γ_{mh}为开挖面上土的加权平均重度。

$\sigma_{ajk}=\gamma_{mh}h=154\text{kPa}$；

$z_j=18\text{m}\geqslant h=8\text{m}$，$m_j$ 取 $h=8\text{m}$；

$m_j-h_{wa}=8-3=5\text{m}$；

$m_j-h_{wa}=18-3=15\text{m}$，$h_{wa}=3\text{m}\leqslant h=8\text{m}$ 取 $\eta_{wa}=1.0$

d 点主动土压力强度：

$$\begin{aligned}e_{ajk}&=154\times0.33-2\times10\times\sqrt{0.333}+(15-5\times1.0\times0.333)\times10\\&=51.28-11.54+133.4=173.1\text{kPa}\end{aligned}$$

主动土压力：

$$E_a=\frac{1}{2}\times6.44\times(3-1.93)+\frac{1}{2}\times(8-3)\times(6.44+73.1)+\frac{1}{2}\times10\times(73.1+173.1)$$

$$=3.445+198.85+1231=1433.3\text{kN/m}$$

4）求被动土压力。根据式（2-30），对于砂土，被动土压力强度计算为：

$$e_{pjk}=\sigma_{pjk}K_{pi}+2c_{ik}\sqrt{K_{pi}}+(z_j-h_{wp})(1-K_{pi})\gamma_w$$

$z_j=10\text{m}$，连续墙又是止水帷幕，所以坑内水位平基坑底，$h_{wp}=0$，$\sigma_{pjk}=\gamma_{mj}z_j=20\times10=200\text{kPa}$

e 点被动土压力：

$$e_{pjk}=0+2c\sqrt{K_p}=2\times10\times\sqrt{3}=34.6\text{kPa}$$

f 点被动土压力强度：

$$e_{pjk}=200\times3+2\times10\times\sqrt{3}+(10-0)\times(1-3)\times10=600+34.64-200=434.6\text{kPa}$$

地下连续墙被动土压力：

$$E_p=\frac{1}{2}\times10\times(34.6+434.6)=2346\text{kN/m}$$

（2）按朗肯土压力理论进行计算（见图2-21）。

1）求主动、被动土压力系数。

$$K_a=\tan^2\left(45°-\frac{\varphi}{2}\right)=\tan^2\left(45°-\frac{30°}{2}\right)=0.333$$

$$K_p=\tan^2\left(45°+\frac{\varphi}{2}\right)=\tan^2\left(45°+\frac{30°}{2}\right)=3.0$$

2）求临界深度。

$$z_0=\frac{2c}{\gamma\sqrt{K_a}}=\frac{2\times10}{18\times\sqrt{0.333}}=1.93\text{m}$$

3）求主动土压力。

b 点主动土压力强度：

$$e_b=\gamma zK_a-2c\sqrt{K_a}=18\times3\times0.333-2\times10\times\sqrt{0.333}=17.98-11.54=6.44\text{kPa}$$

d 点主动土压力强度（水土分算）：

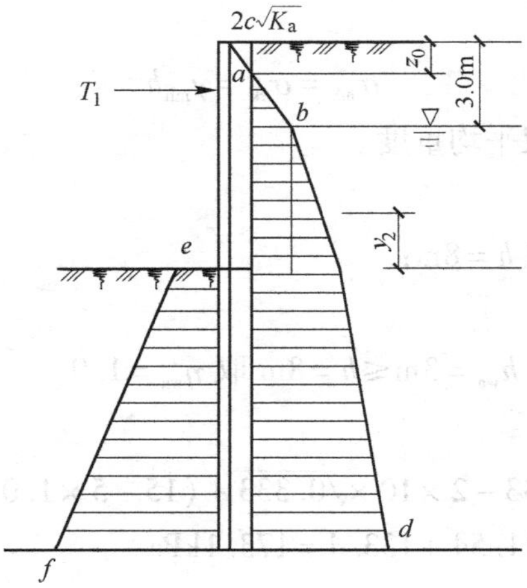

图 2-21 按朗肯土压力理论计算的支护剖面示意图

$$e_d=\frac{18\times3+10\times15}{18}\times18\times0.333-2\times10\times\sqrt{0.333}+\gamma_w h_w$$
$$=67.9-11.54+10\times15=206.4\text{kPa}$$

主动土压力：

$$E_a=\frac{1}{2}\times(3-1.93)\times6.44+\frac{1}{2}\times15\times(6.44+206.4)$$
$$=3.45+1596.3=1600\text{kN/m}$$

4）求被动土压力。

e 点被动土压力强度：

$$e_p=\gamma zK_p+2c\sqrt{K_p}=0+2\times10\times\sqrt{3}=34.6\text{kPa}$$

f 点被动土压力强度（水土分算）：

$$e_p=10\times10\times3+2\times10\times\sqrt{3}+10\times10=300+34.6+100=434.6\text{kPa}$$

被动土压力：

$$E_p=\frac{1}{2}\times10\times(34.6+434.6)=2346\text{kN/m}$$

思考与练习题

2-1 传统土压力理论计算与规范法土压力计算有什么区别？

2-2 土压力计算结果与实际土压力为什么存在一定的差别？

2-3 多层土压力计算基本原理是什么？

2-4 为什么说朗肯土压力理论计算的主动土压力偏大而被动土压力偏小？

2-5 某挡土墙，墙高5m，墙背直立、光滑，墙后填土水平，共分两层。各层土的物理力学性质如图2-22所示，试用朗肯土压力理论求墙后的主动土压力 E_a，并绘出土压力分布图。

2-6 某地下连续墙支护结构，厚0.6m，钢筋混凝土地面下2.0m设水平支撑，支撑平面间距为3.0m，土层为黏土，$\gamma=18\text{kN/m}^3$，$\varphi=10°$，$c=10\text{kPa}$，基坑开挖深度为8.0m，地下连续墙嵌入基坑底以下10m，基坑外水位埋深为2.0m，分别用朗肯土压力理论以及规范方法计算作用于地下连续墙上的土压力。

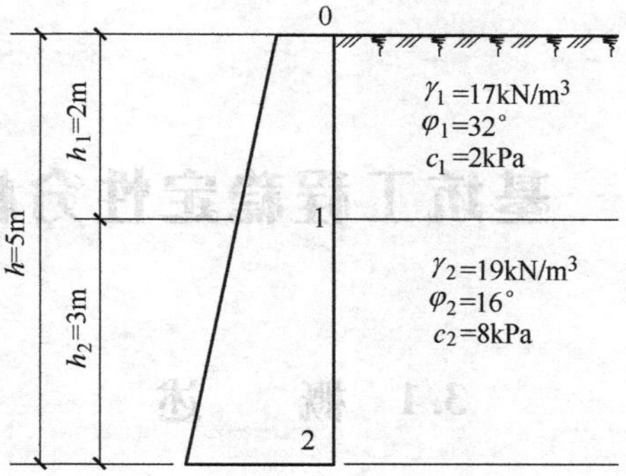

图 2－22　习题 2－5 图

2－7　某建筑基坑边坡直立，地表无荷载，基坑深度为 5.0m，土层为均质黏土，$\varphi=20°$，$c=10\text{kPa}$，$\gamma=19\text{kN/m}^3$，无地表水，支挡结构嵌入深度为 3.0m，按《规程》计算：(1) 支挡结构每延米受到的主动土压力的合力之和；(2) 每延米支挡结构上受到的被动土压力合力之和。

3　基坑工程稳定性分析

3.1　概　　述

基坑开挖的过程是基坑开挖面上卸荷的过程。在基坑开挖时，由于坑内土体挖出后，使地基的应力场和变形场发生变化，可能导致地基的失稳，例如地基的滑坡、坑底隆起及涌砂等。近年来，城市基坑边坡失稳、坑底隆起及涌砂等事故时有发生。基坑的失稳与破坏可以是缓慢的，也可以是突然的，但都有明显的触发因素，诸如震动、暴雨、外荷或者其他的人为因素。因此，在进行基坑支护设计时，需要验算基坑的稳定性。必要时应采取必要的加强防范措施，使基坑的稳定性具有一定的安全度。

基坑的稳定性问题直接与支护结构体系的变形稳定以及基坑的工程地质、水文地质条件有关。基坑稳定性验算主要是计算基坑在自身的重力以及外荷载作用下是否会丧失稳定（简称失稳），基坑失稳的表现形式和原因是多种多样的。

基坑失稳可分为两种主要形态：

(1) 因基坑土体的强度不足、地下水渗流作用而造成基坑失稳，包括基坑内外侧土体整体滑动失稳；基坑底土因承载力不足而隆起，地层因承压水作用发生管涌、渗漏等导致基坑工程破坏。《建筑基坑工程技术规范》（YB 9258—97）将基坑稳定性验算归纳为：支护桩稳定入土深度；基坑底土隆起稳定性；基坑底土渗流稳定性；基坑边坡整体稳定性四个方面。

(2) 因支护结构（包括桩、墙、支撑系统等）的强度、刚度和稳定性不足引起的支护结构系统破坏而造成基坑倒坍、破坏。

基坑的整体稳定计算，按平面问题考虑，并采用圆弧滑动面计算。对不同情况（如不同设计状况、不同验算方法及不同土性指标）的基坑稳定性验算，其危险滑弧均应满足下式要求：

$$K \leqslant \frac{M_r}{M_d} \tag{3-1}$$

式中　　K——抗力分项系数，其取值应根据地区经验加以调整；

M_d，M_r——作用于危险滑弧面上的总滑动力矩设计值和抗滑力矩标准值，kN · m。

无支护的基坑稳定性分析，按土力学的边坡稳定性验算方法进行验算，对于有支护的基坑的整体稳定分析，同样采用土力学有关边坡的稳定性计算方法进行。目前常用的稳定性验算方法为圆弧滑动法。

采用圆弧滑动法分析基坑稳定性时所需地质资料要能反映基坑顶面以下至少 2 ~ 3 倍基坑开挖深度的工程地质和水文地质条件，同时应注意支护结构一般有内支撑或外侧的锚拉结构，且具有墙面垂直的特点，因此在验算时又不同于边坡稳定验算的圆弧滑动,滑动面的圆心一般在挡墙上方,靠坑内侧附近。通过试算确定最危险的滑动面和最小安全系数。

3.2 基坑稳定性计算

对于场地条件较好，场地周边无重要建筑的基坑在基坑开挖施工时往往采用直接放坡的形式进行开挖，开挖形成的边坡不作任何支挡；而对于场地条件比较复杂，工程重要等级较高的基坑则需对基坑进行支护。但无论采用何种支护方式，必须保证基坑侧壁在开挖过程中安全，不会出现滑坡、坍塌安全事故，因此在对基坑侧壁进行稳定性评价时，应对开挖形成的边坡进行基坑侧壁的稳定性计算。

目前对于无支护的基坑边坡稳定性主要采用以下方法进行计算。

3.2.1 无围护结构基坑的稳定性计算

3.2.1.1 瑞典圆弧法

1915 年，瑞典人彼得森（Petterson）提出，边坡稳定安全系数按下式计算：

$$F_s = \frac{M_R}{M_s} = \frac{\tau_f l R}{W d} \tag{3-2}$$

式中 M_R——滑块的抗滑力相对于滑动圆心产生的抗滑力矩，kN·m；

M_s——滑块的下滑力相对于滑动圆心产生的下滑力矩，kN·m；

τ_f——滑动土体的抗剪切强度，kPa；

l——滑块圆弧长度，m；

R——滑块圆心半径，m；

W——滑块自重，kN；

d——滑块重心距圆心距离，m。

式（3-2）中各符号如图 3-1 所示。

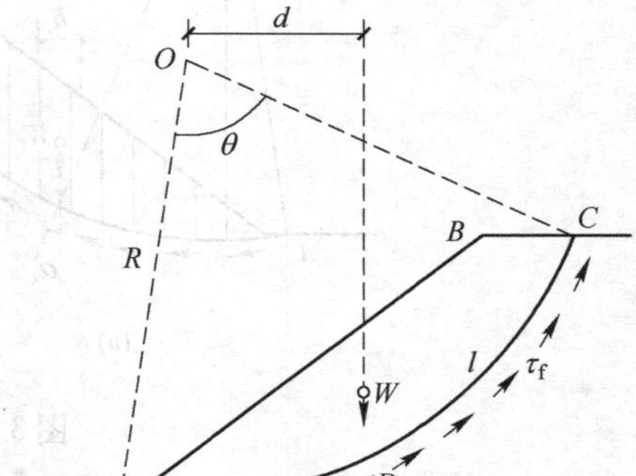

图 3-1 瑞典圆弧法

1927 年，费伦纽斯（W. Fellenius）通过大量计算，指出 $\varphi=0$ 的简单土坡的最危险滑动面通过坡脚。当 $\varphi\neq0$ 时，费伦纽斯认为最危险的滑动面的圆心位于图 3-2 中的 MO 线上，图中 β_1 和 β_2 可查表 3-1 确定。

表 3-1 β_1 和 β_2 的数值

坡角 β	坡度 1 : m（垂直、水平）	β_1/(°)	β_2/(°)
60°	1 : 0.58	29	40
45°	1 : 1	28	37
33°47′	1 : 1.5	26	35
26°34′	1 : 2.0	25	35
18°26′	1 : 3.0	25	35
11°19′	1 : 5.0	25	37

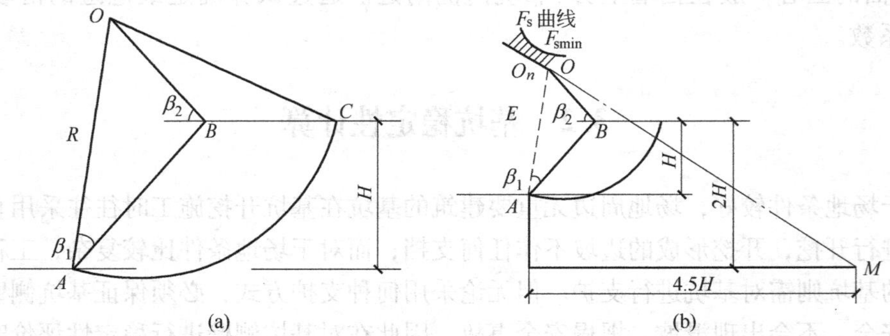

图 3－2　费伦纽斯法

3.2.1.2　条分法

对多层土以及边坡外形比较复杂的情况，要确定边坡的形心和重量是比较困难的，这时采用条分法就比较容易。条分法的原理是：将边坡垂直分条，计算各条对滑弧中心的抗滑力矩和滑动力矩，然后分别求其和，再按式（3－1）计算边坡稳定安全系数，见图3－3。

对条间力假定的不同，就构成了不同的计算方法。

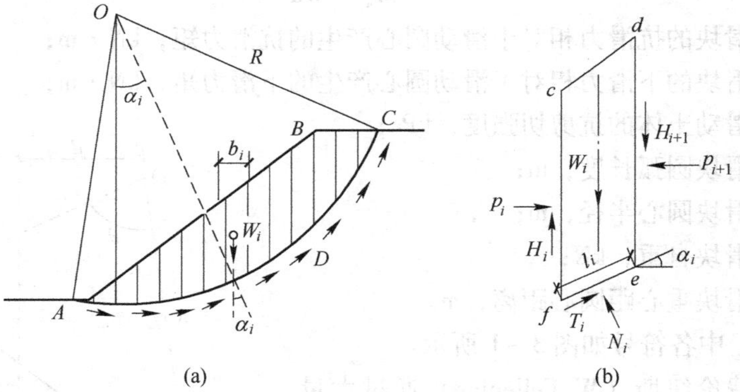

图 3－3　条分法计算原理

（1）太沙基公式。1936 年，太沙基（K. Terzaghi）假定，土条两侧的外作用力大小相等方向相反，并且作用在同一条直线上。边坡稳定安全系数为：

$$F_s = \frac{M_R}{M_s} = \frac{\sum(c_i l_i + W_i \cos\alpha_i \tan\varphi_i)}{\sum W_i \sin\alpha_i} \tag{3-3}$$

（2）毕肖普公式。1955 年，毕肖普（A. W. Bishop）认为，不考虑条间作用力是不妥当的。如图 3－4 所示，当边坡处于稳定状态时，土条内滑弧面上的抗剪强度只发挥了一部分，并与切向力 T_i 相等，即：

$$T_i = \frac{c_i l_i + N_i \tan\varphi_i}{F_s} \tag{3-4}$$

将所有的力都投影到弧面的法线方向，得：

$$N_i = W_i + (H_{i+1} - H_i)\cos\alpha_i - (p_{i+1} - p_i)\sin\alpha_i \tag{3-5}$$

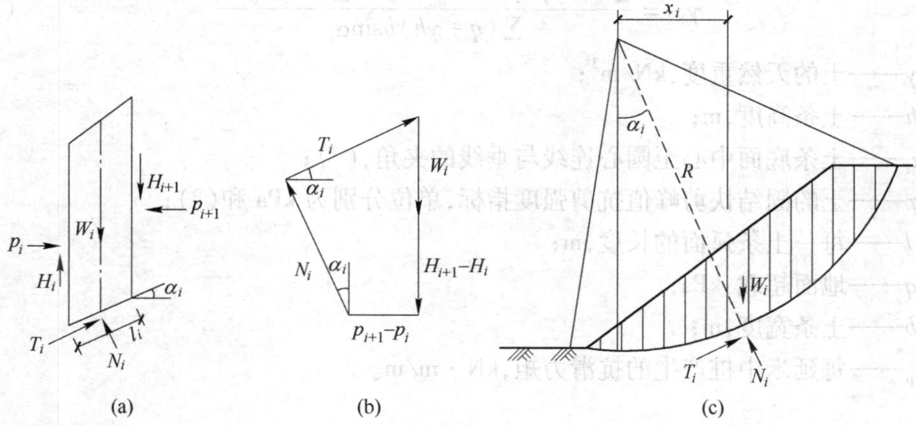

图 3－4 毕肖普计算简图

当土坡处于极限平衡时，各土条的力对滑弧中心的力矩之和为零（注意这时条间内力互相抵消），得：

$$\sum W_i x_i - \sum T_i R = 0 \tag{3-6}$$

将式（3－5）、式（3－6）代入式（3－4）得到稳定安全系数，即：

$$F_s = \frac{\sum \{c_i l_i + [W_i + (H_{i+1} - H_i)\cos\alpha_i - (p_{i+1} - p_i)\sin\alpha_i]\tan\varphi_i\}}{\sum W_i \sin\alpha_i} \tag{3-7}$$

毕肖普建议不计土条间的摩擦力之差，即令 $H_{i+1} - H_i = 0$，代入上式，得：

$$F_s = \frac{\sum \{c_i l_i + [W_i \cos\alpha_i - (p_{i+1} - p_i)\sin\alpha_i]\tan\varphi_i\}}{\sum W_i \sin\alpha_i} \tag{3-8}$$

利用平衡条件，$F_x = 0$，$F_y = 0$，并结合式（3－3）和 $H_{i+1} - H_i = 0$，得：

$$p_{i+1} - p_i = \frac{\dfrac{1}{F_s} W_i \cos\alpha_i \tan\varphi_i + \dfrac{c_i l_i}{F_s} - W_i \sin\alpha_i}{\dfrac{\tan\varphi_i}{F_s} + \cos\alpha_i} \tag{3-9}$$

将式（3－9）代入式（3－8），得：

$$F_s = \frac{\sum (c_i l_i \cos\alpha_i + W_i \tan\varphi_i) \dfrac{1}{\dfrac{\tan\varphi_i \sin\alpha_i}{F_s} + \cos\alpha_i}}{\sum W_i \sin\alpha_i} \tag{3-10}$$

式（3－10）就是著名的简化毕肖普公式。

无论是采用瑞典圆弧法还是采用条分法进行验算基坑边坡的稳定性时，均须对基坑的周边场地条件、基坑的等级、基坑的地层条件有清晰的认识，同时了解清楚地下水的变化，这样才能较为准确地把握基坑边坡的稳定性影响因素，在计算时，才能有针对性地选择合适的验算方法。

3.2.2 有围护结构基坑的稳定性计算

基坑围护结构稳定性验算采用条分法，如图 3－5 所示，可按下式进行验算：

$$\gamma_{RS}=\frac{\sum(q+\gamma h)b\cos\alpha_i\tan\varphi+\sum cl+M_p/R}{\sum(q+\gamma h)b\sin\alpha_i} \tag{3-11}$$

式中　γ——土的天然重度，kN/m^3；

h——土条高度，m；

α_i——土条底面中心至圆心连线与垂线的夹角，(°)；

c,φ——土的固结快剪峰值抗剪强度指标，单位分别为 kPa 和(°)；

l——每一土条弧面的长度，m；

q——地面超载，kPa；

b——土条宽度，m；

M_p——每延米中桩产生的抗滑力矩，kN · m/m。

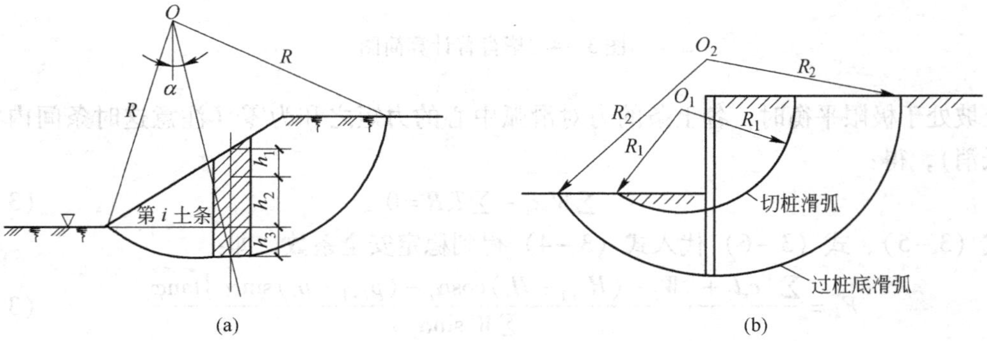

图 3－5　整体稳定性验算

对于支护桩边坡，需计算圆弧切桩与圆弧通过桩尖时的基坑整体稳定性。圆弧切桩时需考虑切桩阻力产生的抗滑作用，即每延米中桩产生的抗滑力矩 M_p。

M_p 由下式计算确定：

$$M_p=R\cos\alpha_i\sqrt{\frac{2M_c\gamma h_i(K_p-K_a)}{d+\Delta d}} \tag{3-12}$$

式中　α_i——桩与滑弧切点至圆心连线与垂线的夹角，(°)；

M_c——每根桩身的抗弯弯矩，kN · m/单桩；

h_i——桩滑弧面至坡面的深度，m；

γ——h_i 范围内土的重度，kN/m^3；

K_p,K_a——被动土压力系数与主动土压力系数；

d——桩径，m；

Δd——两桩间的净距，m。

对于地下连续墙支护 $d+\Delta d=1.0m$。

3.3　基坑底部土体抗隆起稳定性分析

为确保基坑开挖施工过程的安全，在基坑支护设计计算时，特别是当基坑底为软土时，应按以下两种条件验算坑底土涌起稳定性。

（1）因基坑外的荷载及由于土方开挖造成的基坑内外的压差，使支护桩端以下土体向上涌土，可按下式和图3－6a进行验算。

$$\gamma_D = \frac{N_c \tau_0 + \gamma t}{\gamma(h+t)+q} \tag{3-13}$$

式中 γ_D——入土深度处土隆起抗力分项系数，$\gamma_D \geqslant 1.6$；

N_c——承载力系数，取5.14；

τ_0——由十字板试验确定的总强度，kPa；

γ——土的重度，kN/m^3；

t——支护结构入土深度，m；

h——基坑开挖深度，m；

q——地面荷载，kPa。

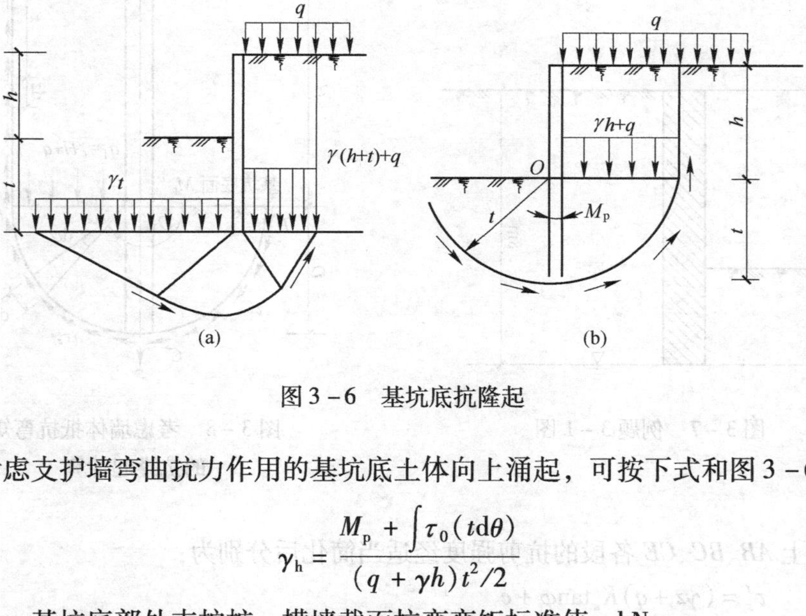

图3－6 基坑底抗隆起

（2）考虑支护墙弯曲抗力作用的基坑底土体向上涌起，可按下式和图3－6b验算。

$$\gamma_h = \frac{M_p + \int \tau_0 (t\mathrm{d}\theta)}{(q+\gamma h)t^2/2} \tag{3-14}$$

式中 M_p——基坑底部处支护桩、横墙截面抗弯弯矩标准值，kN·m；

γ_h——基坑底部处土隆起抗力分项系数，$\gamma_h \geqslant 1.3$；

θ——圆弧滑动剪切段夹角；

其余符号同前。

【例题3－1】

在饱和软黏土地基中开挖条形基坑，采用8m长的板桩支护（见图3－7），地下水位已降至板桩底部，坑边地面无荷载，地基土重度$\gamma = 19$kN/m^3，通过十字板现场测试得地基土的抗剪强度为30kPa，按《建筑地基基础设计规范》（GB 50007—2002）规定，为满足基坑抗隆起稳定性要求，试求基坑最大开挖深度。

【解】

根据规范要求，入土深度处土隆起抗力分项系数取1.6，坑底土抗隆起稳定性计算为：

$$\gamma_D = \frac{N_c \tau_0 + \gamma t}{\gamma(h+t)+q} = 1.6$$

因是条形基础，所以 $N_c = 5.14$。由 $\tau_0 = 30\text{kPa}$，$\gamma = 19\text{kN/m}^3$，$t = 8-h$，得：

$$\frac{5.14 \times 30 + 19 \times (8-h)}{19 \times (h+8-h)+0} = 1.6 \Rightarrow h = 3.32\text{m}$$

（3）考虑墙体极限抵抗弯矩的抗隆起验算方法。这是上海市标准《基坑工程设计规范》推荐的一种方法。该法认为开挖底面以下的墙体能起到抵抗基底隆起的作用，并假定土体沿墙体底面滑动，且滑动面为圆弧，如图 3－8 所示。产生滑动的力为土体重量 γH 及地表超载，抵抗滑动的力则为滑动面上的土体抗剪强度及墙体的抗弯能力。对于非理想黏土，由于其内摩擦角 $\varphi \neq 0$，故在计算滑动面上的抗剪强度时应采用公式 $\tau = \sigma\tan\varphi + c$。

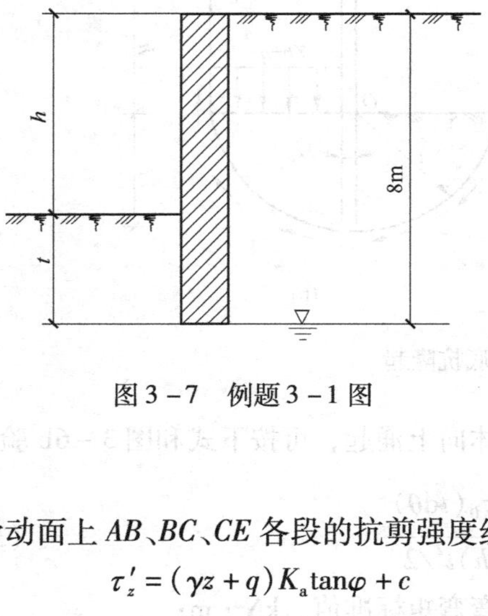

图 3－7　例题 3－1 图

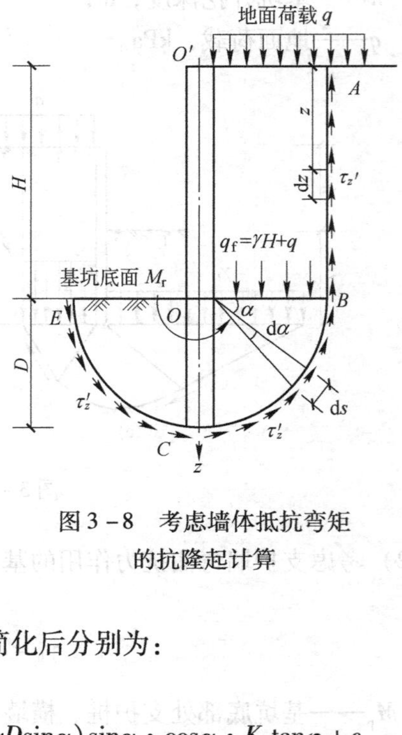

图 3－8　考虑墙体抵抗弯矩的抗隆起计算

图中滑动面上 AB、BC、CE 各段的抗剪强度经适当简化后分别为：

$$\tau'_z = (\gamma z + q)K_a\tan\varphi + c$$

$$\tau''_z = (q_f + \gamma D\sin\alpha)\sin^2\alpha\tan\varphi + (q_f + \gamma D\sin\alpha)\sin\alpha \cdot \cos\alpha \cdot K_a\tan\varphi + c$$

$$\tau'''_z = \gamma D\sin^3\alpha\tan\varphi + \gamma D\sin^2\alpha \cdot \cos\alpha \cdot K_a\tan\varphi + c$$

将滑动力与抗滑动力分别对圆心 O 取矩，得滑动力矩：

$$M_s = \frac{1}{2}(\gamma H + q)D^2 \tag{3-15}$$

抗滑动力矩为：

$$M_r = \int_0^H \tau'_z \mathrm{d}z \cdot D + \int_0^{S_1} \tau''_z \mathrm{d}s \cdot D + \int_0^{S_2} \tau'''_z \mathrm{d}s \cdot D + M_h \tag{3-16}$$

对上式积分并整理后得：

$$M_r = K_a\tan\varphi\left[\left(\frac{\gamma H^2}{2} + qH\right)D + \frac{1}{2}q_f D^2 + \frac{2}{3}\gamma D^3\right] + \tan\varphi\left(\frac{\pi}{4}q_f D^2 + \frac{4}{3}\gamma D^3\right) + c(HD + \pi D^2) + M_h \tag{3-17}$$

式中 D——入土深度，m；

H——基坑开挖深度，m；

q——地面超载，kN/m^2；

γ，c，φ——分别为土体重度（kN/m^3）、黏聚力（kN/m^2）及内摩擦角（°）；

M_h——基坑底面处墙体的极限抵抗弯矩，可采用该处的墙体设计弯矩。

$$q_f=\gamma H+q,\ K_a=\tan^2\left(45°-\frac{\varphi}{2}\right)$$

$$S_1=\overline{BC},\ S_2=\overline{EC}$$

抗隆起的安全系数为：

$$K_s=\frac{M_r}{M_s} \tag{3-18}$$

为达到稳定要求，一般要求 K_s 满足 $K_s\geqslant1.2\sim1.3$；对要求严格控制地表沉降的工程，则须增大插入深度 D 或视需要进行坑底地基加固，使 K_s 达到 1.5 ~ 2.0。此法较适用于中等强度和较软弱的黏性土层中的地下墙工程。由于其假定滑动面通过墙底，故在 D 过小时这样的假定显然不合理，在地质条件较好，$\frac{D}{H}<0.3\sim0.4$ 或 $H<5$m 时，不宜采用此验算方法。

(4) 同时考虑 c、φ 的抗隆起稳定验算方法。此方法参照 Prandtl 和 Terzaghi 地基承载力公式，并将墙底面的平面作为求极限承载力的基准面，其滑动面形状如图 3-9 所示。由于上述地基承载力公式中同时考虑了土体的 c、φ，所以这种方法较许多仅仅给出纯黏性土（$\varphi=0$）或纯砂性土（$c=0$）的抗隆起安全系数公式更完善。

采用此法的抗隆起安全系数公式为：

$$K_s=\frac{\gamma_2 DN_q+cN_c}{\gamma_1(H+D)+q} \tag{3-19}$$

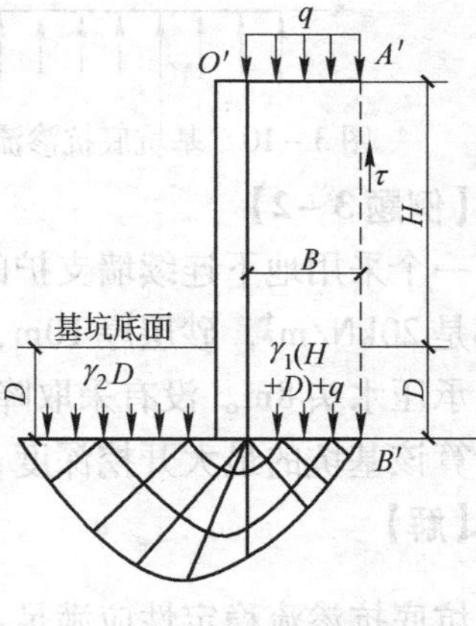

图 3-9 基坑抗隆起计算

式中 D——墙体入土深度，m；

H——基坑开挖深度，m；

γ_1，γ_2——墙体外侧及坑底土体重度，kN/m^3。

3.4 基坑渗流稳定性分析

为确保基坑开挖后不会出现渗流破坏，在进行基坑支护设计时，还需对基坑的渗流稳定性进行验算。

(1) 当上部为不透水层，坑底下某深度处有承压水层时，按下式和图 3-10 验算渗流稳定。

$$\gamma_{Rw}=\frac{\gamma_m(t+\Delta t)}{p_w} \tag{3-20}$$

式中 γ_{Rw}——基坑底土层渗流稳定抗力分项系数，$\gamma_{Rw}\geqslant1.2$；

γ_m——透水层以上土的饱和重度，kN/m^3；

$t+\Delta t$——透水层顶面距基坑底面的深度，m；

p_w——含水层压力，kPa。

（2）当由式（3－20）验算不满足要求时，应采取降水等措施。

（3）坑底下某深度范围内，无承压水层时，可按下式和图3－11验算渗流稳定。

$$\gamma_{Rw}=\frac{\gamma_m t}{\gamma_w(0.5\Delta h+t)} \tag{3-21}$$

式中 γ_{Rw}——基坑底土层渗流稳定抗力分项系数，$\gamma_{Rw}\geqslant 1.1$；

γ_m——t 深度范围内土的饱和重度；

Δh——基坑内外地下水位的水头差，m；

γ_w——水的重度。

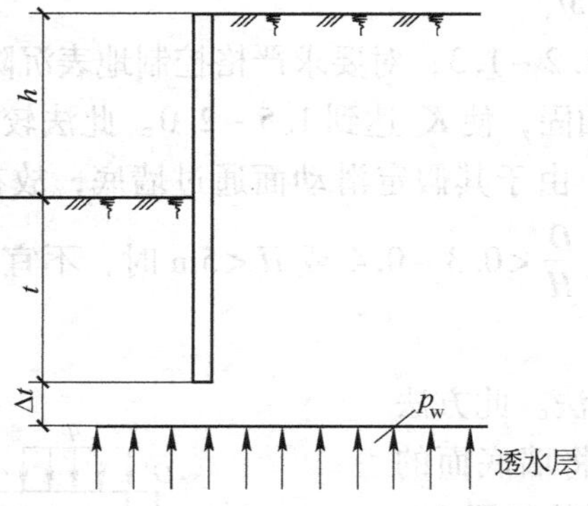

图3－10 基坑底抗渗流稳定性验算

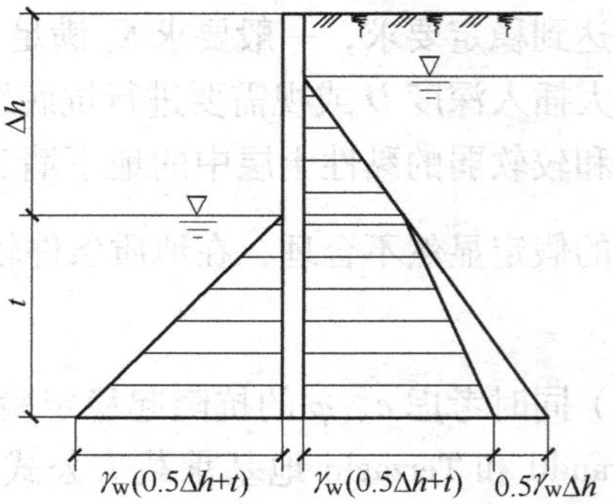

图3－11 基坑底抗渗流稳定性验算

【例题3－2】

一个采用地下连续墙支护的基坑土层分布情况如图3－12所示，砂土与黏土的天然重度都是20kN/m³，砂层厚10m，黏土隔水层厚1m，在黏土隔水层以下，砾石层中有承压水，承压水头8m。没有采取降水措施，为了保证抗突涌的渗透稳定安全系数不小于1.2，试计算该基坑的最大开挖深度 H。

【解】

坑底抗渗流稳定性应满足：$\dfrac{\gamma_m(t+\Delta t)}{p_w}\geqslant 1.2$

由 $\gamma_m=20\text{kN/m}^3;t+\Delta t=11-H;p_w=80\text{kPa}$，得：

$20\times(11-H)/80\geqslant 1.2\Rightarrow H\leqslant 6.2\text{m}$

【例题3－3】

基坑开挖深度为6m，土层依次为人工填土、黏土和砾砂，如图3－13所示。黏土层 $\gamma=19.0\text{kN/m}^3$，$c=20\text{kPa}$，$\varphi=20°$。砂层中承压水水头高度为9m。基坑底至含砾粗砂层顶面的距离为4m。抗突涌安全系数取1.20，为满足抗承压水突涌稳定性要求，场地承压水最小降深为多少？

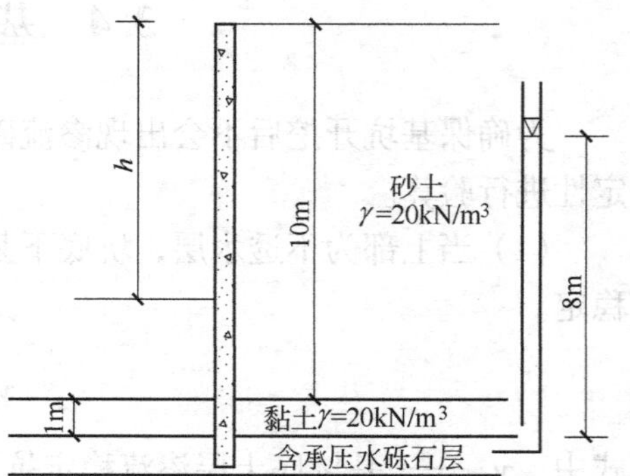

图3－12 例题3－2图

【解】

当上部为不透水层，坑底某深度处有承压水

时，坑底抗渗流稳定性应满足：

$$\frac{\gamma_m(t+\Delta t)}{p_w} \geqslant 1.2$$

由题意知，$\gamma_m = 19\text{kN/m}^3$；$t+\Delta t = 4\text{m}$；

$$\frac{19\times 4}{(9-h)\times 10} \geqslant 1.2 \Rightarrow h \geqslant 2.67\text{m}$$

故降低承压水位需不小于 2.67m。

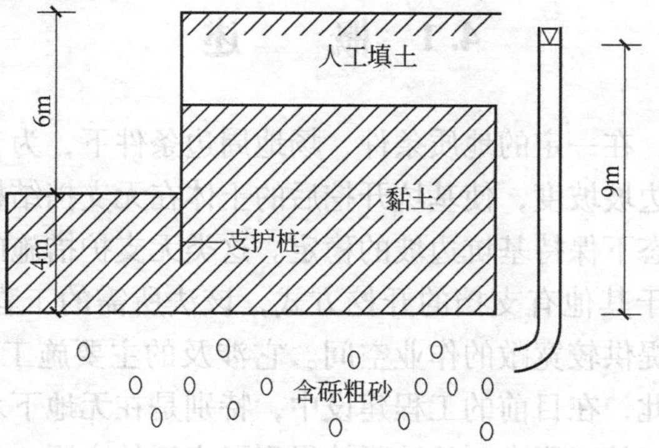

图 3-13 例题 3-3 图

思考与练习题

3-1 基坑稳定性计算各方法有什么特点？

3-2 基坑底部土体抗隆起稳定性分析时主要考虑的因素有哪些？

3-3 基坑渗流稳定性分析的主要原理是什么？

3-4 某基坑深 6.0m，拟采用悬臂式人工挖孔桩支护，嵌固深度为 6.0m。地基土分 2 层：第一层为杂填土，天然重度 $\gamma_1 = 19.5\text{kN/m}^3$，内摩擦角 $\varphi_1 = 10°$，黏聚力 $c_1 = 15\text{kPa}$，厚度 $h_1 = 4.5\text{m}$；第二层为黏性土，天然重度 $\gamma_2 = 19.8\text{kN/m}^3$，内摩擦角 $\varphi_2 = 20°$，黏聚力 $c_2 = 25\text{kPa}$，厚度 $h_2 = 10.0\text{m}$。基坑外侧地下水位为 -1.1m，基坑开挖面以下地下水位为 -1.5m。试分析基坑的渗流稳定性。

3-5 如图 3-14 所示，某一基坑深 6.5m，嵌固深度 6.0m，采用悬臂式排桩结构支护，试分析抗隆起稳定性。

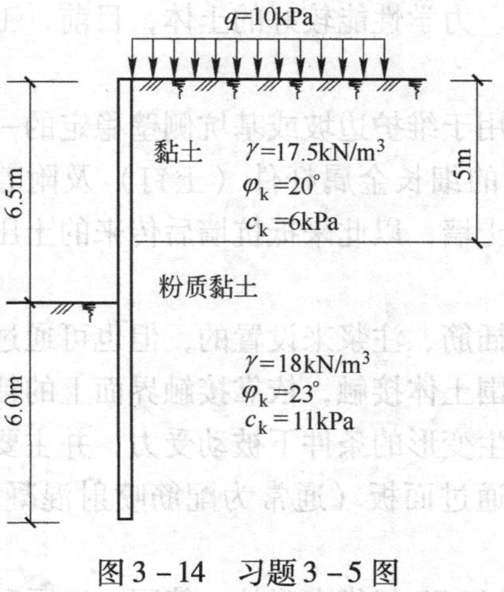

图 3-14 习题 3-5 图

4　放坡与土钉墙支护技术

4.1　概　　述

在基坑开挖施工中，在一定的地质条件、场地周边条件下，为节省建设成本，往往可以通过采用合理的基坑边坡坡度，使基坑开挖后的土体在无支挡结构的条件下，依靠自身的强度，在新的平衡状态下保持基坑边坡的稳定。这类无支护措施的基坑开挖方法称为放坡开挖。放坡开挖相对于其他有支挡的开挖方式，该法所需的工程费用较低，施工工期短，可为主体结构施工提供较宽敞的作业空间。它涉及的主要施工技术内容是土方开挖，通常易于组织实施。因此，在目前的工程建设中，特别是在无地下水或地下水位低于基础底面、场地土质均匀较好的工程中，放坡开挖得到了广泛的应用。

放坡开挖基坑的施工，通常需要选择开挖土坡的坡度，验算基坑开挖各阶段的土坡稳定性，确定地面及基坑的排水组织，选择土坡坡面的防护方法以及土方开挖程序等设计及施工组织工作。在有地下水及地下水位较高又丰富时，尚应进行施工降水设计，并结合邻近工程环境条件提出相应的控制措施和监测方法。

在确定基坑边坡的最优开挖坡度及坡形时，一般可根据基坑及场地条件，分别使用查表法、工程类比法、刚塑体假定等计算方法。其中，采用刚塑体假定的计算方法包括极限平衡法、极限分析法和滑移线法。其中，工程地质类比法是通过全面分析比较拟开挖基坑和已有的放坡开挖基坑工程二者在场地岩土性质、地下水条件、邻近环境、施工条件等方面的相似性，从而对拟开挖基坑边坡的稳定性做出评价及预测，并依此选定合理安全的边坡坡度。

当基坑采取放坡开挖而基坑侧壁无法满足稳定条件时，需对基坑的边坡采取一定的加固措施，对于土质条件均匀、力学性能较好的土体，目前，工程建设中常用土钉墙支挡形式来加固基坑侧壁。

土钉墙是近年发展起来用于维护边坡或基坑侧壁稳定的一种新型支挡结构。它由被加固土体、放置于原位土体中的细长金属杆件（土钉）及附着于坡面的混凝土面板组成，形成一个类似重力式墙的挡土墙，以此来抵抗墙后传来的土压力和其他作用力，从而使开挖坡面稳定。

土钉一般是通过钻孔、插筋、注浆来设置的，但也可通过直接打入较粗的钢筋或型钢形成土钉。土钉沿通长与周围土体接触，依靠接触界面上的粘结摩阻力，与其周围土体形成复合土体，土钉在土体发生变形的条件下被动受力，并主要通过其受拉工作对土体进行加固，而土钉间土体变形则通过面板（通常为配筋喷射混凝土）予以约束。其典型结构如图 4－1 所示。

现代土钉技术是从 20 世纪 70 年代出现的。德国、法国和美国几乎在同一时期各自独

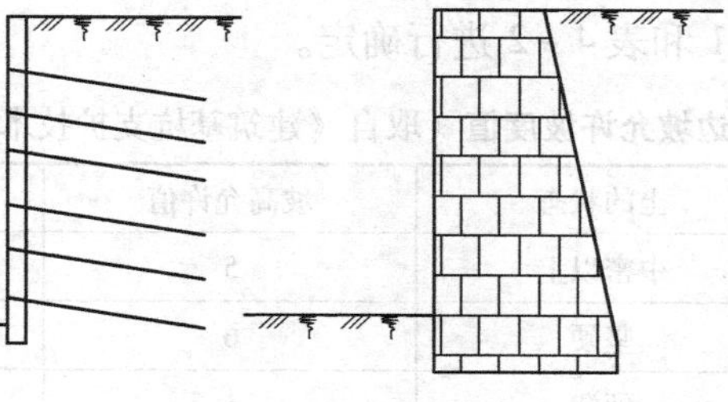

图4－1　土钉与重力式挡土墙

立地开始了土钉墙的研究和应用。1972年法国首先在工程中应用土钉墙技术，德国于1979年首先在Stuttgart建造了第一个永久性土钉工程（高14m），并进行了长达10年的工程测量，获得了许多有价值的数据。至1992年，德国已建成500个土钉墙工程。为了减少支护变形对附近建筑物设施造成的影响。德国工程师们认为上排土钉宜加长或改用锚杆，他们曾在一个28m的边坡开挖中（坡度82°）用10排长15m的土钉，上排加用两排30m长的锚杆。美国最早应用土钉墙技术是在1974年。其中一项有名的土钉工程是匹兹堡PPG工业总部的深基坑开挖。由于有建筑物与其紧挨着，所以开挖时对土体进行了注浆处理，并对土钉区内已有建筑物基础用微型桩作了托换。

我国在1980年将土钉技术应用于山西柳湾煤矿的边坡支护中，这是我国应用土钉技术的首例工程。近年来，中冶集团建筑研究总院、北京工业大学、清华大学、广州军区建筑工程设计院和总参工程兵等单位，在土钉墙的研究开发应用方面做了不少工作。在一些地质条件较好的城市建设中，土钉墙作为边坡或基坑支护手段已被广泛应用于工程实际中，并取得了理想的工程效果。土钉与锚杆的联合应用（见图4－2），使土钉墙的应用变得更为广泛，给工程建设带来了更大的经济效益。

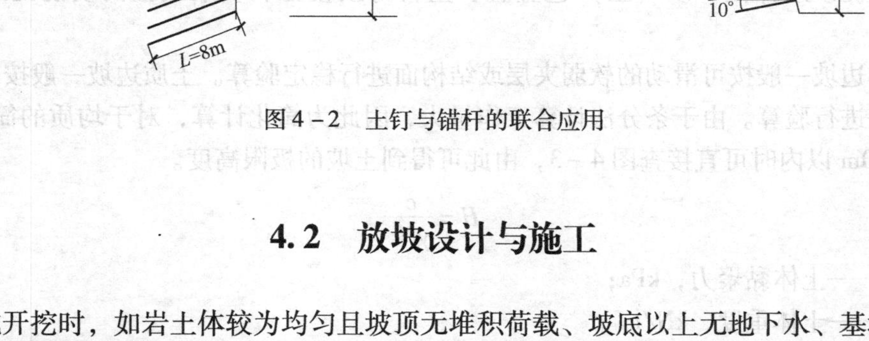

图4－2　土钉与锚杆的联合应用

4.2　放坡设计与施工

基坑开挖时，如岩土体较为均匀且坡顶无堆积荷载、坡底以上无地下水、基坑开挖深度影响范围内无重要建筑同时有足够的放坡空间，则可以采用放坡开挖。

放坡控制的边坡高度和坡度可根据经验或参照同类岩土体的稳定坡高和坡度确定。当无经验时，可按表4－1和表4－2进行确定。

表4－1 土层边坡允许坡度值（取自《建筑基坑支护技术规程》（JGJ 120—99））

土层类别	土的状态	坡高允许值	坡度（高宽比）允许值
人工填土	中密以上	5	1：1.00～1：1.50
黏性土	坚硬	6	1：0.50～1：1.00
	硬塑	5	1：0.80～1：1.25
	可塑	5	1：1.00～1：1.50
粉　土	中密	5	1：1.00～1：1.25
碎石土	稍密	5	1：0.75～1：1.00
	中密	5	1：0.50～1：0.75
	密实	6	1：0.40～1：0.50

表4－2 岩质边坡允许坡度值（取自《建筑基坑支护技术规程》（JGJ 120—99））

岩石类别	岩石类型	风化程度	坡度（高宽比）允许值	
			坡高≤8m	8m≤坡高≤15m
硬质岩	砂岩、石灰岩、千枚岩、花岗岩	微风化	1：0.0～1：0.1	1：0.1～1：0.2
		中风化	1：0.1～1：0.2	1：0.2～1：0.4
		强风化	1：0.2～1：0.4	1：0.4～1：0.6
软质岩	泥岩、砂质泥岩、泥质砂岩	微风化	1：0.2～1：0.3	1：0.3～1：0.4
		中风化	1：0.3～1：0.4	1：0.4～1：0.6
		强风化	1：0.4～1：0.6	1：0.6～1：0.8
极软岩	泥岩、砂质泥岩	微风化	1：0.3～1：0.4	1：0.4～1：0.6
		中风化	1：0.4～1：0.6	1：0.6～1：0.8

注：1. 岩石单轴饱和抗压强度：小于等于5MPa时，为极软岩；在6～30MPa时，为软质岩；大于等于30MPa时为硬质岩。

2. 易风化的极软岩、软质岩、裂隙发育的破碎岩石边坡可采用水泥砂浆抹面或挂铁丝网喷抹水泥砂浆护面。

3. 有外倾斜软弱结构面、稳定性差的局部岩块应采用锚固措施加固或消除。

如果坡高大于表4－1、表4－2所列的允许值，在设置过渡平台分级坡时，土质边坡应采取水泥砂浆抹面、砂（土）包叠置、塑料薄膜覆盖、喷浆或挂网喷混凝土等保护措施。

岩质边坡一般按可滑动的软弱夹层或结构面进行稳定验算。土质边坡一般按圆弧滑动面条分法进行验算。由于条分法计算工作量大，因此为简化计算，对于均质的简单土坡，高度在10m以内时可直接查图4－3，由此可得到土坡的极限高度。

$$H=\frac{c}{\gamma N_s}$$

式中　c——土体黏聚力，kPa；

γ——土体重度，kN/m^3；

N_s——稳定系数，查图4－3。

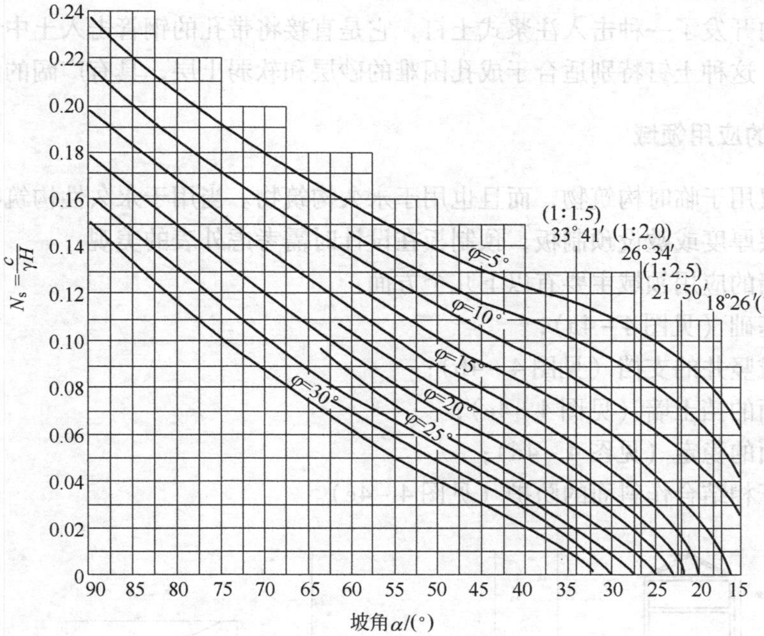

图4-3　土坡稳定性计算简图

（已知坡角α、土的内摩擦角φ、黏聚力c、重度γ、求土坡的许可高度H；已知坡高度H、土的内摩擦角φ、黏聚力c、重度γ，求许可坡角α）

【例题4-1】

已知某土坡边坡比为1:1（β为45°），土的黏聚力$c=12\text{kPa}$，内摩擦角$\varphi=20°$，重度$\gamma=17.0\text{kN/m}^3$，试确定该土坡的极限高度H。

【解】

根据$\beta=45°$，$\varphi=20°$，查图4-3得$N_s=0.065$，进而得土坡的极限高度为：

$$H=\frac{c}{\gamma N_s}=\frac{12}{17\times0.065}=10.9\text{m}$$

4.3　土钉墙的工程特性

目前工程中常用的土钉主要可分为粘结型土钉与击入式土钉两类。

粘结型土钉是最常用的土钉类型。即先在土中钻孔，置入钢筋，然后沿全长注浆，为使土钉钢筋处于孔的中心位置，有足够的浆体保护层，需沿钉长每隔2~3m设对中支架。土钉外露端宜做成螺纹并通过螺母、钢垫板与配筋喷射混凝土面层相连，在注浆体硬结后用扳手拧紧螺母使在钉中产生约为土钉设计拉力10%左右的预应力。

击入式土钉是在土体中直接打入角钢、圆钢或钢筋等，不再注浆。由于击入式土钉与土体间的粘结摩阻强度低，钉长又受限制，所以布置较密，可用人力或振动冲击钻、液压锤等机具打入。击入钉的优点是不需预先钻孔，施工速度快，但不适用于砾石土和密实胶结土，也不适用于服务年限大于两年的永久支护工程。

近年来国内开发了一种击入注浆式土钉，它是直接将带孔的钢管击入土中，然后高压注浆形成土钉，这种土钉特别适合于成孔困难的砂层和软弱土层，具有广阔的应用前景。

4.3.1　土钉墙的应用领域

土钉墙不仅用于临时构筑物，而且也用于永久构筑物。当用于永久性构筑物时，宜增加喷射混凝土层厚度或敷设预制板，预制板在设计时需考虑外表的美观。

目前土钉墙的应用领域主要有以下几个方面：

(1) 托换基础（见图4-4a）；

(2) 基坑或竖井的支挡（见图4-4b）；

(3) 斜坡面的挡土墙（见图4-4c）；

(4) 斜坡面的稳定（见图4-4d）；

(5) 与锚杆相结合作斜面的防护（见图4-4e）。

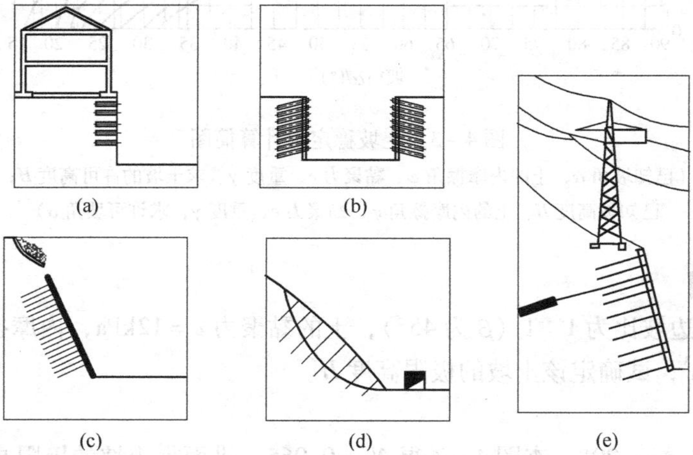

图4-4　土钉墙的应用

(a) 托换基础；(b) 基坑的挡墙；(c) 斜面上的挡土墙；(d) 斜坡面稳定；(e) 和锚杆并用的斜面防护

4.3.2　土钉墙的特点

与其他支护类型相比，土钉墙具有以下一些特点或优点：

(1) 能合理利用土体的自承能力，将土体作为支护结构不可分割的部分。

(2) 属于轻型结构，柔性大，有良好的抗震性和延性。

(3) 施工设备简单，土钉的制作与成孔不需复杂的技术和大型机具，土钉施工的所有作业对周围环境干扰小。

(4) 施工不需单独占用场地，对于施工场地狭小、放坡困难、有相邻低层建筑或堆放材料、大型护坡施工设备不能进场等情况，该技术显示出独特的优越性。

(5) 有利于根据现场监测的变形数据，及时调整土钉长度和间距。一旦发现异常不良情况，能立即采取相应加固措施，避免出现大的事故，因此能提高工程的安全可靠性。

（6）工程造价低。据国内外资料分析，土钉墙工程造价比其他类型的工程造价低1/3～1/2左右。

（7）防腐性能好。土钉由低强度钢材制作，与永久性锚杆相比，大大地减少了防腐的麻烦。

4.3.3 土钉墙的适用条件

土钉墙适用于地下水位以上或经人工降水后的人工填土、黏性土和弱胶结砂上的基坑支护或边坡加固。土钉墙宜用于深度不大于12m的基坑支护或边坡围护，当土钉墙与有限放坡、预应力锚杆联合使用时，深度可增加。土钉墙不宜用于含水丰富的粉细砂层、砂砾卵石层和淤泥质土，不得用于没有自稳能力的淤泥和饱和软弱土层。

4.3.4 土钉墙使用的一般规定

（1）用土钉支护的基坑，深度不宜超过12m，使用期限不宜超过18个月；

（2）土钉支护工程的设计、施工与监测宜统一由具有一定资质和经验的支护工程施工单位负责，以便于及时根据现场测试与监控结果进行反馈设计；

（3）土钉支护中适用于中塑、硬塑或坚硬的黏性土，胶结或弱胶结（包括毛细水粘结）的粉土、砂土和角砾、填土，风化岩层等；

（4）在松散砂土和夹有局部软塑、流塑黏性土的土层中采用土钉支护时，应在开挖前预先对开挖面上的土体进行加固，如采用注浆或微型桩托换等；

（5）土钉支护的设计与施工宜建立在有一定的原位试验及测试的基础上；

（6）在有地下水的土层中，土钉支护应该在充分降、排水的前提下采用；

（7）每段土坡开挖完成后，土钉支护施工要及时迅速地完成；

（8）应慎重考虑土钉墙的变形对环境的影响；

（9）要严格控制基坑挖方的每层挖深及每段长度，严禁超挖；

（10）上一层支护未完成，不得进行下一层土方的开挖；

（11）对土钉支护的基坑应加强监测工作。

4.3.5 土钉墙与加筋土墙的比较

（1）土钉墙与加筋土墙的相似处。

1）一般情况下，均不施加预应力；

2）借助土的微小变形使杆件受力而工作；

3）通过土与杆件的粘结而使加强的土体稳定，而后形成类似于重力式挡墙的结构，支撑其后部土体传来的土压力和荷重；

4）侧向面板基本上不受力，对整个结构物的稳定性不起很大作用，而且均很薄。

（2）土钉墙与加筋土墙的不同处。

1）施工顺序不同，加筋土墙是自下而上先修筑面板和筋系，然后夯填土体而形成的；土钉墙则是随着边坡或基坑开挖自上而下逐步形成，如图4-5所示；

2）土钉墙用于原状土的挖方工程，对于土的质量无法选择和控制；加筋土墙用于填方工程，在一般情况下，对土的种类可以选择，对土的工程性质是可以控制的；

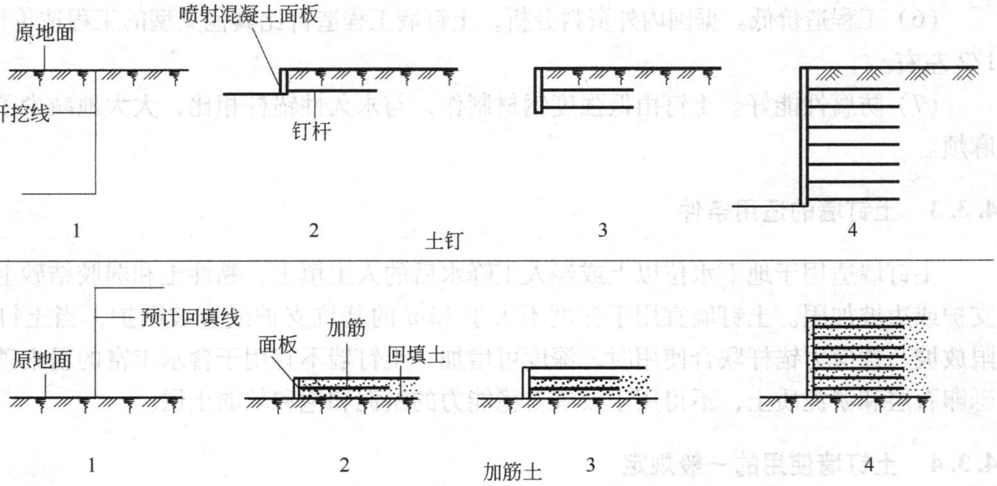

图4－5 土钉墙与加筋土墙的形成过程

3）随着新型工程材料的不断出现，加筋条多采用土工合成材料，直接同土接触而起作用；而土钉则多用金属杆，通过砂浆同土接触而起作用（有时直接在原状土中打入钢筋或角钢而起作用）；

4）加筋条带，一般水平放置，而土钉倾斜一定角度安设。

4.3.6 土钉与锚杆的对比

（1）锚杆安装后，通常施加预应力，主动约束挡土结构的变位；而土钉一般不施加预应力，须借助土体产生少量变位，而使土钉受力后工作，故两者的受力状态不同，结构上的要求自然也是不同的；

（2）锚杆只在锚固长度内受力，而自由段长度内只起传力作用；土钉则是全长受力，故两者在杆件长度方向上的应力分布是不同的，如图4－6所示；

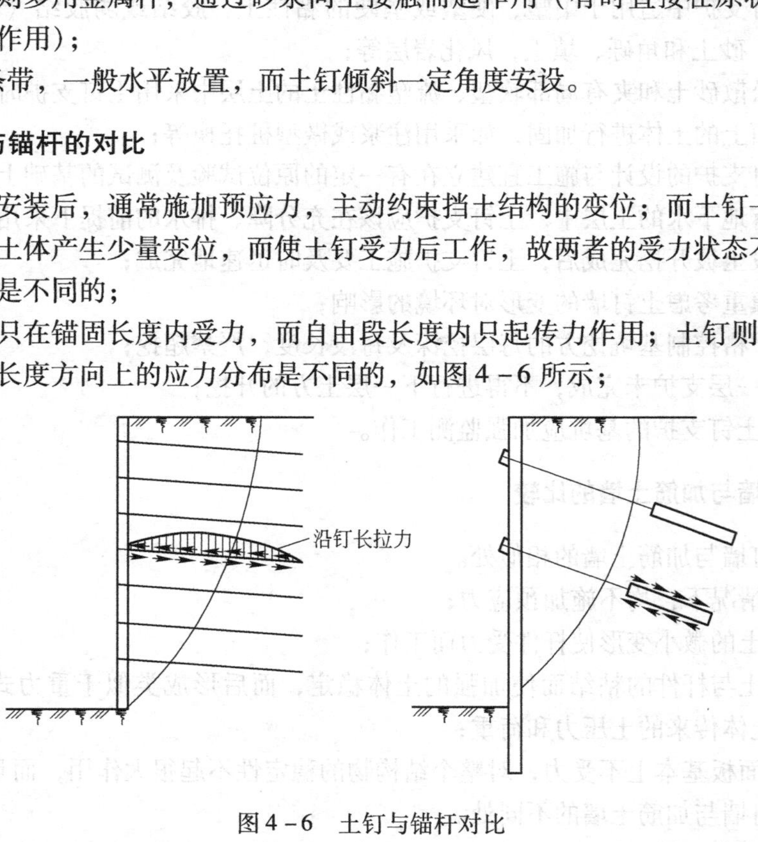

图4－6 土钉与锚杆对比

（3）锚杆密度小，每个杆件都是重要的受力部件；而土钉密度大，靠土钉的相互作用形成复合整体作用，其中个别土钉发生破坏或不起作用，对整个结构物影响不大；

（4）锚杆挡墙或锚杆被拉的挡土结构受力较大，要求锚头特别牢固；土钉面板基本不受力，其锚头用一小块钢板同杆件连接起来即可；

（5）锚杆一般较长，直径较大，所需的各种机具也较大；而土钉的长度一般较短（3～12m），直径较小，所需的各种机具均较灵便。

4.4　土钉墙的作用机理与工作性能

4.4.1　土钉墙的作用机理

土体的抗剪强度较低，抗拉强度几乎可以忽略，但土体具有一定的结构整体性，当开挖基坑时，土体存在使边坡保持直立的临界高度，当超过这一深度或者在地面超载及其他因素作用下，将发生突发性整体破坏。所采用的传统的支挡结构均基于被动制约机制，即以支挡结构自身的强度和刚度，承受其后的侧向土压力，防止土体整体稳定性破坏。

土钉墙则是由在土体内放置一定长度和密度的土钉体构成的。土钉与土共同工作，形成了能大大提高原状土强度和刚度的复合土体，土钉的作用是基于这种主动加固的机制。土钉与土的相互作用，还能改变土坡的变形与破坏形态，显著提高了土坡的整体稳定性。

试验表明：直立的土钉墙在坡顶的承载能力约比素土墙提高一倍以上（见图4－7）。更为重要的是，土钉墙在受荷载过程中不会发生素土边坡那样突发性的塌滑（图4－8）。

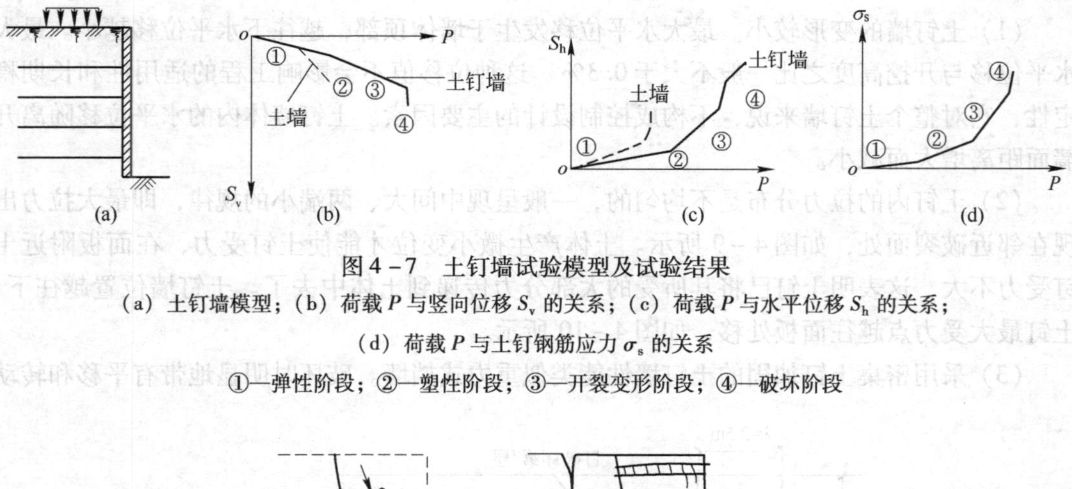

图4－7　土钉墙试验模型及试验结果

（a）土钉墙模型；（b）荷载P与竖向位移S_v的关系；（c）荷载P与水平位移S_h的关系；（d）荷载P与土钉钢筋应力σ_s的关系

①—弹性阶段；②—塑性阶段；③—开裂变形阶段；④—破坏阶段

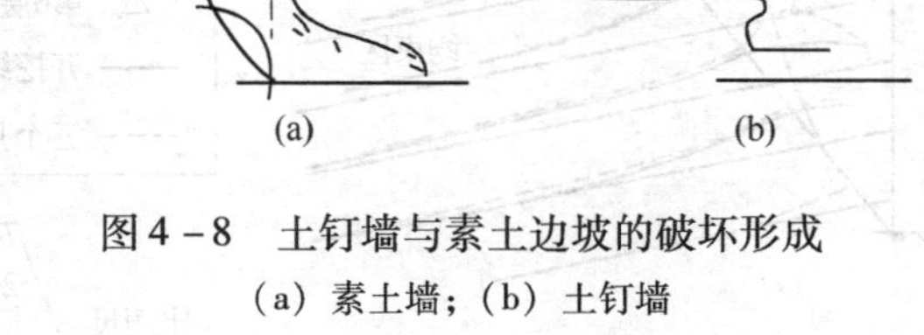

图4－8　土钉墙与素土边坡的破坏形成

（a）素土墙；（b）土钉墙

土钉墙不仅推迟了塑性变形发展阶段，而且明显地呈现出渐进变形与开裂破坏并存且逐步扩展的现象，直至丧失承受更大荷载的能力，仍不会发生整体性塌滑。

土钉在复合土体中的作用可概括为以下几点：

(1) 箍束骨架作用。该作用是由土钉本身的刚度和强度以及它在土体内的分布空间所决定的。它具有制约土体变形的作用，并使复合土体构成一个整体。

(2) 分担作用。在复合土体内，土钉与土体共同承担外部荷载和土体自重应力。由于土钉有较高的抗拉、抗剪强度以及土体无法比拟的抗弯刚度，所以当土体进入塑性状态后，应力逐渐向土钉转移。当土体开裂时，土钉分担作用更为突出，这时土钉内出现弯剪、拉剪等复合应力，从而导致土钉体中浆体碎裂，钢筋屈服。复合土体塑性变形延迟及渐进性开裂变形的出现与土钉分担作用密切相关。

(3) 应力传递与扩散作用。在同等荷载作用下，由土钉加固的土体内的应变水平比素土边坡土体内的应变水平大大降低，从而推迟了开裂的形成与发展。

(4) 坡面变形的约束作用。在坡面上设置的与土钉连成一体的钢筋混凝土面板是发挥土钉有效作用的重要组成部分。坡面鼓胀变形是开挖卸荷、土体侧向变位以及塑性变形和开裂发展的必然结果，限制坡面鼓胀能起到削弱内部塑性变形，加强边界约束作用，这对土体开裂变形阶段尤为重要。

4.4.2 土钉墙的工作性能

土钉墙的工作性能归纳为以下几点：

(1) 土钉墙的变形较小。最大水平位移发生于墙体顶部，越往下水平位移越小。最大水平位移与开挖高度之比一般不大于0.3%。这种位移值不会影响工程的适用性和长期稳定性，它对整个土钉墙来说，不构成控制设计的主要因素。土钉墙体内的水平位移随离开墙面距离增大而减小。

(2) 土钉内的拉力分布是不均匀的，一般呈现中间大、两端小的规律，即最大拉力出现在邻近破裂面处，如图4-9所示。土体产生微小变位才能使土钉受力，在面板附近土钉受力不大，这表明土钉已将其所受的大部分力传递到土体中去了。土钉墙位置越往下，土钉最大受力点越往面板处移，如图4-10所示。

(3) 采用密集土钉加固的土钉墙性能类似重力式挡墙。破坏时明显地带有平移和转动

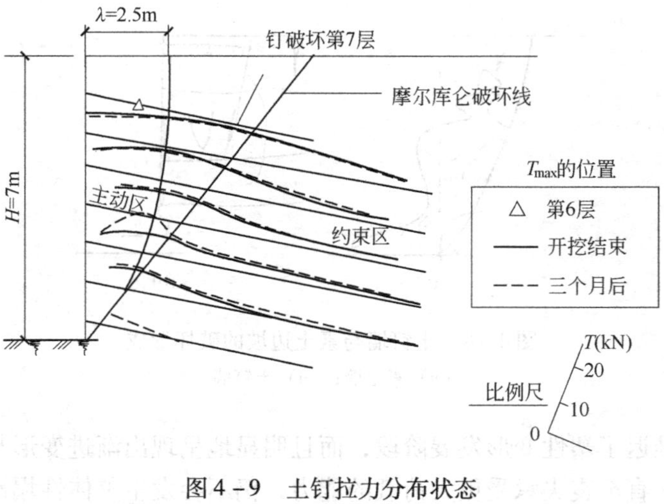

图4-9 土钉拉力分布状态

的性质，故设计时除验算土钉墙的内部稳定性（即局部滑动破坏），以保证它们有足够的钉长、钉径及合理的间距外，还必须验算其整体稳定性，即验算土钉墙的抗滑与抗倾覆安全性，如图4-11所示。

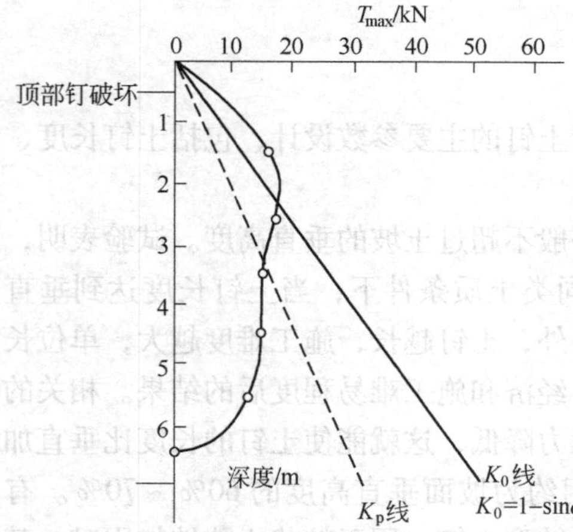

图4-10 开挖后土钉最大拉力位置

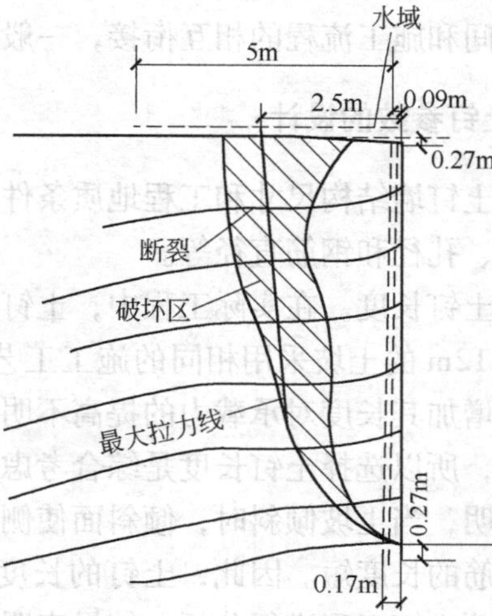

图4-11 土钉墙破坏发展

（4）根据大型足尺试验结果来看，在土钉墙整体破坏以前，并未发现喷射混凝土面板和钉头产生破坏现象。在实际工程中，也未见钉头有任何破坏现象，故设计中不作特殊设计，仅满足结构上的构造要求即可。

（5）墙面后土压力分布接近三角形，在坡角处土压力减少，其合力为库仑土压力的70%，这种土压力减少可能是土钉将土连接成一个整体而造成的。经过多次观察测量，发现其土压力值至少降低库仑土压力值的30%~40%。

4.5 土钉墙设计计算

土钉墙工程设计应包括以下内容：

（1）确定土钉墙的结构尺寸及分段施工长度与高度；

（2）设计土钉的长度、间距及布置、孔径、钢筋直径等；

（3）进行内部和外部稳定性分析计算；

（4）设计面层和注浆参数，必要时，进行土钉墙变形分析；

（5）进行构造设计及制定质量控制要求。

根据土钉墙的设计内容，具体设计计算如下所述。

4.5.1 土钉墙结构尺寸确定

土钉墙适用于地下水位以上或经人工降水后的人工填土、黏性土和弱胶结砂土的基坑支护，基坑高度以5~12m为宜。因此，在初步设计时，先根据基坑环境条件和工程地质资料，决定土钉墙的适用性，然后确定土钉墙的结构尺寸。土钉墙高度由工程开挖深度决定，开挖面坡度可取60°~90°，在条件许可时，尽可能降低坡面坡度。

土钉墙均是分层分段施工，每层开挖的最大高度取决于该土体可以站立而不破坏的能力。在砂性土中，每层开挖高度一般为0.5~2.0m，在黏性土中可以增大一些。开挖高度一般与土钉竖向间距相同，常用1.0~1.5m；每层开挖的纵向长度，取决于土体维持稳定的最长时间和施工流程的相互衔接，一般多用10m长。

4.5.2 土钉参数的设计

根据土钉墙结构尺寸和工程地质条件，进行土钉的主要参数设计，包括土钉长度、间距及布置、孔径和钢筋直径等。

(1) 土钉长度。在实际工程中，土钉长度一般不超过土坡的垂直高度。试验表明，对高度小于12m的土坡采用相同的施工工艺，在同类土质条件下，当土钉长度达到垂直高度时，再增加其长度对承载力的提高不明显；另外，土钉越长，施工难度越大，单位长度费用越高，所以选择土钉长度是综合考虑技术、经济和施工难易程度后的结果。相关的研究结果表明，当土坡倾斜时，倾斜面使侧向土压力降低，这就能使土钉的长度比垂直加筋土挡墙拉筋的长度短。因此，土钉的长度常采用约为坡面垂直高度的60%~70%。有人曾对十几项土钉工程进行分析，结果表明：对粘结型土钉，用于粒状土陡坡加固时，其长度比（土钉长度与坡面垂直高度之比）一般为0.5~0.8；对击入型土钉，用于加固粒状土陡坡时，其长度比一般为0.5~0.6。

(2) 土钉直径及间距布置。土钉直径 D 可根据成孔方法确定。人工成孔时，孔径一般为70~120mm；机械成孔时，孔径一般为100~150mm。

土钉间距包括水平间距 S_x 和垂直间距 S_y，对粘结型土钉，可按6~12倍土钉直径 D 选定土钉行距和列距，且宜满足：

$$S_x S_y = KDL \tag{4-1}$$

式中 S_x，S_y——土钉水平间距和垂直间距，m；

K——注浆工艺系数，对一次压力注浆工艺，取1.5~2.5；

D——土钉直径，m；

L——土钉长度，m。

统计分析表明，对粘结型土钉用于加固粒状土陡坡时，其粘结比 $DL/(S_x S_y)$ 为0.3~0.6；对击入型土钉，用于加固粒状土陡坡时，其粘结比为0.6~1.1。

(3) 土钉钢筋直径 d 的选择。d 按下式计算：

$$d = (20 \sim 25) \times 10^{-3} \times (S_x S_y)^{1/2} \tag{4-2}$$

统计资料表明：对粘结型土钉，用于粒状土陡坡加固时，其布筋率 $d^2/(S_x S_y)$ 为 $(0.4 \sim 0.8) \times 10^{-3}$；对击入型土钉，用于粒状陡坡时，其布筋率为 $(1.3 \sim 1.9) \times 10^{-3}$。

4.5.3 土钉墙内部稳定性分析

土钉墙内部稳定性分析是保证土钉墙本身的稳定，这时的破裂面全部或部分穿过加固土体的内部（见图4-12）。部分穿过加固土体时又称为混合破坏。内部稳定性分析多采用边坡稳定的概念（见图4-12a、b），只不过在破坏面上需要计入土钉的作用，但是也有按挡土墙概念进行内部稳定性分析的，其中取可能发生的破坏面如图4-12c和图4-

12d所示，破坏面由两部分组成，上部发生在支护背面上，受背后破坏土体楔块的主动土压力作用，下部则穿过部分土钉并与趾部相连，并不认为破坏面会穿过全部土钉，即只承认混合破坏方式。图4－12c和图4－12d的破坏机理虽然有模型和大量试验为依据，但显然不适合 L/H 比值较大的支护，后来的试验分析说明，这种双折线的破坏面只适用于大的地表荷载作用下非黏性土中的支护。

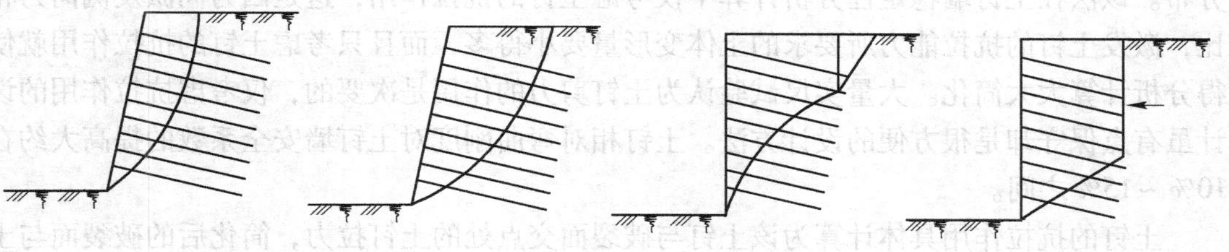

图4－12 土钉墙内部整体稳定性破坏简图

内部稳定性分析常采用的方法是极限平衡分析方法，滑动面或破坏面的形状常假定为双折线、圆弧线、抛物线或对数螺旋曲线中的一种。因为土钉支护是陡坡，所以根据边坡稳定理论可知，破坏面的底端通过趾部（在匀质中），至于破坏面与地表相交的另一端位置就需要通过试算来决定。每一个可能的破坏面位置对应一个稳定性安全系数，作为设计依据的临界破坏面具有最小的安全系数，极限平衡分析的目的就是要找出这个临界破坏面的位置并给出相应的安全系数。作用于破坏面上的抗力由两部分提供：一部分是土体抗力，即沿破坏面上的土的抗剪能力，照例用摩尔库仑准则确定，其抗剪强度为 $\tau = c + \tan\varphi$，其中 σ 为破坏面上的正应力；另一部分是与破裂面相交的土钉所提供，认为土钉的最大拉力发生在破坏面上，并且等于土钉的抗拔能力，所以这部分抗力等于土钉抗拉能力沿破坏面的切向分力，抗剪强度中的 σ 除与自重、地表荷载等有关外，也与破坏面上土钉抗拉能力的法向分力有关，后者使 σ 增加，所以土钉对支护稳定性的作用还增加土体抗剪强度的一个方面，再加上支护土体往往由多种不同土层组成，因此这种整体稳定性的极限平衡分析常用条分法来完成，计算工作量很大，需要编制一个专用的小型计算程序。

对于土钉墙稳定性，国外的计算方法还有：英国的 Bridle 法、Juran 的机动法、有限元方法、Schlosser 方法和通用极限平衡法等。国内也有许多单位进行土钉墙的研究和应用，其设计计算方法主要有：太原煤矿设计院方法、北京工业大学方法、洛阳总参科研所方法、清华大学方法和北京冶建总院方法（TDQ 及程序方法）等。下面仅介绍冶建总院方法。

（1）基本假定。

1）破裂面为圆弧形，破坏是由圆形破裂面确定的准刚性区整体滑动产生的；

2）破坏时，土钉的最大拉力和剪力在破裂面处；

3）土体抗剪强度（由库仑破坏准则定义）沿着破裂面全部发挥；

4）假定土条两边的水平作用力相等；

5）土体强度参数取加权平均值。

（2）土钉力简化。土钉的实际受力状态非常复杂，一般情况下，土钉中产生拉应力、剪应力和弯矩，土钉通过这个复合的受力状态对土钉墙稳定性起作用。为了要合理地确定土钉所产生的拉力、剪力和弯矩的大小，就需要知道土体中会出现的变形，土钉的弯曲刚度，土钉的抗弯能力以及土钉周围上体的侧向刚度，但这在实际工程中往往是比较困难的。单就土钉的抗拉能力而言，土钉界面摩阻力分布也是非均匀的，一般在破裂面处最大，往两边逐渐减小，对常用的3~12m的土钉，土钉界面摩阻力简化成沿土钉全长均匀分布。该法在土钉墙稳定性分析计算中仅考虑土钉的抗拉作用，这是因为同激发侧向力相比，激发土钉的抗拉能力所要求的土体变形量要小得多，而且只考虑土钉的抗拉作用就使得分析计算大大简化。大量实尺试验认为土钉剪力的作用是次要的，仅考虑抗拉作用的设计虽有点保守却是很方便的设计方法。土钉相对弯曲刚度对土钉墙安全系数的提高大约在10%~15%之间。

土钉的抗拉作用具体计算为该土钉与破裂面交点处的土钉拉力，简化后的破裂面与土钉相交处土钉抗拉能力标准值 T_x 可计算如下：

1）由土钉与土体界面的抗剪强度 τ_f 计算，则：

$$T_{x1} = \pi D L_B \tau_f \tag{4-3}$$

式中　L_B——土钉伸入破裂面外约束区内长度，m；

τ_f——土钉与土体间的抗剪强度标准值（一般由试验资料确定，如果无试验资料，可由该处土体抗剪强度换算），kN/m²。

2）由土钉钢筋强度 f_y 计算，则：

$$T_{x2} = f_y A_s \tag{4-4}$$

式中　A_s——钢筋截面积，m²；

f_y——钢筋抗拉强度标准值，kN/m²。

3）由钢筋与砂浆间的粘结强度 τ_R 计算，则：

$$T_{x3} = \pi d L_B \tau_R \tag{4-5}$$

式中　d——钢筋直径，m；

τ_R——钢筋与砂浆界面的粘结强度标准值（当无试验资料时，可用注浆体的抗剪强度代替），kN/m²。

在式（4-3）~式（4-5）计算中，取用小值作为土钉的抗拉能力标准值。一般情况下，土钉的抗拉能力标准值取式（4-1）~式（4-3）计算的最小值，从许多试验结果可以看出，土钉破坏均是土钉与土体界面的破坏，即土钉被拔出。

【例题4-2】

采用土钉加固一破碎岩质边坡，其中某根土钉有效锚固长度 $L=4.0$m，该土钉计算承受拉力188kN，锚孔直径 $d=108$mm，锚孔壁对砂浆的极限剪应力 $\tau_f=0.25$MPa，材料与砂浆的粘结力 $\tau_R=2.0$MPa，钉材直径 $d_b=32$mm（材质为HRB335），试求该土钉抗拔安全系数。

【解】

（1）根据土钉与孔壁界面岩土抗剪切强度 τ 确定有效锚固力，即：

$$T_{x1} = \pi D L_B \tau_f = \pi \times 0.108 \times 250 = 33.12\text{kN}$$

安全系数：$K_1 = \dfrac{339.12}{188} = 1.8$

(2) 根据钉材与砂浆界面的粘结强度 τ_R 确定有效锚固力，即：

$$T_{x3}=\pi dL_B\tau_R=\pi\times0.032\times4\times2000=803.8\text{kN}$$

安全系数：$K_2=\dfrac{803.8}{188}=4.3$

(3) 土钉钉材抗拉力计算。

由题意知材质为 HRB335，钉材抗拉强度设计值 $f_y=300\text{MPa}$

$$T_{x2}=f_yA_s=\pi\times\left(\frac{0.032}{2}\right)^2\times300\times10^3=241\text{kN}$$

安全系数：$K_3=\dfrac{241}{188}=1.28$

T_{x1}、T_{x2} 和 T_{x3} 三者中取小值，所以土钉安全系数为 1.28。

4.5.4 土钉墙整体稳定安全系数计算

整体稳定安全系数计算为改进的稳定性分析条分法（见图 4－13）。对于施工时不同开挖高度和使用时不同位置，对应于每个圆心沿破裂面滑动的安全系数计算为滑裂面 L 抗滑力矩与下滑力矩之比。

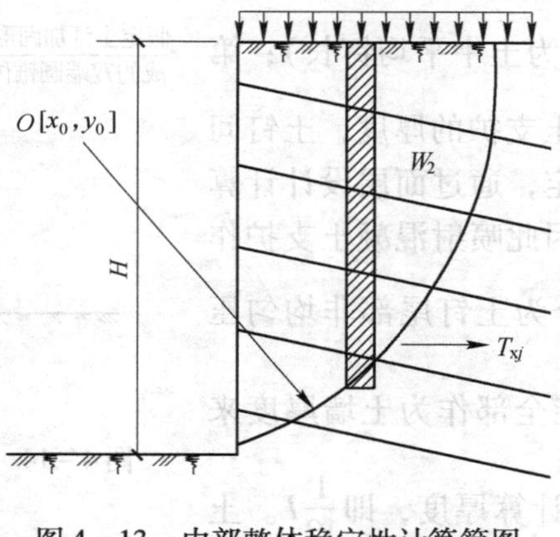

图 4－13　内部整体稳定性计算简图

(1) 当不考虑土钉作用时，其安全系数 K_{si} 计算为：

$$K_{si}=\frac{\sum c_iL_i+\sum W_i\cos\theta_i\tan\varphi_i}{\sum W_i\sin\theta_i}\tag{4-6}$$

(2) 当考虑土钉作用时，其安全系数 K_{pi} 计算为：

$$K_{pi}=\frac{\sum c_iL_iS+\sum W_i\cos\theta_i\tan\varphi_iS+\sum T_{xj}\cos(\theta_i+\alpha_j)+\sum T_{xj}(\theta_i+\alpha_j)\tan\varphi_i}{\sum W_i\sin\theta_iS}\tag{4-7}$$

式中　K_{si}——不考虑土钉作用时的安全系数；

K_{pi}——考虑土钉作用后的安全系数；

c_i——土体的黏聚力，kPa；

φ_i——土体的内摩擦角，(°)；

L_i——土条滑动面弧长，m；

W_i——土条重量，kN；

T_{xj}——某位置土钉的抗拉拔能力标准值，kN；

S——计算单元的长度（一般与 S_x 相同），m；

θ_i——滑动面某处切线与水平面之间的夹角，(°)；

α_j——某土钉与水平面之间的夹角，(°)。

计算取得结果是每个计算高度中考虑与不考虑土钉作用的最小安全系数及对应圆心点位置，安全系数分别表示为 K_{smin} 和 K_{pmin}。容许安全系数的大小可根据工程性质或安全等级取 1.2～1.5。

4.5.5 土钉墙外部稳定性分析

土钉原位加固土体，当土钉达到一定密度时所形成的复合体就会出现类似锚定板群锚现象中的破裂面后移现象，在土钉加固范围内形成一个“土墙”，在内部自身稳定得到保证的情况下，它的作用类似重力式挡墙，因此，可用重力式挡墙的稳定性分析方法对土钉墙进行分析。

4.5.5.1 土钉墙厚度的确定

将土钉加固的土体分三部分来确定土墙厚度。第一部分为墙体的均匀压缩加固带，如图 4－14 所示，它的厚度为$\frac{2}{3}L$（L 为土中平均钉长）；第二部分为钢筋网喷射混凝土支护的厚度，土钉间土体由喷射混凝土面板稳定，通过面层设计计算保证土钉间土体的稳定，因此喷射混凝土支护作用区厚度为$\frac{1}{6}L$；第三部分为土钉尾部非均匀压缩带，厚度为$\frac{1}{6}L$，但不能全部作为土墙厚度来考虑，取$\frac{1}{2}$值作为土墙的计算厚度，即$\frac{1}{12}L$。土墙厚度为三部分之和，即$\frac{11}{12}L$。当土钉倾斜时，土墙厚度为$\frac{11}{12}L\cos\alpha$（α 为土钉与水平面之间的夹角）。

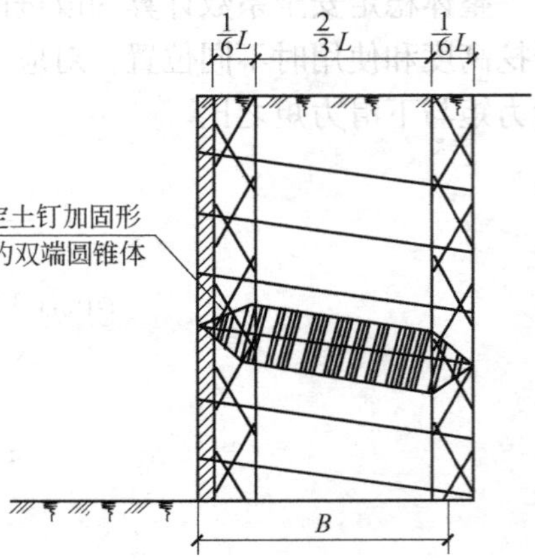

图 4－14 土钉墙计算厚度确定简图

4.5.5.2 土钉墙的稳定性计算

参照重力式挡墙的方法分别计算简化土钉墙的抗滑稳定性、抗倾覆稳定性和墙底部土的承载能力，如图 4－15 所示。计算时纵向取一个单元，一般取土钉的水平间距进行计算。

（1）抗滑动稳定性验算。抗滑安全系数按下式计算：

$$K_H = F_t / E_{ax} \tag{4-8}$$

式中 E_{ax}——简化土墙后主动土压力水平分力；

F_t——简化土墙底断面上产生的抗滑合力，$F_t = (W + qB) S_x \tan\varphi + cBS_x$。

（2）抗倾覆稳定性验算。抗倾覆安全系数按下式计算：

$$K_Q = M_W / M_0 \tag{4-9}$$

式中 M_W——抗倾覆力矩，$M_W = (W + q_0 B)(0.5B + 0.5H/\tan\beta)$；

M_0——土压力产生的倾覆力矩，$M_0 = \frac{1}{3}(H + H_0)E_{ax}$。

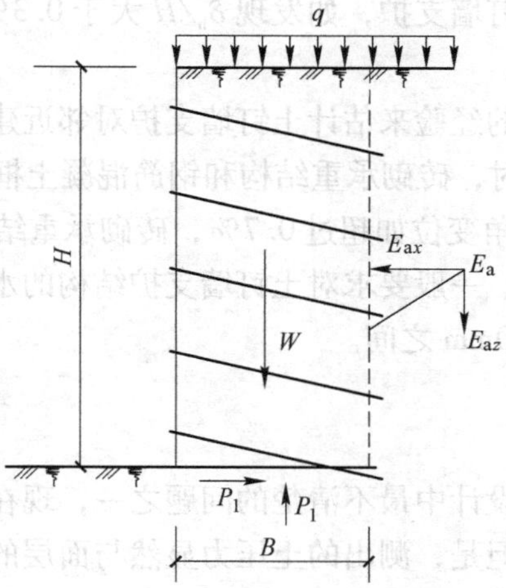

图 4-15 土钉墙外部稳定计算简图

(3) 墙底土承载力验算。承载力安全系数按下式计算：

$$K_c = Q_0 / p_0 \tag{4-10}$$

式中 Q_0——墙底处部分塑性承载力，按下式计算：

$$Q_0 = \frac{\pi c \cot\varphi + (1/3)\gamma B}{\cot\varphi + \varphi - \pi/2} + \gamma H;$$

p_0——墙底处最大压应力，$p_0 = (W + qB)/B + 6(M_0 - E_{ay}B)/B_0^2$。

4.5.6 土钉墙变形分析

用极限平衡分析法不能提供任何变形的信息，土钉墙的变形可用有限元分析方法做出估计，但单纯的有限元计算不一定能得出可信的定量数据，因此，目前所了解的土钉墙的变形性能主要是根据监测资料得到的。根据目前实测的变形资料，对土钉墙变形规律的认识主要有以下几条：

(1) 土钉墙变形引起的地表角变位和位移随 L/H 增加而减少；

(2) 颗粒土中离开面层水平距离 $(1 \sim 1.25)H$ 时，地表角变位已不会对周围地表建筑物造成影响，一般情况下，大于 $1.5H$ 时地表角变位已不重要；

(3) 最大水平变位（面层顶部水平位移）与竖向沉降的比值随 L/H 减少而增加，其最大值为 1.0；对于常用的 $L/H = 0.6 \sim 1.0$ 的情况，可取为 $1.0 \sim 0.75$，这与一般的撑式支护相近；

(4) 增大土钉倾角，会增加地表变位与支护位移；

(5) 水平位移过大导致破坏，最大水平位移的限制标准可取为不大于 5‰H。

在土钉墙顶部，最大水平位移 δ_h 与竖向位移 δ_v 大体相等。最大水平位移 δ_h 与墙高 H 的比值为 0.1% ~0.3%；地表的水平位移和竖向位移在离开墙面为 λ 处接近于零，有经验式：

$$\lambda = K(1-\tan\beta)H \tag{4-11}$$

式中 β——支护面层与垂线的夹角，直立开挖时 $\beta=0$；

K——系数，对风化岩层、砂性土和黏性土分别为 0.8、1.25 和 1.5。

对一般非饱和土中的土钉墙支护，如发现 δ_h/H 大于 0.3% ~0.4% 就应视为工作有趋向失常的可能，需密切监视。

可以根据传统支护变形的经验来估计土钉墙支护对邻近建筑物的影响，当地表的角变位分别超过 0.1% 和 0.13% 时，砖砌承重结构和钢筋混凝土框架结构中的建筑损害（如抹灰层开裂）就有可能发生，角变位如超过 0.7%，砖砌承重结构就会受到损害。

我国在基坑支护设计中，一般要求对土钉墙支护结构的水平位移和沉降进行监测，据统计，位移数据一般在 5 ~50mm 之间。

4.5.7 土钉墙面层设计

面层的工作机理是土钉设计中最不清楚的问题之一，现在已积累了一些喷射混凝土面层所受土压力的实测资料，但是，测出的土压力显然与面层的刚度有关。

目前面层设计计算有两种做法，一种做法是认为面层只承受土钉竖向间距 S_y 范围内的局部土压，取 1 ~2 倍的 S_y 作为高度来确定主动土压力并以此作为面层所受的土压力。另一种做法则将面层作为结构的主要受力部件，受到的土压力与锚杆支护中的面部墙体（桩）相同。较为合理的算法是将面积 $S_x \cdot S_y$ 上的面层土压合力取为该处土钉最大拉力的一部分。

面层在土压力作用下受弯计算模型可取为以土钉为支点的连续板进行内力分析并验算抗弯强度和所需配筋率。另外，土钉与面层连接处要作抗剪验算和局部承压验算。

当支护有地下水作用或地表有较大均布荷载或集中荷载时，支护面层则有可能成为重要的受力构件。土钉支护的地表加载试验表明，地表荷载引起的面层土压力要小于按主动土压力算出的数值，因此，设计时如取地表均布荷载 q 引起的面层土压力为 $K_a q$，则应该偏于安全。当有地下水作用时，还要加上侧向水压力。

4.6 土钉墙施工方法

土钉墙施工过程包括以下几个方面。

4.6.1 作业面开挖

土钉墙施工是随着工作面开挖分层施工的，每层开挖的最大高度取决于该土体可以站立而不破坏的能力，在砂性土中每层开挖高度为 0.5 ~2.0m，在黏性土中每层开挖高度可按（4-12）估算：

$$h = \frac{2c}{r\tan(45° - \varphi/2)} \tag{4-12}$$

式中 h——每层开挖深度，m；

c——土的黏聚力（直剪快剪），kPa；

γ——土的重度，kN/m^3；

φ——土的内摩擦角（直剪快剪），(°)。

开挖高度一般与土钉竖向间距相匹配，这样便于土钉施工。每层开挖的纵向长度，取决于交叉施工期间保持坡面稳定的坡面面积和施工流程的相互衔接，长度一般为10m。使用的开挖施工设备必须能挖出光滑规则的斜坡面，最大限度地减少对支护土层的扰动。松动部分在坡面支护前必须予以清除。对松散的或干燥的无黏性土，尤其是当坡面受到外来震动时，要先行进行灌浆处理，在附近爆破可能产生的影响也必须予以考虑。在用挖土机挖土时，应辅以人工修整。

4.6.2 喷射混凝土面层

一般情况下，为了防止土体松弛和崩解，必须尽快做第一层喷射混凝土。根据地层的性质，可以在安设土钉之前做，也可以在放置土钉之后做。对于临时性支护来说，面层可以做一层，厚度50～150mm；对于永久性支护，则面层多为两层或三层，厚度为100～300mm。喷射混凝土强度等级不应低于C15，混凝土中水泥含量不宜低于400kg/m^3。喷射混凝土最大骨料尺寸不宜大于15mm，通常为10mm。两次喷射作业应留一定的时间间隔，为使施工搭接方便，每层下部300mm暂不喷射，并做45°的斜面形状，为了使土钉同面层能很好地连接成整体，一般在面层与土钉交接中间加一块150mm×150mm×10mm或200mm×200mm×12mm的承压板，承压板后一般放置4～8根加强钢筋。在喷射混凝土中，应配置一定数量的钢筋网，钢筋网能对面层起加强作用，并对调整面层应力有着重要的意义。钢筋网间距通常双向均为200～300mm，钢筋直径为ϕ6～10，在喷射混凝土面层中配置1～2层。有时，用粗钢筋将各土钉相互连接起来，这样面层的整体作用能得到进一步加强。

4.6.3 排降水措施

当地下水位较高时，应采取人工降低地下水措施，一般沿坡顶每隔10m左右设置一个降水井。常采用管井井点降水法，该法降水效果比较好。

在降水的同时，也要做好坡顶、坡面和坡底的排水，应提前沿坡顶挖设排水沟并在坡顶一定范围内用混凝土或砂浆护面以排除地表水。坡面排水可在喷射混凝土面层中设置排水管，一般使用300～500mm长的带孔塑料管子，向上倾斜5°～10°，排除面层后的积水。在坡底设置排水沟和积水坑，将排入积水坑的水及时抽走。

4.6.4 土钉施工

土钉施工包括定位、成孔、置筋、注浆等工序，一般情况下，可借鉴土层锚杆的施工经验和规范。

（1）成孔。成孔工艺和方法与土层条件、机具装备及施工单位的手段和经验有关。当前国内大多数采用螺旋钻、洛阳铲等干法成孔设备，也可使用如YTN－87型土锚专用钻机成孔。对边坡加固土钉，由于往往要在脚手架上施工且钻孔长度较短，要求使用重量轻、易操作及易搬运的钻机。为满足土钉钻孔的要求，可选用KHYD40/75型岩石电钻，配置ϕ75的麻花钻杆，每节钻杆长1.5m，钻机整机质量40kg，搬运操作非常方便，钻孔速度0.2～0.5m/min，工效较高，适合于土钉施工。

依据土层锚杆的经验，孔壁“抹光”会降低浆土的粘结作用，当采用回转或冲击回转方法成孔时，建议不要采用膨润土或其他悬浮泥浆做钻进护壁。

显然，在用打入法设置土钉时，不需要进行预先钻孔。在条件适宜时，安装速度是很快的。直接击入土钉的办法对含块石的土是不适宜的，在松散的弱胶结粒状土中应用时要谨慎，以免引起土钉周围土体局部结构破坏而降低土钉与土体间的粘结力。

（2）置筋。在置筋前，最好采用压缩空气将孔内残留及扰动的废土清除干净。放置的钢筋一般采用Ⅱ级螺纹钢筋，为保证钢筋在孔中的位置，在钢筋上每隔 2 ~ 3m 焊置一个定位架。

（3）注浆。土钉注浆可采用注浆泵或砂浆泵灌注，浆液采用纯水泥浆或水泥砂浆。纯水泥浆可用 P. O 42. 5 号普通硅酸盐水泥用搅拌装置按水灰比 0. 45 左右搅拌，水泥砂浆采用 1∶2 至 1∶3 的配合比用砂浆搅拌机搅拌，再采用注浆泵或灰浆泵进行常压或高压注浆。为保证土钉与周围土体紧密结合，在孔口处设置止浆塞并旋紧，使其与孔壁紧密贴合。在止浆塞上将注浆管插入注浆口，深入至孔底 0. 2 ~ 0. 5m 处，注浆管连接注浆泵，边注浆边向孔口方向拔管，直至注满为止，放松止浆塞，将注浆管与止浆塞拔出，用黏性土或水泥砂浆充填孔口。为防止水泥砂浆或水泥浆在硬化过程中产生干缩裂缝，提高其防腐性能，保证浆体与周围土壁的紧密粘合，可掺入一定量的膨胀剂。具体掺入量由试验确定，以满足补偿收缩为准。为提高水泥砂浆或水泥浆的早期强度，加速硬化，可掺入速凝剂或早强剂。

目前有一种打入注浆式土钉应用越来越多，它施工速度快，适用范围广，尤其对于粉细砂层、回填土、软土等难以成孔的土层，更显示出优越性。另外，国外报道了高速土钉施工方法——“喷栓”系统，它是利用高达 20MPa 的高压力，通过钉尖的小孔进行喷射，将土钉安装或打入土中，喷出的浆液如同润滑剂一样有利于土钉的贯入，在其凝固后还可提供较高的钉土粘结力。但是，喷栓系统除法国外，在其他国家还未获得广泛应用。

4. 6. 5　土钉防腐

在正常环境条件下，对临时性支护工程，一般仅由砂浆做锈蚀防护层，有时可在钢筋表面涂一层防锈涂料；对永久性工程，可在钢筋外加环状塑料保护层或涂多层防腐涂料，以提高钢筋锈蚀防护的能力。

4. 6. 6　边坡表面处理

对临时支护的土钉墙工程来说，只要求喷射混凝土同边坡面很好地粘结在一起就行了，而对永久性工程来说，边坡表面还必须考虑美观的要求，有时使用预制的面板或喷涂。

4. 7　土钉墙质量检验与监测

土钉墙工程质量检验包括土钉的基本抗拔力试验、土钉抗拔力检验试验、原材料的进场检验、喷射混凝土面层强度和厚度检验等。

4. 7. 1　土钉抗拔力检验

严格来说，每种地层均应分别做抗拔力试验，为土钉墙设计提供依据或用以证明设计中使用的粘结力是否合适。由于土钉的整体作用是主要的，不像锚杆那样要求高，所以只有对重要的工程，设计或施工前才需要进行土钉的基本抗拔力试验，以确定土钉界面摩阻力的分布形式及土钉的极限抗拔力等。土钉基本抗拔力试验可采用循环加荷的方式，第一级取土钉钢筋屈服强度的10%为基本荷载，进而以土钉钢筋屈服强度的0.15倍为增量来增加荷载。同时用退荷循环来测量残余变形，每一级荷载持续到变形稳定为止。

土钉破坏标准为：在同级荷载下，变形不能趋于稳定，即认为土钉达到极限荷载。

对于一般的土钉墙工程，土钉抗拔力检验试验是必需的，试验数量应为土钉总数的1%，且不少于3根。土钉检验的合格标准可定为：土钉抗拔力平均值应大于设计极限抗拔力，抗拔力最小值应大于设计极限抗拔力的0.9倍。土钉抗拔力设计安全系数：对临时性工程可取1.5，对永久性工程可取2.0。

4.7.2 原材料检验

土钉墙工程原材料（钢筋、水泥、砂、石等）进场检验，与钢筋混凝土工程相同，可按有关的规范进行质量检验。

4.7.3 面层强度及厚度检验

喷射混凝土应进行抗压强度试验，试块数可为每500m^{2}取一组，每组试块不少于3个，对于小于500m^{2}的独立工程，取样不少于一组。喷射混凝土抗压强度试块可采用现场喷射混凝土大板方法制作。大板模具尺寸为450mm×350mm×120mm（长×宽×高），其尺寸较小的一边为敞开状，现场喷射混凝土大板养护7天后，加工切割成边长为100mm的立方体试块。当不具备切割制取试块的条件时，亦可直接向边长为150mm的立方体无底试模内喷射混凝土制取试块，其抗压强度换算系数，可通过试验确定。

喷射混凝土厚度检查可采用凿孔法或其他方法检查，检查数量可为每100m^{2}取一组，每组不少于3个点。其合格条件可定为：全部检查孔处厚度平均值应大于设计厚度，最小厚度不应小于设计厚度的80%，并不应小于50mm。

4.7.4 土钉墙监测

对于土钉墙基坑支护工程，监测工作是非常必要的，最为直观和最为重要的监测是土钉墙顶面的水平位移和垂直位移；对土体内部变形的监测，可在坡面后不同距离的位置布置测斜管，用测斜仪进行观测；其他的监测项目，如土钉应力、土压力和面层应力等，可根据实际工程的需要选择。做好施工期间的监测，可以达到信息化施工的目的，对保证工程质量和安全具有重要的意义。

4.8 工程实例分析

4.8.1 工程概况

东莞时代广场位于东莞市莞太路西侧、豪岗村门坊的南侧，占地面积约6800m^2，共两座高22层的塔楼，由三层裙房连在一起；地下室两层，平面尺寸78m×72m；建筑物

±0.00 相当于绝对标高16.3m，场地地面标高为12.9～16.4m，地形由东向西、由北向南倾斜，地面高差约3.5m；基坑最大开挖深度为10.5m，西侧开挖深度仅为7m，基坑周边总长为272m，开挖边坡垂直面积约2500m²。建筑物采用筏板基础，支承于地面下约10m的天然地基上。

基坑的东侧为城市主干道，距基坑边约8m，基坑北侧为小区道路，紧临开挖线，距离不到1m，南侧为正在施工的中兴大厦，西侧为2～3层的民房，距离基坑3～6m。基坑平面位置及周围环境见图4－16。

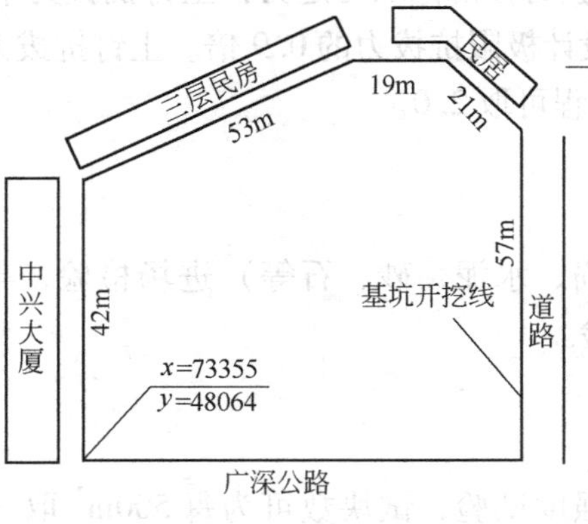

图4－16　基坑支护平面图

4.8.2　工程地质条件

根据场地地质勘察报告，场地内岩土层按成因分为：人工填土、第四纪坡残积层、第四纪残积层和震旦纪混合岩、混合花岗岩。

从支护设计角度考虑，场地的岩土层情况可简化为：第一层为填土，第二层为砂砾黏土和砂质黏土，由于这两种土的力学计算指标相当近似，故将这两种土简化成一种土。

第一层填土的力学计算指标为：重度 $\gamma=20\mathrm{kN/m^3}$，黏聚力 $c=15\mathrm{kPa}$，内摩擦角 $\varphi=16°$，变形模量 $E_0=10\mathrm{MPa}$，层厚1.5m；第二层土的力学计算指标为：$\gamma=20\mathrm{kN/m^3}$；$c=30\mathrm{kPa}$；$\varphi=24°$；$E_0=30\mathrm{MPa}$；层厚大于35m。

地下水位在地表下1.5m，场地总体富水性贫乏，地下水的主要来源为大气降水，地下水对混凝土无侵蚀性。

4.8.3　设计计算

（1）支护方案选择。通过对人工挖孔护坡桩、钻孔灌注排桩和土钉墙等方案，从技术、经济和进度等方面进行比较，最后决定采用土钉墙方案。该方案的优点是：造价最低，比全部用挖孔桩方案低200万元，比钻孔桩方案低300万元；进度也快，不占用单独工期，可随挖土边挖边施工，待土方开挖完后，土钉墙支护既已形成，可立即施工地下室板基础，工期最短；技术上可行，安全可靠。具体方案为：基坑东侧、北侧采用土钉墙和预应力锚杆联合支护，西侧为土钉墙支护，南侧采用人工挖孔护坡桩（因紧邻中兴大厦地下室、土钉不能施工）。由于开挖部分的土质较好，富水性贫乏，故不采取专门的降水措施，仅在坡面预留一些泄水孔。

（2）设计参数和计算结果。通过反复分析计算，最后选定的土钉墙参数为：土钉长度7～9m，横向间距1.5m，土钉钢筋采用ϕ25螺纹钢筋，土钉直径为100m；为了减少边坡位移，第三排设置了预应力锚杆，横向间距3.0m，与9m长土钉间隔布置，锚杆长20m，其中自由段长5m，设计抗拔力200kN；喷射混凝土厚100mm，设计强度等级为C20，钢筋网采用ϕ8@250mm，土钉墙典型剖面如图4－17所示，安全系数计算结果为：

1）基坑剖面（图4－17a）主要计算结果。

① 整体稳定最小安全系数$K_{pmin}=1.58$；

② 单根土钉抗拔力最小安全系数$K_B=1.5$；

③ 土钉整体抗拔力安全系数$K_F=3.57$；

④ 外部稳定抗滑安全系数$K_h=4.68$。

2）基坑剖面（图4－17b）主要计算结果。

① 整体稳定最小安全系数$K_{pmin}=1.42$；

② 单根土钉抗拔力最小安全系数$K_B=1.53$；

③ 土钉整体抗拔力安全系数$K_F=3.24$；

④ 外部稳定抗滑安全系数$K_h=7.83$。

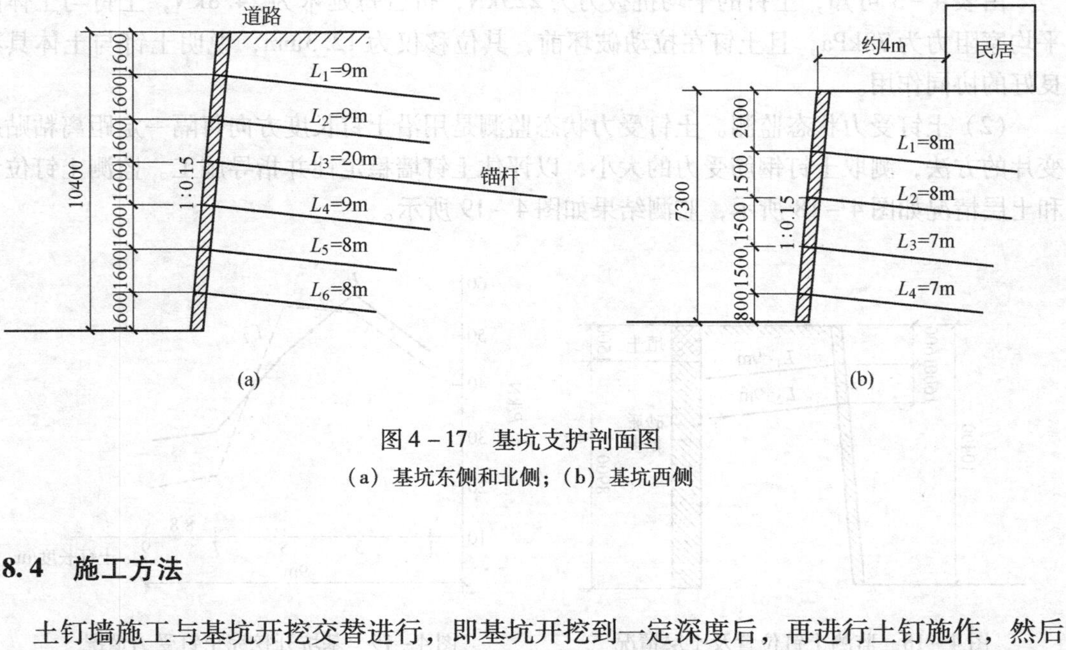

图4－17 基坑支护剖面图

（a）基坑东侧和北侧；（b）基坑西侧

4.8.4 施工方法

土钉墙施工与基坑开挖交替进行，即基坑开挖到一定深度后，再进行土钉施作，然后进行下一层开挖。东、北两侧挖土分四层进行，第一层开挖深度为4.0m，以后每层开挖深度约为2.0m。西侧开挖分四层进行，每层开挖深度依次为：2.5m、2.0m、1.5m、1.0m。

土钉采用洛阳铲和100型地质钻机成孔，成孔直径为100mm。插入钢筋后，用注浆泵灌注纯水泥浆，水灰比为0.45。根据土钉现场拉拔试验揭示，土钉灌浆密实，抗拔力不小于21kN/m。

喷射混凝土配合比为：水泥：砂：石子＝1：2：2。基坑开挖一层后，即喷射4cm厚混凝土，完成土钉施作后，铺设钢筋网，喷射混凝土至设计厚度，或视具体情况，一次喷射混凝土至设计厚度。

东、北侧开挖至 8.0m 后，对预应力锚杆进行张拉，张拉锁定荷载为 120kN 后，再开挖基坑至设计标高。基坑土钉支护面积共约 $2500m^2$。

4.8.5 质量检验与监测

（1）土钉抗拔力原位测试。土钉抗拔力为土钉设计中的主要参数，也是衡量土钉施工质量和土钉与土相互作用的重要指标。本工程试验土钉长 9m，与水平面倾角为 10°，土钉位于地面以下 3.2m，杆体为 $\phi25$ 螺纹钢筋，成孔直径为 100mm，灌注水灰比为 0.5 的纯水泥浆；土钉设置的地层为砂质黏性土，其力学指标为 $\gamma = 20kN/m^3$，$c = 30kPa$，$\varphi = 24°$，抗拔试验结果见表 4－3。

表 4－3 土钉抗拔力试验结果

土钉编号	D－1	D－2	D－3	平均值
抗拔力/kN	200	230	240	223.3
土钉头位移/mm	12	13	13	12.3

由表 4－3 可知，土钉的平均抗拔力为 223kN，折合每延米为 24.8kN，土钉与土体的平均摩阻力为 78kPa，且土钉在拉动破坏前，其位移仅为 12.3mm，说明土钉与土体具有良好的协同作用。

（2）土钉受力状态监测。土钉受力状态监测是用沿土钉长度方向每隔一定距离粘贴应变片的方法，测取土钉钢筋受力的大小，以评估土钉墙稳定性并指导施工。监测土钉位置和土层情况如图 4－18 所示，监测结果如图 4－19 所示。

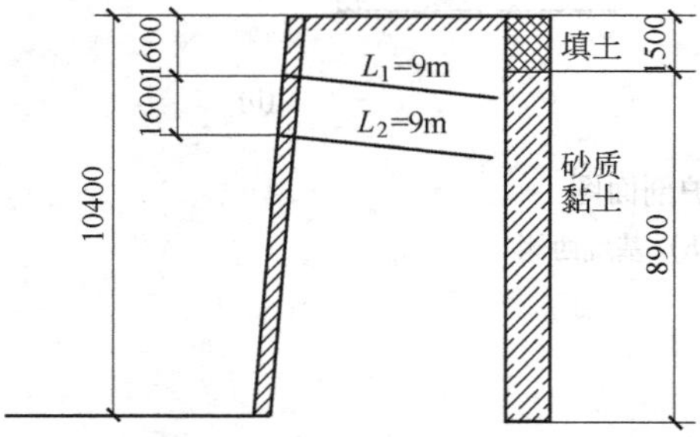

图 4－18 监测土钉位置及土层情况

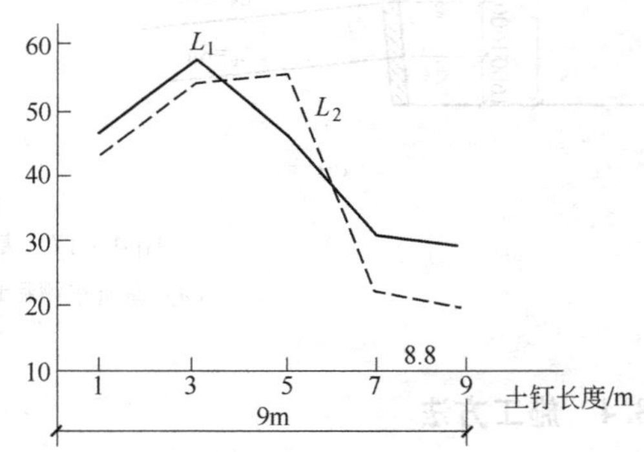

图 4－19 基坑开挖完土钉受力情况

由监测数据可知，土钉沿长度方向受力是不均匀的，大致为中间部分大，两端小，且靠近潜在滑裂面处土钉力最大，最大点土钉拉力为 57.8kN。随着基坑开挖加深，土钉力峰值逐渐向远离坡面处转移。

土钉受力较小，这与所测得的该处土钉墙位移仅为 10mm 是协调的，说明设计合理和施工质量优良的土钉墙具有足够的稳定性。同时，实测较小的土钉拉力值与土钉钢筋抗拉强度相比，具有较大的安全储备，说明可适当减小土钉钢筋的截面积，以节省钢材。

(3) 土钉墙变形监测。土钉墙变形监测采用经纬仪测墙顶水平位移，在基坑南侧和北侧埋设测斜管，使用测斜仪监测土钉墙整体水平位移。监测结果显示，土钉墙最大位移为10mm，大部分位移量不大于2mm，基坑处于安全状态。

4.8.6 技术经济效果

基坑开挖至设计标高，坡顶位移仅为10mm，周围居民和道路无任何开裂、下沉迹象，支护系统处于良好的工作状态。特别是基坑暴露期间，曾遭受特大暴雨和台风的袭击，基坑安全稳定，受到东莞市土木建筑界的好评。与其他支挡方案相比，节省工程造价200~300万元，并缩短工期两个月，取得显著的技术经济效益。

思考与练习题

4-1 简述放坡及土钉墙的适用条件。

4-2 简述土钉与锚杆的区别以及各自的适用条件。

4-3 土钉墙稳定性分析的主要方法有哪些?

4-4 土钉墙的作用机理是什么，进行土钉墙设计时，应进行什么验算?

4-5 某二级基坑深7.5m，采用土钉墙支护，土钉墙坡角85°，土钉与水平面夹角15°，土钉竖向和水平面间距均为1.5m，土钉成孔直径 $d=0.1\text{m}$，长度 $L=9.0\text{m}$，地面无超载，基坑边坡土体 $\gamma=19\text{kN/m}^3$，$\varphi=22°$，$c=10\text{kPa}$，试计算各道土钉的拉拔力是多少?

5 水泥土墙支护技术

5.1 概 述

基坑工程中的重力式围护墙，一般是指厚度较大的水泥土墙体，用特殊的深层搅拌机械，在地面以下就地把土与水泥强行搅拌，形成柱状的加固体，并采用连续工艺的搭接方法把柱状加固体组成墙体，用在基坑支护中。由于水泥土墙体的材料强度比较低，主要是靠墙体的自重平衡墙后的土压力，因而常常将其作为重力式挡土墙对待。该种围护墙体适用于软土地基，但不宜在有较多碎石、砖块及其他有机质杂物的填土层中使用。

（1）水泥土墙作为基坑围护结构的主要优点如下：

1）水泥土加固体的渗透系数比较小，一般不大于 10^{-7}cm/s。因此墙体有良好的隔水性能，不需另做防水帷幕；

2）水泥土支护墙一般采取自立式，不加支撑，所以开挖较方便；

3）水泥土墙体的工程造价比较低，当基坑开挖深度不大时，其经济效益更为显著。

（2）水泥土墙作为基坑围护结构的主要缺点如下：

1）由于水泥土墙体的材料强度比较低，不能适应支撑力的作用，所以一般都采用自立式的结构体系，这样基坑的位移量就比较大，当在环境保护要求较高的情况下采用时，必须十分慎重；

2）墙体材料强度受施工因素影响导致成墙质量的离散性比较大，由于施工设备、施工管理和施工操作上的原因，往往不能保证水泥（或水泥浆）与土搅拌得很均匀而影响加固体的强度。一般情况下，粉喷桩质量的离散性比搅拌桩更大。

（3）水泥土墙作为基坑围护结构的适用范围如下：

1）地层条件。国内外大量试验和工程实践表明，水泥土桩除适用于加固淤泥、淤泥质土和含水量高的黏土、粉质黏土、粉土外，对砂土及砂质黏土等较硬质的土质的适应性也已逐渐被挖掘出来，但对泥炭土及有机质土应慎重对待。

2）场地周边环境。以水泥土作为围护结构必须满足周边空旷，工场地较宽敞，而由于水泥土桩施工无噪声、无泥浆废水污染、无振动、无土体侧向挤压、无隆起及无排土弃土等，故被广泛用于旧城改造的建筑密集场地。

3）适用基坑开挖深度。对于软土的基坑支护，一般支护深度不大于6m，对于非软土基坑的支护则支护深度可达10m，做止水帷幕则受到垂直度要求的控制。

（4）水泥土墙作为基坑围护结构的主要用途如下：

1）直接作为基坑开挖重力式围护结构，同时起到隔水作用。

2）与其他桩、型钢等组成组合式结构。

3）作为坑底土体加固，防止土体隆起，提高支护结构内侧被动土压力，减少支护结构的变形。

4）作为提高边坡抗滑稳定性加固。

5）作为止水帷幕（独立式及联合式）。

6）基坑外侧土体加固，减少主动土压力。

（5）水泥土墙的设计原则与形式。如前所述，基坑中所用的水泥土墙是一种重力式挡土结构的搅拌桩形成的挡墙，该墙体是由一种具有一定刚性的脆性材料构成，其抗拉强度比抗压强度小得多，在工程中要充分利用拉压强度高的优点，回避其抗拉强度低的缺点。“重力坝”式挡墙就是利用结构本身自重和抗压不抗拉的一种结构形式。

水泥土墙挡土结构方案确定时应遵循以下原则：

1）技术先进；

2）施工可行；

3）安全可靠；

4）经济合理。

水泥土墙进行挡土结构设计时应综合考虑下列因素：

1）基坑的几何尺寸、形状、开挖深度；

2）工程地质、水文地质条件，土层分布及其物理力学性质，地下水情况；

3）支护结构所受的荷载及大小；

4）基坑周围的环境、建筑、道路交通及地下管线情况。

水泥土墙是由深层搅拌桩采用不同的搭接方式组成的一道墙体，桩体的位置不一样，则会组成不同的挡墙形式。目前，对水泥土墙体的形式，平面布置一般可采用壁状体，如图5－1所示。若壁状的挡墙宽度不够时，可加大宽度，做成格栅状支护结构，即在支护结构宽度内，不需整个土体都进行搅拌加固，可按一定间距将土体加固成相互平行的纵向壁，再沿纵向按一定间距加固肋体，用肋体将纵向壁连接起来。图5－2所示为几种格栅状挡土结构的平面布置图。这种挡土结构目前常采用双头搅拌机进行施工，一个头搅拌的桩体直径为700mm，两个搅拌轴间的距离为500mm，搅拌桩之间的搭接距离为200mm。

图5－1 壁状支护结构

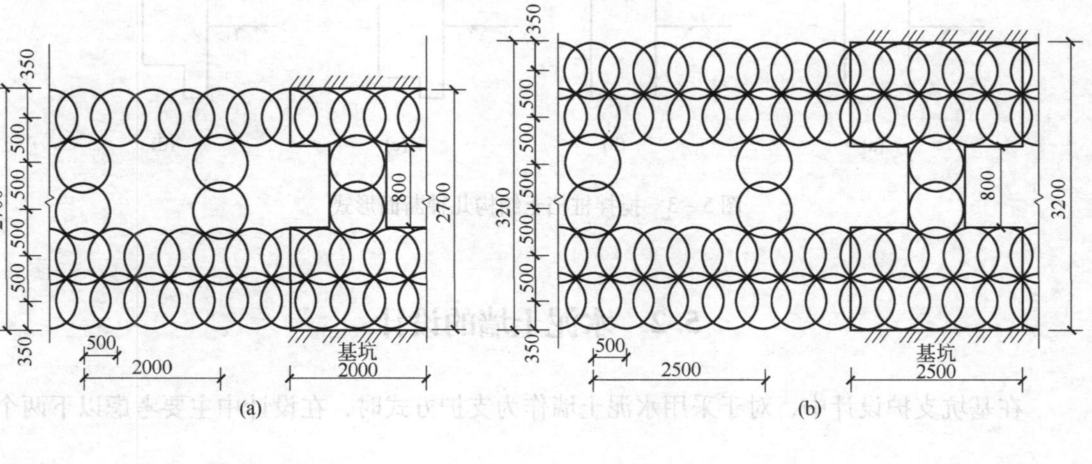

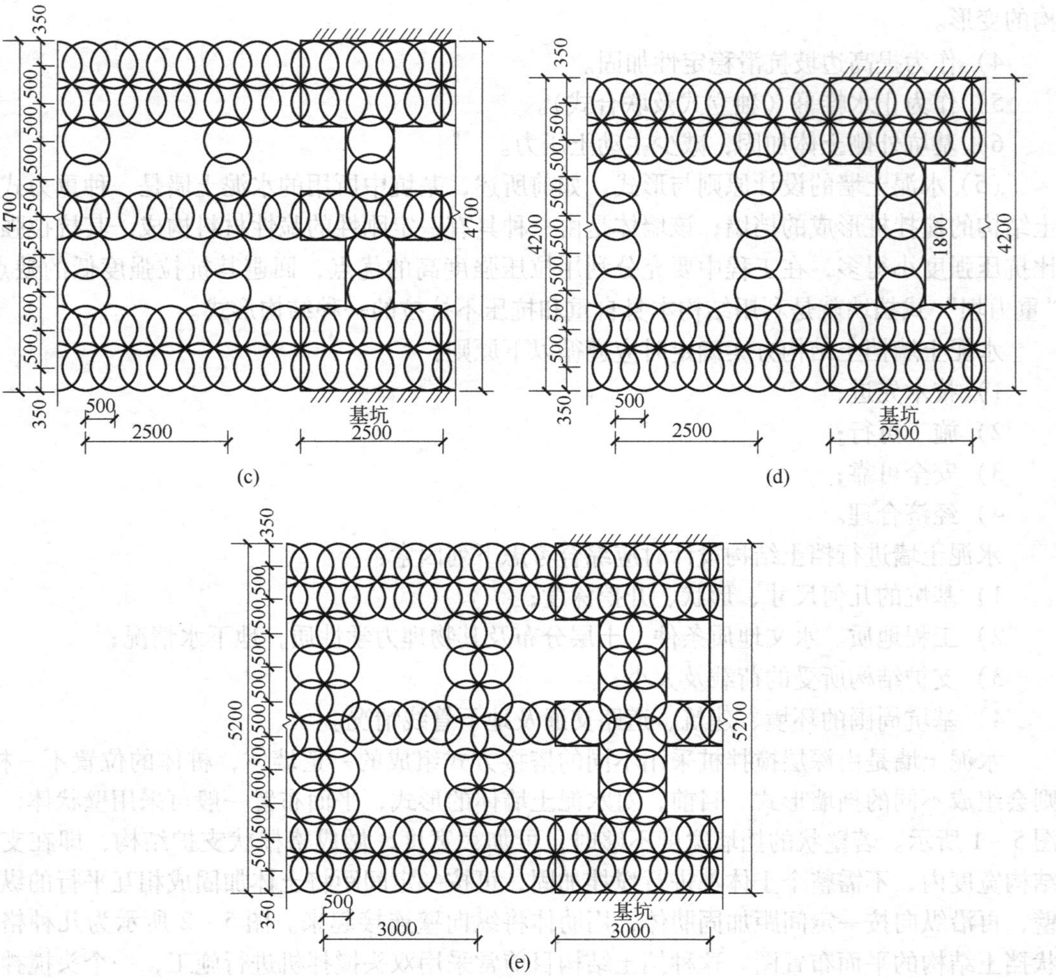

图 5－2　几种格栅状水泥土挡土结构平面图

根据使用要求和受力特性，搅拌桩挡土结构的断面形式如图 5－3 所示。

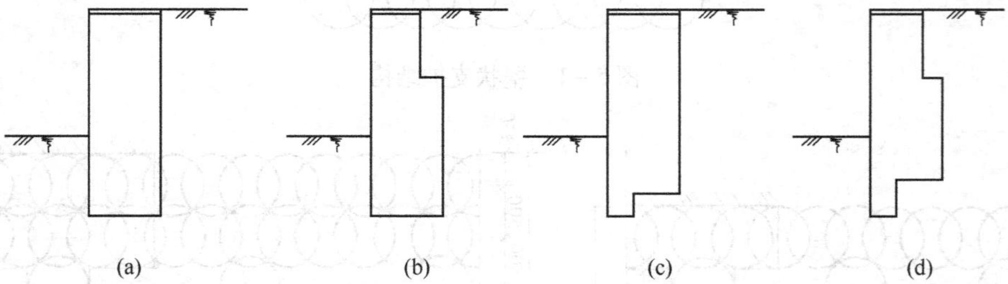

图 5－3　搅拌桩挡土结构几种断面形式

5.2　水泥土墙的设计

在基坑支护设计中，对于采用水泥土墙作为支护方式时，在设计中主要考虑以下两个方面的问题：

（1）作用荷载。水、土压力及地面荷载对墙体的作用可按第2章中的方法计算。

（2）墙体材料力学指标。影响水泥土加固体强度指标的主要因素有：水泥掺入量、原状土性质、土体含水量、施工质量以及养护龄期等。虽然目前水泥土在地基处理及围护结构中用得相当普遍，但对这种材料的力学性能尚缺乏系统的和具有足够数量的试验或统计资料，所以对这种材料国内还没有统一的或规范的力学计算指标。

根据地区的经验，当水泥掺入量为加固体重量的12%～15%时，加固体的无侧限抗压强度的变化范围是0.5～4.0MPa，在多数情况下 $q_N = 0.7 \sim 2.0\text{MPa}$，材料抗拉强度 $\sigma_t = 0.15 \sim 0.25q_N$，变形模量 $E_0 = 100 \sim 150q_N$，加固体的黏聚力 $c = 0.2 \sim 0.3q_N$，内摩擦角 $\varphi = 20° \sim 40°$。

根据土质情况和基坑开挖深度（H），先按经验设定桩长和墙的宽度。

桩长：$L = (1.8 \sim 2.2)H$

挡墙宽度：$B = (0.7 \sim 0.95)H$

当基坑的支挡结构采用水泥土挡墙时，需对水泥土挡墙进行验算，以确保水泥土挡墙的稳定性满足设计要求，水泥土挡墙设计主要验算内容有以下几个方面。

5.2.1 抗滑稳定性验算

水泥土挡墙在基坑支护中不但起到止水作用，而且也是维持边坡稳定的支护结构，因此，在设计时须对其抗滑稳定性进行验算。

目前主要的验算方法是对作用在墙体上的抗滑力与下滑力进行计算（见图5-4），即：

$$K_h = \frac{\text{墙体抗滑力}}{\text{墙体滑动力}} = \frac{W\mu + E_p}{E_a} \tag{5-1}$$

或

$$K_h = \frac{W\tan\varphi_0 + cb + E_p}{E_a} \tag{5-2}$$

式中 K_h——抗滑稳定安全系数，取值1.3，当对位移要求较严格时，可适当提高；当基坑边长小于20m时，可适当减小；

W——墙体自重，kN/m；

E_a——主动土压力合力，kN/m；

E_p——被动土压力合力，kN/m；

μ——墙体基底与土的摩擦系数，当无试验资料时，可按下列土类取值：

淤泥质土：$\mu = 0.20 \sim 0.25$

黏性土：$\mu = 0.25 \sim 0.40$

砂土：$\mu = 0.40 \sim 0.50$

φ_0——墙底处土层的内摩擦角，（°）；

c——墙底处土层的黏聚力，kPa。

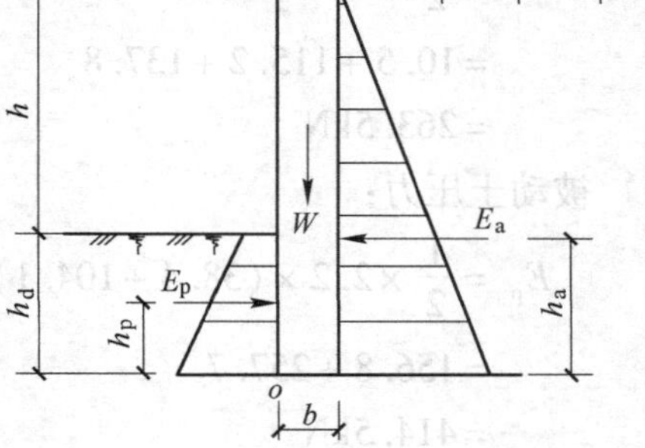

图5-4 抗倾覆稳定性验算

5.2.2 抗倾覆稳定性验算

当采用水泥土挡墙作为基坑支护结构时，挡墙的抗倾覆稳定性同时应满足下式要求：

$$K_0 = \frac{M_R}{M_0} = \frac{Wb + E_p h_p}{E_a h_a} \tag{5-3}$$

式中 K_0——抗倾覆稳定安全系数，可取 $K_0 \geqslant 1.4$，当对位移要求严格时，可适当提高，当基坑边长小于20m时，可适当减小；

M_R——抗倾覆力矩，kN·m；

M_0——倾覆力矩，kN·m；

h_p——被动土压力合力对墙趾 A 点的力臂，m；

h_a——主动土压力合力对墙趾 A 点的力臂，m；

b——墙体自重 W 对 A 点的力臂，m。

【例题 5-1】

某水泥土搅拌桩重力式支护结构，按水土合算计算主动、被动土压力如图 5-5 所示。基坑开挖时水泥土搅拌桩抗压强度设计值 $f_{cs}=1.0$MPa，试验算其抗滑移、抗倾覆安全系数。

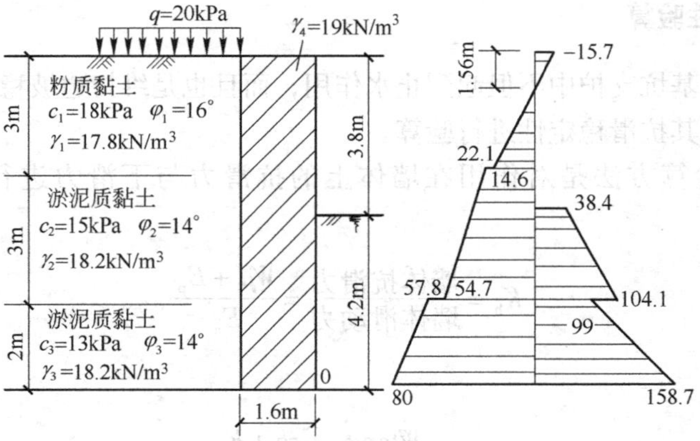

图 5-5 例题 5-1 图

【解】

主动土压力：

$$E_a = \frac{1}{2} \times (3-1.56) \times 14.6 + \frac{1}{2} \times 3 \times (22.1+54.7) + \frac{1}{2} \times 2 \times (57.8+80)$$

$$= 10.5 + 115.2 + 137.8$$

$$= 263.5\text{kN}$$

被动土压力：

$$E_p = \frac{1}{2} \times 2.2 \times (38.4+104.1) + \frac{1}{2} \times 2 \times (99+158.7)$$

$$= 156.8 + 257.7$$

$$= 414.5\text{kN}$$

主、被动土压力作用点：

$$h_a = \frac{10.5\times5.48+115.2\times3.29+137.8\times0.95}{263.5}$$

$$= \frac{57.54+379+130.9}{263.5}$$

$$= 2.15\text{m}$$

$$h_p = \frac{156.8\times2.89+257.7\times0.92}{414.5} = 1.67\text{m}$$

（1）抗滑移稳定性验算。

$$\frac{W\tan\varphi_0 + cb + E_p}{E_a} \geqslant K_h$$

抗滑安全系数取1.3，由：

$$W\tan\varphi_0 + c_0 b + E_p = 1.6\times8\times19\times\tan14° + 13\times1.6 + 414.5 = 494.8\text{kN}$$

得：$\frac{W\tan\varphi_0 + c_0 b + E_p}{E_a} = \frac{494.8}{263.5} = 1.88 \geqslant 1.3$，满足要求。

（2）抗倾覆稳定性验算。

$$K_0 = \frac{M_R}{M_0} = \frac{Wb + E_p h_p}{E_a h_a}$$

安全系数取1.3，由：

$$Wb + E_p h_p = 243.2\times0.8 + 414.5\times1.67 = 886.8\text{kN}\cdot\text{m}$$

$$E_a h_a = 263.5\times2.15 = 566.5\text{kN}\cdot\text{m}$$

得：$K_0 = \frac{886.8}{566.5} = 1.57 > 1.3$，满足设计要求。

5.2.3 整体稳定性验算

当坑底存在软弱土层时，水泥土挡墙的整体稳定性应按圆弧滑动法验算，具体计算如图5－6所示。

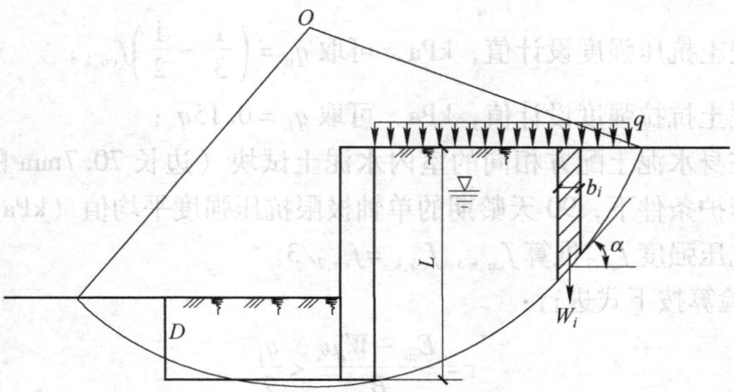

图5－6 整体稳定性验算图

$$K=\frac{\sum_{i=1}^{n}c_il_i+\sum_{i=1}^{n}(q_ib_i+w_i)\cos\alpha_i\tan\varphi_i}{\sum_{i=1}^{n}(q_ib_i+w_i)\sin\alpha_i} \tag{5-4}$$

式中　K——按总应力法计算的整体稳定安全系数，$K\geqslant1.20$；

c_i——第 i 土条滑动面上土的黏聚力，kPa；

l_i——第 i 土条沿滑弧面的弧长，m，$l_i=b_i/\cos\alpha_i$；

b_i——第 i 土条宽度，m；

q_i——第 i 土条地面荷载，kPa；

w_i——第 i 土条重力，kN/m，在无渗流时，地下水位以上用土的天然重度计算，地下水位以下取浮重度；当有渗流作用时，对坑内外水位差之间的土，在计算分母（滑动力矩）时取饱和重度，在计算分子（抗滑动力矩）时取浮重度；

α_i——第 i 土条沿滑弧中点的切线和水平线的头角，(°)；

φ_i——第 i 土条滑动面上土的内摩擦角，(°)。

一般最危险滑弧在墙底下 0.5～1.0m。当墙底下土层很差时，应增大计算深度，直至 K 值增大为止。验算切墙滑弧安全系数时，墙体强度指标取 $\varphi=0$，$c=(1/10\sim1/15)q_v$，当水泥土加固体无侧限抗压强度 $q_u>1\text{MPa}$ 时，可不计算切墙滑弧安全系数。

5.2.4　水泥土挡墙墙体应力验算

在侧向土压力作用下，墙身产生弯矩，墙体偏心受压，此时应验算墙体正应力与剪应力。

（1）正应力验算按下式进行：

$$\sigma_{\min}^{\max}=\frac{W_i}{B_i}\left(1\pm\frac{6e_i}{B_i}\right) \tag{5-5}$$

$$\sigma_{\max}\leqslant\frac{q_u}{2};\quad|\sigma_{\min}|<\frac{q_L}{2}\ (\text{当 }\sigma_{\min}<0\text{ 时})$$

式中　e_i——荷载作用于验算截面上的偏心距 $e_i=M_i/W_i$，m；

M_i——验算截面以上土压力合力在该截面上产生的弯矩，kN·m；

B_i——验算截面的宽度，m；

W_i——验算截面以上的墙体重力，kN/m；

q_u——水泥土抗压强度设计值，kPa，可取 $q_u=\left(\frac{1}{3}\sim\frac{1}{2}\right)f_{cu,k}$；

q_L——水泥土抗拉强度设计值，kPa，可取 $q_L=0.15q_u$；

$f_{cu,k}$——与桩身水泥土配方相同的室内水泥土试块（边长 70.7mm 的立方体），在标准养护条件下，90 天龄期的单轴极限抗压强度平均值（kPa），也可用7 天龄期抗压强度 $f_{cu,7}$ 推算 $f_{cu,k}$，$f_{cu,k}=f_{cu,7}/3$。

（2）剪应力验算按下式进行：

$$\tau=\frac{E_{ai}-W_i\mu_i}{B_i}<\frac{q_j}{2} \tag{5-6}$$

式中　E_{ai}——验算截面以上的主动土压力，kN/m；

μ_i——墙体材料抗剪断系数，取0.4~0.5；

q_j——水泥土抗剪强度设计值，kPa，可取 $q_j = q_u/3$。

5.2.5 墙趾地基土的承载力验算

传统的重力式挡土墙基底应力验算如下所述。

（1）基底合力的偏心距：

$$e = \frac{b}{2} - c = \frac{b}{2} - \frac{\sum M_y - \sum M_0}{\sum N} \tag{5-7}$$

（2）基底应力：

$$e \leqslant \frac{b}{6},\ \frac{p_1}{p_2} = \frac{\sum N}{b}\left(1 \pm \frac{6e}{b}\right) \tag{5-8}$$

$$e > \frac{b}{6},\ p_{\max} = \frac{2\sum N}{3c} \tag{5-9}$$

由于传统重力式挡土墙埋入土中的深度极小，所以不计被动土压力，同时主动土压力产生的力矩不大，故基坑应力并不大，要求满足：

$$p_{\max} \leqslant 1.2f \tag{5-10}$$

式中 e——作用于基底的合力 p 的偏心距，m；

$\sum N$——作用在基底上总垂直力，kN；

$\sum M_y$——稳定力系对墙趾的总力矩，kN·m；

$\sum M_0$——倾覆力系对墙趾的总力矩，kN·m；

b——基底宽度，m；

c——作用于基底的合力 p 到最大应力边缘的距离，m；

$p_1, p_2, p_{\max}$——基底应力及边缘最大压应力，kPa；

f——地基承载力的设计值，kPa，当墙基埋深时进行深度修正，即：

$$f = f_k + \tau_b(b-3) + \tau_0\gamma_0(d-0.5)$$

f_k——地基承载力标准值，kPa。

（3）当基底下受力层范围内有软弱下卧层时，按下式验算其强度：

$$p_z + p_{cz} \leqslant f_z \tag{5-11}$$

式中 p_z——软弱下卧层顶面处附加压力设计值，kPa；

p_{cz}——软弱下卧层顶面处土的自重压力，kPa；

f_z——软弱下卧层顶面处经深度修正后的地基承载力设计值，kPa。

如上层土和下层软弱土层的压缩模量比值大于等于3时，对于条形挡土墙基础，上式中 p_z 可按下式计算：

$$p_z = \frac{b(p - p_c)}{b + 2Z\tan\theta} \tag{5-12}$$

式中 b——挡土墙条形基础底宽度，m；

p——基底应力，kPa；

p_c——基底处土的自重压力标准值，kPa；

Z——基底至软弱下卧层顶面的距离，m；

θ——地基压力扩散线与竖直线之间的夹角，(°)。

5.2.6 挡墙的抗渗计算

抗渗计算可采用 R. N. Davidenk 和 O. L. Franke 的方法进行，计算图如图 5－7 所示。当平面渗流时，单位宽度的渗流量为：

$$q = Kh\frac{1}{\zeta_1+\zeta_2} \tag{5-13}$$

式中 ζ_1——根据 S_1/T_1 及 $T_1/b=0$，查图 5－8 得到；

ζ_2——根据 S_2/T_2 及 T_2/b 查图 5－8 得到；

K——土的渗透系数。

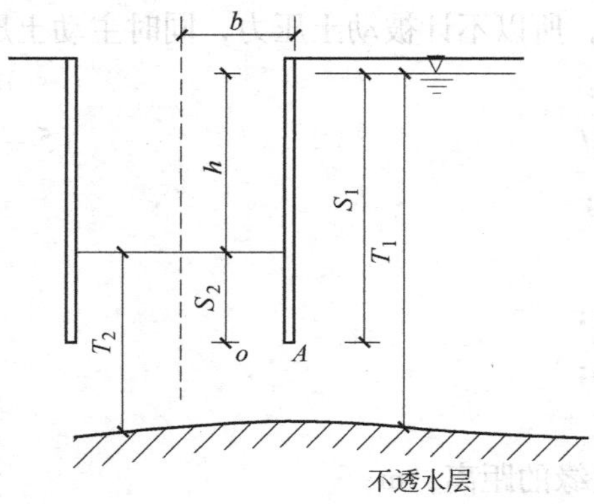

图 5－7 抗渗计算图

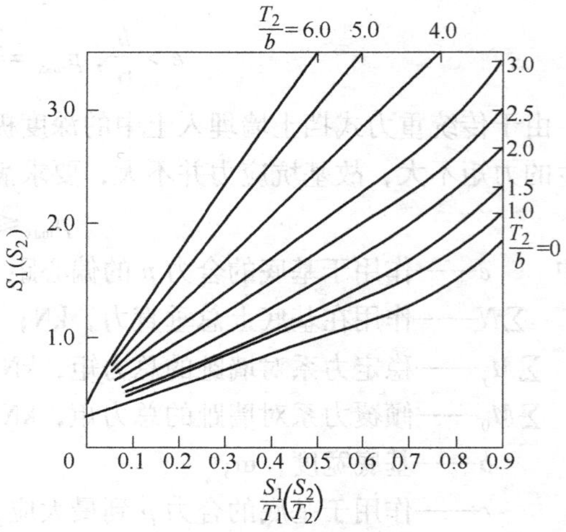

图 5－8 渗流计算曲线图

T_1、T_2 都与不透水层深度有关，不透水层深度可根据地质资料确定。无明显夹砂的黏土即可作为不透水层。

出口处 A 点的水头为

$$h_f = \frac{h\zeta_2}{\zeta_1+\zeta_2} \tag{5-14}$$

5.2.7 水泥土挡墙水平位移的计算

水泥土挡墙的水平位移是工程师们关心的问题，它直接影响周围建筑、道路和地下管线的安全。水平位移的计算可采用经验公式、弹性地基“m”法和非线性有限元法进行计算。

非线性有限元法计算，一般可假定平面应变问题，土体为均质各向同性材料，其本构关系服从邓肯－张提出的非线性弹性模型。水泥土墙体为弹性体。基坑开挖是一个卸载过程，邓肯－张模型可考虑卸载的影响。

水泥土挡墙墙顶位移可采用经验公式进行计算，当插入深度 $D=(0.8\sim1.2)H$（H 为基坑开挖深度），墙宽 $B=(0.6\sim1.0)H$ 时，可采用以下经验公式进行估算：

$$\delta=\frac{H^2 L_{max}\xi}{\eta DB} \quad (5-15)$$

式中 δ——墙顶水平位移计算值，mm；

L_{max}——基坑的最大边长，m；

ξ——施工质量系数，取0.8~1.5；

H——基坑开挖深度，m；

D——墙体插入坑底以下的深度，m；

η——量纲换算系数，当δ单位用mm时，取$\eta=1$；当δ单位用cm时，取$\eta=10$；

B——搅拌桩墙体宽度，m。

以上计算式中与实测结果差异较大，因此，在实际工程中，对于搅拌桩挡墙的水平位移以现场实测结果为依据，通过现场实测结果对设计方案作进一步的调整。

5.3　水泥土墙围护结构的嵌固深度

水泥土重力式围护结构的嵌固深度与基坑抗隆起稳定、挡墙抗滑动稳定、整体稳定有关，当作为帷幕时还与抗渗透稳定有关。因此，确定重力式围护结构的嵌固深度时应通过稳定性验算，取最不利情况下所需的嵌固深度。目前，对于水泥土挡墙结构的嵌固深度的计算，根据其顶部支撑方式的不同，主要有以下几种方法。

5.3.1　悬臂式支护结构嵌固深度计算

如图5-9所示，当水泥土墙围护结构为悬臂式时，此时水泥土墙的嵌固深度h_d宜按下式确定：

$$h_p \sum E_{pj} - 1.2\gamma_0 h_a \sum E_{ai} \geqslant 0 \quad (5-16)$$

式中 $\sum E_{pj}$——墙底以上根据第2章确定的基坑内侧各土层水平抗力标准值e_{pjk}的合力之和；

h_p——合力$\sum E_{pj}$作用点至墙底的距离；

$\sum E_{ai}$——墙底以上根据第2章确定的基坑外侧各土层水平荷载标准值e_{ajk}的合力之和；

h_a——合力$\sum E_{ai}$作用点至墙底的距离。

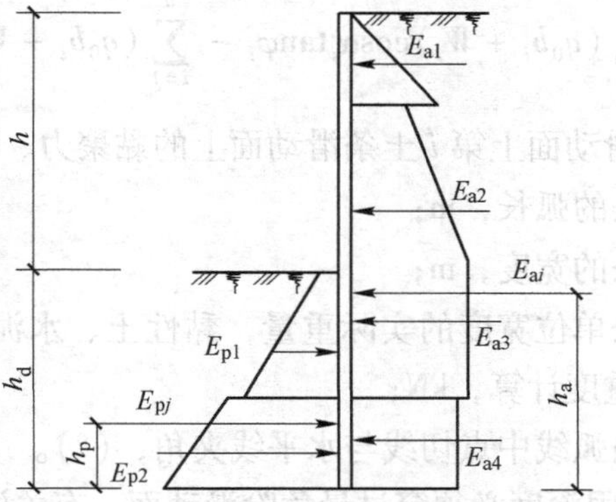

图5-9　悬臂式支护结构嵌固深度计算简图

5.3.2 单层支点支护结构嵌固深度计算

如图 5－10 所示，当水泥土墙围护结构顶部为单支点支护时，此时水泥土墙的嵌固深度 h_d 宜按下式进行计算：

$$h_p \sum E_{pj} + T_{c1}(h_{T1} + h_d) - 1.2\gamma_0 h_a \sum E_{ai} \geqslant 0 \tag{5-17}$$

式中 h_p——合力 $\sum E_{pj}$ 作用点至水泥土墙底的距离，m；

$\sum E_{pj}$——基坑内侧各土层水平抗力标准值的合力之和，kN/m；

T_{c1}——支撑体系作用于水泥土墙上的作用力，kN；

h_{T1}——支撑体系力 T_{c1} 作用点距基坑底部的距离，m；

h_d——水泥土墙的嵌固深度，m；

γ_0——基坑侧壁的重要性系数；

h_a——合力 $\sum E_{ai}$ 作用点至水泥土墙底部的距离，m；

$\sum E_{ai}$——基坑外侧各土层水平荷载标准值的合力之和，kN/m。

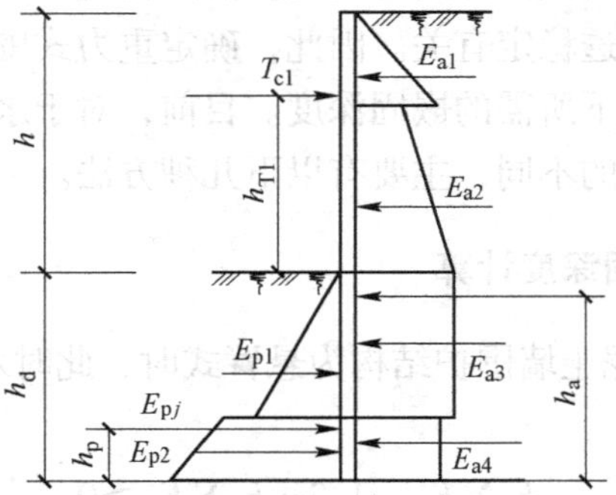

图 5－10 单层支点支护结构嵌固深度计算简图

5.3.3 按整体稳定计算嵌固深度

如图 5－11 所示，根据圆弧滑动条分法有：

$$\sum_{i=1}^{n} c_i l_i + \sum_{i=1}^{n} (q_0 b_i + W_i)\cos\alpha_i \tan\varphi_i - \sum_{i=1}^{n} (q_0 b_i + W_i)\sin\alpha_i \geqslant 0 \tag{5-18}$$

式中 c_i，φ_i——最危险滑动面上第 i 土条滑动面上的黏聚力、内摩擦角；

l_i——第 i 土条的弧长，m；

b_i——第 i 土条的宽度，m；

W_i——第 i 土条单位宽度的实际重量，黏性土、水泥土按饱和重度计算，砂类土按浮重度计算，kN；

α_i——第 i 土条弧线中点切线与水平线夹角，(°)。

经过验算，墙体的嵌固深度必须穿过最危险滑动面。有关资料表明，整体稳定条件是墙体嵌固深度的主要控制因素。

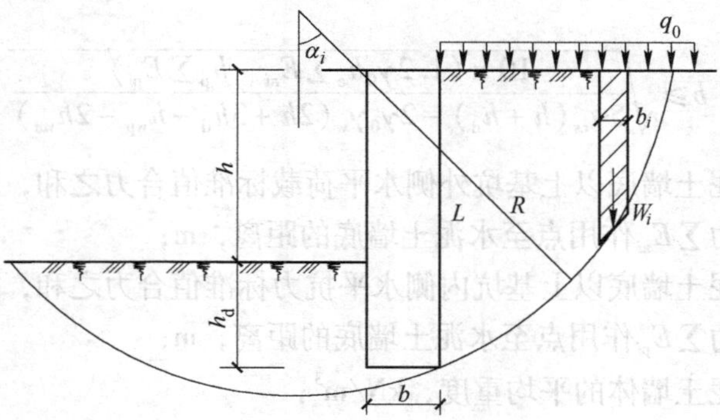

图 5－11　整体稳定性计算简图

当按上述方法确定的悬臂式及单支点支护结构嵌固深度设计值 $h_d<0.3h$ 时，宜取 $h_d=0.3h$；多支点支护结构嵌固深度设计值小于 $0.2h$ 时，宜取 $0.2h$。当基坑底为碎石土及砂土，基坑内排水且作用有渗透水压力时，侧向截水的排桩地下连续墙除应满足上述计算的嵌固规定外，同时其嵌固深度设计值尚应满足抗渗透稳定条件要求，即满足下式：

$$h_d \geqslant 1.2\gamma_0(h-h_{wa}) \tag{5-19}$$

式中，符号意义如图 5－12 所示。

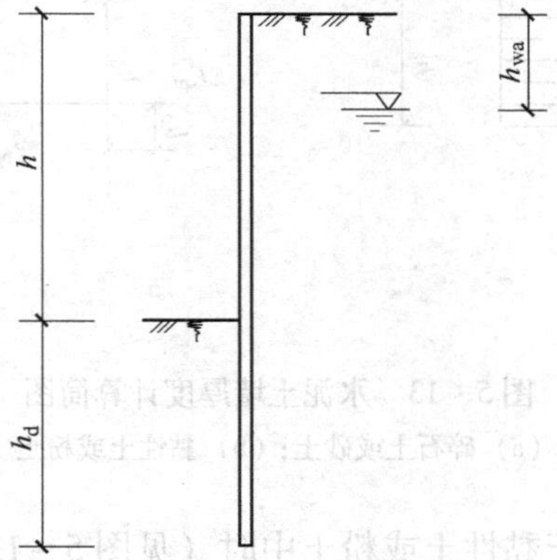

图 5－12　渗透稳定计算图

在进行水泥土墙围护结构的嵌固深度验算时，根据工程的实际情况，选择一种合适的计算方法，确保水泥土墙的嵌固深度满足稳定要求。

5.4　水泥土墙厚度计算

水泥土墙的厚度设计值 b 一般宜根据抗倾覆稳定条件来确定，当以整体稳定性条件计算嵌固深度，以抗倾覆条件确定水泥土墙的厚度时，可不进行抗滑移稳定验算。

在水泥土墙设计计算过程中，对于水泥土墙厚度的决定，根据不同的地层情况，其计算方法也不一样，具体计算如下。

（1）当水泥土墙底部位于碎石土或砂土中时（见图 5－13a），墙体厚度设计值按下式计算：

$$b \geqslant \sqrt{\frac{10 \times (1.2\gamma_0 h_a \sum E_{ai} - h_p \sum E_{pj})}{5\gamma_{cs}(h + h_d) - 2\gamma_0 \gamma_w (2h + 3h_d - h_{wp} - 2h_{wa})}} \tag{5-20}$$

式中 $\sum E_{ai}$——水泥土墙底以上基坑外侧水平荷载标准值合力之和，kN；

h_a——合力$\sum E_{ai}$作用点至水泥土墙底的距离，m；

$\sum E_{pj}$——水泥土墙底以上基坑内侧水平抗力标准值合力之和，kN；

h_p——合力$\sum E_{pj}$作用点至水泥土墙底的距离，m；

γ_{cs}——水泥土墙体的平均重度，kN/m^3；

γ_w——水的重度，kN/m^3；

h_{wp}——基坑内侧水位深度，m；

h_{wa}——基坑外侧水位深度，m。

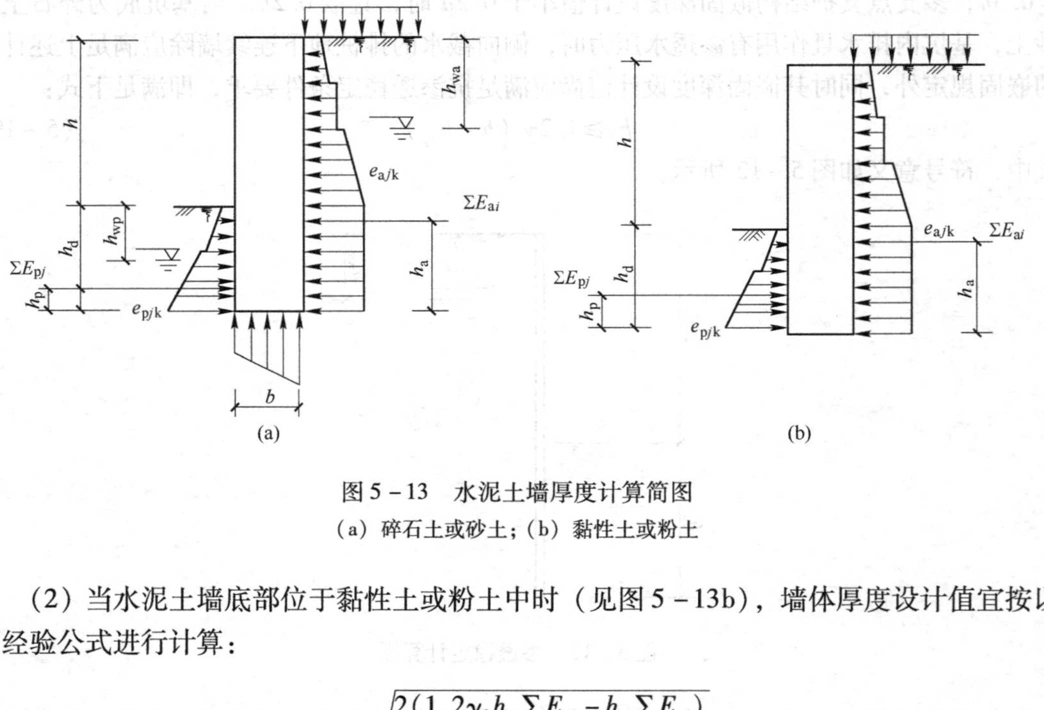

图5-13 水泥土墙厚度计算简图

（a）碎石土或砂土；（b）黏性土或粉土

（2）当水泥土墙底部位于黏性土或粉土中时（见图5-13b），墙体厚度设计值宜按以下经验公式进行计算：

$$b \geqslant \sqrt{\frac{2(1.2\gamma_0 h_a \sum E_{ai} - h_p \sum E_{pj})}{\gamma_{cs}(h + h_d)}} \tag{5-21}$$

当按式（5-20）、式（5-21）规定计算出来的水泥土墙厚度小于0.4h时，此时水泥土墙厚度宜取0.4h。

5.5 水泥土墙的施工

水泥土墙施工采用深层搅拌机械进行施工，根据搅拌轴数又分为单轴和多轴深层搅拌机。由于施工须把搅拌桩搭接从而形成水泥土墙，所以在基坑水泥土墙施工中，多轴搅拌机用得较多。

5.5.1 施工工艺及施工参数

正式施工搅拌桩前，应进行现场采集土样的室内水泥土配比试验，当场地存在成层土时应取得各层土样，至少应取得最软弱层土样。通过室内水泥配比试验，测定水泥土试块不同龄期、不同水泥掺入量、不同外加剂的抗压强度，为深层搅拌施工寻求满足设计要求的最佳水灰比、水泥掺入量及外加剂品种、掺量。

利用室内水泥土配比试验结果进行现场成桩试验，以确定满足设计要求的施工工艺和施工参数。

一般情况下，深层搅拌法的施工工艺流程如图 5-14 所示。

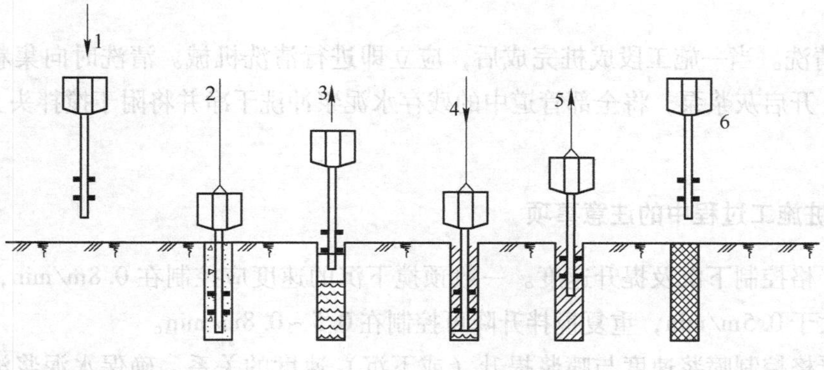

图 5-14 深层搅拌法的施工工艺流程图

1—定位下沉；2—喷浆搅拌；3—搅拌上升；4—重复搅拌下沉；

5—重复搅拌上升；6—施工完成

(1) 定位。开启走位卷扬机将深层搅拌机移到指定桩位，对中。当地面起伏不平时，应调整塔架丝杆或平台基座，使搅拌轴保持垂直。一般对中误差不宜超过 2.0cm，搅拌轴垂直度偏差不超过 1.0%。

(2) 预搅下沉。深层搅拌机运转正常后，启动搅拌机电机，放松起重机钢丝绳，使搅拌机沿导向架切土搅拌下沉，下沉速度控制在 0.8m/min 左右，可由电机的电流监测表控制。工作电流不应大于 10A。如果硬黏土等下沉速度太慢，可将输浆系统适当补给清水以利钻进。

(3) 浆液配制。

1) 严格控制水灰比，一般为 0.45 ~ 0.55。袋装水泥应抽检，加水应经过核准的量容器。

2) 水泥浆必须充分拌和均匀。使用砂浆搅拌机制浆时，每次投料后拌和时间不得少于 3min。

3) 为改善水泥和易性，应加入适量的外加剂，尤其在夏季施工时应加适量的减水剂 (如木质素磺酸钙)，一般掺入量为水泥用量的 0.2%。

(4) 提升喷浆搅拌。深层搅拌机下沉到达设计深度后，开启灰浆泵将水泥浆压入地基土中，此后边喷浆、边旋转、边提升深层搅拌机，直至设计桩顶标高。此时应注意喷浆速率与提升速度相协调，以确保水泥浆沿桩长均匀分布，并使提升至桩顶后集料斗中的水泥浆正好排空。搅拌提升速度一般控制在0.5m/min。

(5) 沉钻复搅。再次沉钻进行复搅，复搅下沉速度可控制在0.5~0.8m/min。

如果水泥掺入比较大或因土质较密在提升时不能将应喷入土中的水泥全部喷完时，可在重复下沉搅拌时予以补喷，即采用“二次喷浆、三次搅拌”工艺，但此时仍应注意喷浆的均匀性。第二次喷浆量不宜过少，可控制在单桩总喷浆量的30%~40%，由于过少的水泥浆很难做到沿全桩均匀分布。

(6) 重复提升搅拌。边旋转、边提升，重复搅拌至桩顶标高，并将钻头提出地面，以便移机施工新的桩体。此至，完成一根桩的施工。

(7) 移位。移动深层搅拌桩机械至新的桩位，重复(1)~(6)步骤，进行下一根桩的施工。

(8) 清洗。当一施工段成桩完成后，应立即进行清洗机械。清洗时向集料斗中注入适量清水，开启灰浆泵，将全部管道中的残存水泥浆冲洗干净并将附于搅拌头上的土清洗干净。

5.5.2 成桩施工过程中的注意事项

(1) 严格控制下沉及提升速度。一般预搅下沉的速度应控制在0.8m/min，喷浆提升速度不宜大于0.5m/min，重复搅拌升降可控制在0.5~0.8m/min。

(2) 严格控制喷浆速度与喷浆提升（或下沉）速度的关系。确保水泥浆沿全桩长均匀分布，并保证在提升开始时同时注浆，在提升至桩顶时，该桩全部浆液喷注完毕。控制好喷浆速度与提升（下沉）速度的关系是十分重要的，喷浆和搅拌提升速度的误差不得大于±0.1m/min。对水泥掺入比较大，或桩顶加大掺量的桩的施工，可采用“二次喷浆、三次搅拌”工艺。

(3) 防止断桩。施工中发生意外中断注浆或提升过快现象，应立即暂停施工，重新下钻至停浆面或少浆桩段以下0.5m的位置，重新注浆提升，保证桩身完整，防止断桩。

(4) 临桩施工。连续的水泥土墙中相邻桩施工的时间间隔一般不应超过24h。如停歇时间超过24h，应采用补桩或在后施工桩中增加水泥掺量（可增加20%~30%）、注浆等措施。前后排桩施工应错位呈踏步式，以便发生停歇时，前后施工桩呈错位搭接形式，有利墙体稳定及增强止水效果。

(5) 钻头及搅拌叶检查。经常性、制度性地检查搅拌叶磨损情况，当发生过大磨损时，应及时更换或修补钻头，钻头直径偏差不超过3%。

5.5.3 成桩记录

施工过程中必须及时做好成桩记录，不得事后补记或事前先记，成桩记录应反映真实施工状况。

成桩记录主要内容包括：水泥浆配合比、供浆状况、搅拌机下沉及提升时间、注浆时间、停浆时间等。

5.5.4 质量检验

5.5.4.1 检验项目

(1) 施工前检验项目。

1) 水泥等原材料的验收及复试;

2) 定位放线及标高的复核;

3) 工艺试桩结果或报告。

(2) 施工中检验项目。

1) 水泥浆配合比及其搅拌制度;

2) 水泥浆喷射压力、速率;

3) 每根桩的水泥浆喷注量;

4) 搅拌头提升及下沉速度、标高,复搅次数;

5) 桩径、桩长及桩的平面位置、桩架的垂直度;

6) 桩体搭接长度、相邻桩搭接时间;

7) 施工记录。

(3) 完工后的检查项目。

1) 竣工资料。竣工资料应包括:

① 施工用材料合格证及复试单;

② 施工参数、水泥浆配合比及施工工艺流程等资料;

③ 施工原始记录和施工记录汇总;

④ 竣工报告。

2) 开挖检验。可根据工程设计要求,选取一定数量的桩体进行开挖、检查加固的外观质量、搭接质量、整体性等。

3) 取样检验。从开挖外露桩体中凿取试块或采用岩芯钻孔取样做成试件,与室内制作的试块进行强度比较。

4) 采用标准贯入或轻便钎探等动力触探方法检查桩体的均匀性和现场强度。

5) 深层搅拌桩围护工程投入使用后,定期进行沉降、侧向位移观测,直观检验加固效果。

上述第(3)项的2)~4)项可根据工程具体情况选择采用。

5.5.4.2 质量标准及检查方法

A 质量标准

深层搅拌桩施工主要检查项目的质量标准如表5-1所示。

表5-1 深层搅拌桩施工主要检查项目及标准

项　目	标　准	项　目	标　准
桩的垂直度允许偏差	0.5%~1.0%	水泥土强度及抗渗性	达到设计要求
桩位偏差	不大于50mm	喷浆及提升速度误差	不大于±0.1m/min
桩径偏差	不大于4%		

B 检查方法

(1) 开挖检查。水泥土桩顶开挖后在未浇筑混凝土面板前应对成桩数量、桩位、桩径及搭接情况等进行目测及量测。必要时,可开挖桩顶3~4m深度,检查其外观搭接状态。基坑开挖后检查墙前一侧桩体的外观、垂直度、搭接状况及渗漏水情况等。也可沿壁状加固轴线斜向钻孔,使钻杆通过2~4根桩身,检查相邻桩的搭接状态。

(2) 静力触探。可采用轻便触探N_{10}在成桩后7d内进行桩身质量检验,如超过7d就不易进行取样和贯入。

1) 检验搅拌均匀性。用轻便触探器中附带的勺钻,在水泥土桩桩身钻孔,取出水泥土桩芯,观察其颜色是否一致,是否存在水泥浆富集的结核或未被搅拌均匀的土团。

2) 触探试验。根据轻便触探击数N_{10}与水泥土强度对比关系分析,当桩身1d龄期的击数N_{10}已大于15击时,或者7d时的击数N_{10}已大于原天然地基击数N_{10}的一倍以上,则桩身强度已能达到设计要求。当每贯入100mm,N_{10}大于30击时,即应停止贯入,继续贯入则桩头可能发生开裂或损坏,影响桩头质量。

3) 静力触探。水泥土搅拌桩成桩后可用静力触探测试桩身强度沿深度的分布,并与原始地基的静力触探曲线相比较,可得桩身强度的增长幅度;并能测得断浆、少浆的位置和桩长及整根桩的质量情况。

所得比贯入阻力应不低于原状土指标的2倍,如用比贯入阻力P_s估算桩体强度需有足够的工程试验资料,同时还须参照当地水泥土短期强度与标准强度的经验关系进行强度推算。在目前积累资料尚不够的情况下,可借鉴同类工程经验或用下式来粗略估算桩体水泥土抗压强度:

$$q_u = \frac{P_s}{10} \tag{5-22}$$

4) 测点位置。测点位置可设在桩径方向1/4处。

5) 检验数量取总桩数的2%并不少于3根。

(3) 取样试验。必要时应采用钻探或从开挖桩体中取样,直接测定桩身强度。

1) 桩身取样作立方强度检验。一般可在轻便触探后,对桩身强度有怀疑的区段,钻芯取样,制成试块,进行桩身强度测定。试块尺寸为70.7mm×70.7mm×70.7mm或切成圆柱体,钻孔直径不宜小于110mm。

2) 截取桩段作抗压强度试验。在现场挖取桩段,上下截面用水泥砂浆整平。装入压力架后用千斤顶加压,即可测得桩身抗压强度及桩身变形模量。

3) 对桩强度试验,一般宜在龄期28d或设计开挖龄期进行试验。取样数量不宜少于总桩数的2%,且不宜少于5根。

4) 钻芯宜连续钻取全桩长范围内的桩芯,观察桩芯是否呈硬塑状并无明显夹泥、夹砂断层。如取出桩芯呈可塑状态则为不合格,如为硬塑状态则质量欠佳,应作综合分析。

5.6 工程实例分析

5.6.1 工程概况

福建省泉州远太大厦位于泉州东大路与泉秀路交叉口,由主楼、裙楼组成,主楼地上

22 层，地下 2 层，裙楼地上 4 层，地下 2 层，总面积 34000m^2，高 81.0m。基础采用钢筋混凝土预制桩。地下室周长 210.0m，地下室底板深为天然地面下 6.7m，桩基独立承台埋深为天然地面下 6.7m，即地下室基坑开挖深度为 6.7m，局部为 8.0 ~ 8.7m。基坑平面开挖图如图 5 – 15 所示。

5.6.2 地质情况

地下室基坑支护处地质剖面如图 5 – 16 所示，土工参数如表 5 – 2 所示。

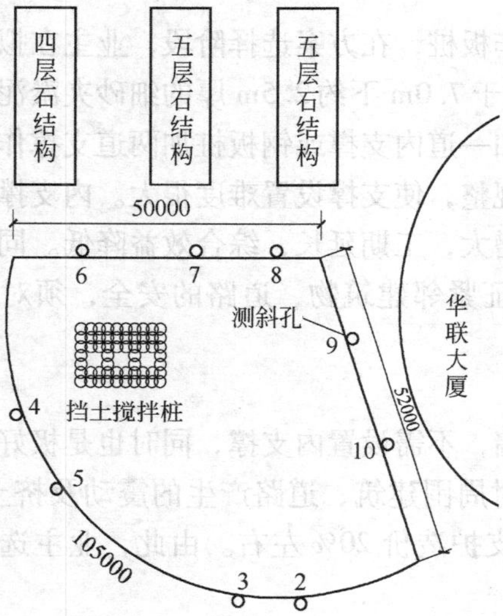

图 5 – 15 基坑平面开挖图

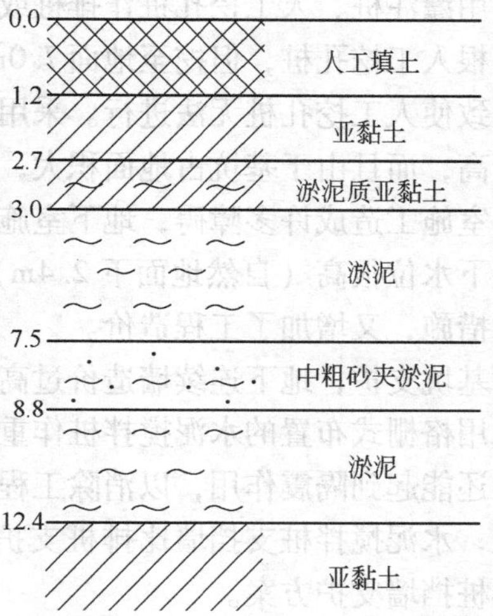

图 5 – 16 地质剖面图

表 5 – 2 各土层物理力学指标

土 层	含水量 w/%	重度 γ /kN · m^{-3}	孔隙比 e	c/kPa	φ/(°)	压缩模量 $E_{s(1-2)}$/MPa	f_x/kPa
人工填土							
亚黏土（Ⅰ）	31	19.5	0.768	31.3	21.2	4.53	140 ~ 160
淤泥质亚黏土		17.0		13.0	13.0		80 ~ 90
淤泥（Ⅰ）	62.28	15.0	1.866	12.6	12.6	0.902	60 ~ 65
中粗砂夹淤泥		18.5		30	30	5.0	120 ~ 140
淤泥（Ⅱ）	64.72	16.2	1.73	14.4	14.4	1.15	65 ~ 70
亚黏土（Ⅱ）	29.36	19.4	0.8	21.1	21.1	5.10	160 ~ 180

5.6.3 工程特点

大厦地下室占地面积大，形状不规则，西侧三幢 4 ~ 5 层石结构建筑距基坑边仅 5.0m，北侧紧邻正在施工的高层，市区两交通主干道紧绕基坑东南侧，并且由于工期紧，要求施打工程桩（预制桩）与基坑围护同时进行。因此要求基坑支护必须保证：（1）基坑开挖及地下室施工顺利进行；（2）基坑支护的施工、工程桩的施打、基坑土方开挖、地下室施工不会给紧邻建筑物、道路造成任何危害。

5.6.4　方案选择

对此基坑可选择的支护方案有：

（1）排桩（板桩）加内支撑；

（2）地下连续墙；

（3）水泥搅拌桩挡土墙。

常用灌注桩、人工挖孔桩作排桩或钢板桩作板桩，在方案选择阶段，业主在拟建场地试挖三根人工挖孔桩，但挖至地面7.0m时，由于7.0m下约2.5m厚的细砂夹淤泥层发生流砂，致使人工挖孔桩无法进行。采用灌注桩加一道内支撑或钢板桩加两道支撑作支护不仅造价高，而且由于基坑占地面积大，形状不规整，使支撑设置难度很大。内支撑的存在给地下室施工造成许多障碍，地下室施工难度增大，工期延长，综合效益降低。同时由于场地地下水位很高（自然地面下2.4m），为保证紧邻建筑物、道路的安全，须对基坑另设止水措施，又增加了工程造价。

对基坑支护，地下连续墙造价过高。

采用格栅式布置的水泥搅拌桩作重力式挡墙，不需设置内支撑，同时也是极好的止水围幕，还能起到隔震作用，以消除工程桩施工对周围建筑、道路产生的震动及挤土影响。经比较，水泥搅拌桩支挡墙比排桩支护可节省支护造价20%左右。由此，业主选择了水泥搅拌桩挡墙支护方案。

5.6.5　设计计算

计算简图如图5－17所示。

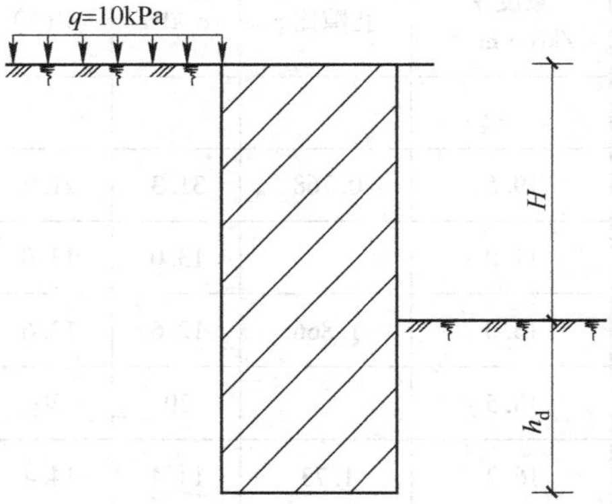

图5－17　计算简图

（1）按试算法进行计算。

设$Z_0=3.3$m，则Z范围内的γ、c、φ加权平均值为：

$$\bar{\gamma}=\frac{18\times1.2+19.5\times1.5+17\times0.3+15.8\times0.3}{3.3}=18.39\text{kN/m}^3$$

$$\bar{c}=\frac{20\times1.2+31.3\times1.5+10\times0.3+8.3\times0.3}{3.3}=23.16\text{kPa}$$

$$\bar{\varphi}=\frac{20\times1.2+21.2\times1.5+13\times0.3+12.6\times0.3}{3.3}=19.24°$$

$$Z_0=\frac{Z_c-q\sqrt{K_a}}{\gamma\sqrt{K_a}}=\frac{2\times23.16-10\times0.7103}{18.39\times0.7103}=3.0\text{m}$$

取 $Z_0=3.0\text{m}$

(2) 土压力计算。土压力计算如表 5-3 所示。

表 5-3 土压力计算表

深度	位置	γ	γ_w	c	φ	K_a	$\sqrt{K_a}$	σ_a	K_p	$\sqrt{K_p}$	σ_p
3.0		18.39		23.16			0.71	0			
6.7		15.8		8.3	12.6			66.55	1.558	1.248	20.71
7.5	上	15.8		8.3	12.6	0.64		74.66	1.558	1.248	40.41
	下	8.2	10	10	30	0.33	0.57	34.13	3.0	1.732	81.89
8.8	上	8.2	10	10	30	0.33	0.57	50.68	3.0	1.732	113.36
	下	16.2		11	14.1	0.60	0.77	79.62	1.644	1.282	87.89
12.5	上	16.2		11	14.1	0.60	0.77	115.68	1.644	1.282	186.44
	下	19.4		28	21.1						

序号	E_a	Z_a	M_a	E_p	Z_p	M_p
1	167.98	7.33		16.57	5.4	
2	44.37	4.35		7.88	5.27	
3	10.76	4.13		106.46	4.35	
4	294.59	1.85		20.46	4.13	
5	66.71	1.23		325.19	1.85	
6				182.32	1.23	
Σ	584.41		2079.02	658.88		1504.46

(3) 墙体自重。设墙宽 $B=3.2\text{m}$。

$$W=18\times3.2\times12.5=720.0\text{kN}$$

$$W_z=720\times\frac{3.2}{2}=1152\text{kN}\cdot\text{m}$$

(4) 抗倾覆稳定验算。

$$K_q=\frac{M_p+W_z}{M_a}=\frac{1504.46+1152}{2079.02}=1.28$$

（5）抗滑移验算。

$$W\tan\varphi + cB = 720 \times \tan 21.1° + 28 \times 3.2 = 367.42$$

$$K_h = \frac{E_p + W\tan\varphi + cB}{E_a} = \frac{367.42 + 658.88}{584.41} = 1.76$$

（6）墙身强度验算。基坑面以上：

$$E_a = 123.12\text{kN/m}$$

$$\tau = \frac{E_a}{B} = 38.48\text{kPa} \leqslant 0.2q_u = 0.2 \times 1000 = 200\text{kPa}$$

$$\sigma_{\min}^{\max} = \frac{W}{B} \pm \frac{E}{B^2/6} = 120.6 \pm \frac{123.12 \times 6}{3.2^2} = \begin{matrix} 192.74\text{kPa} \\ 48.46\text{kPa} \end{matrix}$$

5.6.6　施工情况

大厦支护挡墙水泥搅拌桩采用单头浆液搅拌机械和单头粉喷搅拌机械进行施工。

（1）搅拌桩施工工艺。

1）单头浆液搅拌机械施工工艺。

① 钻进/提升速度为1.0m/min；

② 钻杆转速为60r/min；

③ 四次搅拌、四次喷浆。

2）单头喷粉搅拌机械施工工艺。

① 钻进速度。淤泥层1.47m/min，黏土及淤泥夹砂层0.8m/min；

② 喷粉提升速度。淤泥层0.5m/min，黏土及淤泥夹砂层0.8m/min；

③ 送粉压力300～500kPa；

④ 四次搅拌、三次喷粉的施工工艺。

从基坑开挖后暴露的搅拌桩情况看，浆液搅拌桩、粉喷搅拌桩成桩质量均良好。在搅拌次数相同的情况下，粉喷搅拌桩的成桩性较浆液搅拌桩成桩性略大，且在上部黏性土中，由于缺乏足够的水分使得喷粉搅拌桩成桩质量较差。实践表明，要使粉喷搅拌桩在上部硬壳层中成桩完好，须在上部桩身边加入一定量的水。

（2）竹筋插入。在大厦支护结构施工初期，曾试图在刚成桩的搅拌桩桩心插入竹筋，以改善挡墙墙身强度，但实际上竹筋只能进入表层1.0m左右，无法进入更深土层中。

（3）水泥挡土墙的隔震。大厦施工工期较紧，水泥搅拌桩挡墙施工必须与预制工程桩施工同期进行。预制工程桩共700根，长约24m，截面有450mm×450mm、400mm×400mm两种，用6t锤击入土层。大量预制桩的挤入及强烈的锤击震动，无疑对刚成型的水泥挡墙墙身强度有一定的削弱作用。为减少巨大的挤土作用及锤击震动对挡墙的影响，采取了在挡墙段留一定缺口等措施。基坑开挖结果表明，在挡墙段留缺口等措施较有效，预制桩的锤击震动和挤土没有给挡墙带来明显的损害，并且由于搅拌桩挡墙的存在，大幅度减少了打桩锤击震动对周围建筑物及道路的影响，未给相距仅5m的三座石结构带来任何危害。

思考与练习题

5－1　水泥土挡墙嵌固深度各计算方法有什么特点，各自的适用条件是什么？

5－2　分析水泥土挡墙作为基坑支护适应性。

5－3　水泥土挡墙在施工中如何确保桩间搭接满足设计要求？

5－4　某基坑位于均匀软弱黏性土场地，如图5－18所示。土层主要参数：$\gamma=18.5\text{kN/m}^3$，固结不排水强度指标 $c_k=14\text{kPa}$，$\varphi_k=10°$，基坑开挖深度为5.0m，拟采用水泥土墙支护，水泥土重度为 20kN/m^3，挡墙宽度为3.0m。试计算水泥土墙嵌固深度设计值。

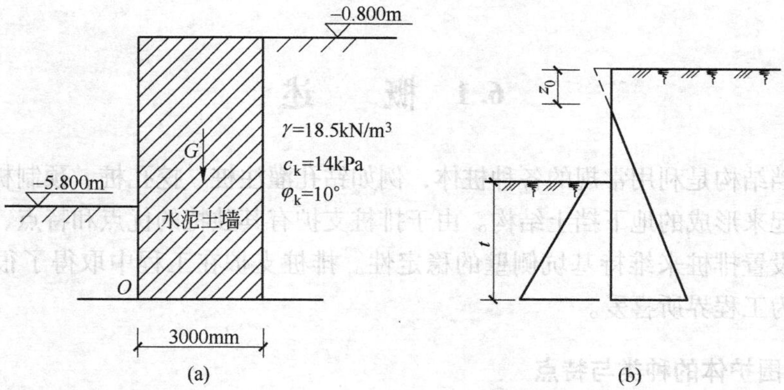

图5－18　习题5－4图

6 排桩支护技术

6.1 概　　述

排桩支挡结构是利用常规的各种桩体，例如钻孔灌注桩、挖孔桩、预制桩及混合式桩等并排连续起来形成的地下挡土结构。由于排桩支护有其独特的优点和特点，所以，目前基坑支护常设置排桩来维持基坑侧壁的稳定性。排桩支护在工程中取得了很好的支护效果，越来越为工程界所喜爱。

6.1.1 排桩围护体的种类与特点

按照单个桩体成桩工艺的不同，排桩围护体桩型大致有以下几种：钻孔灌注桩、预制混凝土桩、挖孔桩、压浆桩、SMW 工法（型钢水泥土搅拌桩）等。这些单个桩体可在平面布置上采取不同的排列形式形成挡土结构，来支挡不同地质和施工条件下基坑开挖时的侧向水土压力。图 6－1 中列举了几种常用排桩围护体形式。

其中，分离式排列适用于地下水位较深，土质较好的情况。在地下水位较高时应与其他防水措施结合使用，例如在排桩后面另行设置止水帷幕。一字形相切或搭接排列式，往往因在施工中桩的垂直度不能保证及桩体扩颈等原因影响桩体搭接施工，从而达不到防水要求。当为了增大排桩围护体的整体抗弯刚度时，可把桩体交错排列，如图 6－1c 所示。有时因场地狭窄等原因，无法同时设置排桩和止水帷幕时，可采用桩与桩之间咬合的形式，形成可起到止水作用的排桩围护体，如图 6－1d 所示。相对于交错式排列，当需要进一步增大排桩的整体抗弯刚度和抗侧移能力时，可将桩设置成为前后双排，将前后排桩桩顶的帽梁用横向连梁连接，就形成了双排门架式挡土结构，如图 6－1e 所示。有时还将双排桩式排桩进一步发展为格栅式排列，在前后排桩之间每隔一定的距离设置横隔式的桩墙，以寻求进一步增大排桩的整体抗弯刚度和抗侧移能力。

6.1.2 排桩围护体的止水

图 6－1 所示的几种排桩围护结构形式，仅图 6－1d 所示的咬合式排桩兼具止水作用，其他形式都没有隔水的功能。当在地下水位高的地区应用除咬合桩排桩以外的排桩围护体时，还需另行设置止水帷幕。

最常见的止水帷幕是采用水泥搅拌桩（单轴、双轴或多轴）相互搭接、咬合形成一排或多排连续的水泥土搅拌桩墙，由于搅拌均匀的水泥土渗透系数很小，故可作为基坑施工期间的止水帷幕。止水帷幕应设置在排桩围护体背后，如图 6－2a 所示。当因场地狭窄等原因，无法同时设置排桩和止水帷幕时，除可采用咬合式排桩围护体外，也可采用如图 6－2b 所示的方式，在两根桩体之间设置旋喷桩，将两桩间土体加固，形成止水的加固

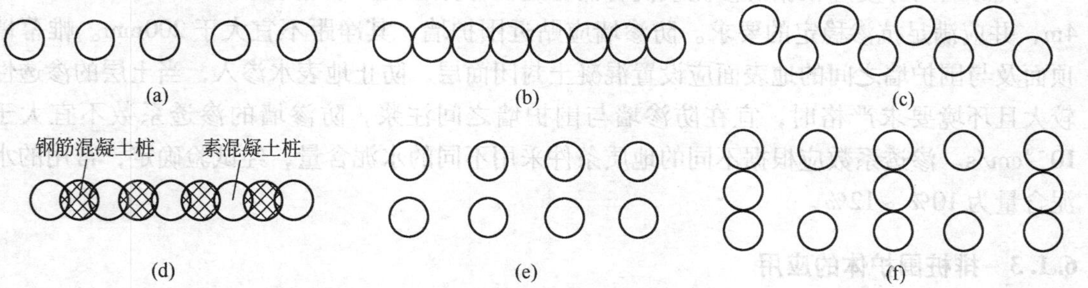

图 6-1 排桩围护结构的常见形式
（a）分离式排列；（b）相切式排列；（c）交错式排列；
（d）咬合式排列；（e）双排式排列；（f）格栅式排列

体。但该方法常因桩距大小不一致和旋喷桩沿深度方向因土层特性的变化导致的旋喷桩体直径不一而导致渗漏水。此时，也可采用图 6-2c、d 所示的咬合型止水，其中图 6-2c 中，先施工水泥土搅拌桩，在其硬结之前，在每两组搅拌桩之间施工钻孔灌注桩，因灌注桩直径大于相邻两组搅拌桩之间净距，故可实现灌注桩与搅拌桩之间的咬合，达到止水的效果；而在图 6-2d 中，则是利用先后施工的灌注桩的混凝土咬合，达到止水的目的。当采用双排桩时，视场地条件，可在双排桩之间或之后设置水泥搅拌桩止水帷幕，分别如图 6-2e、f 所示。

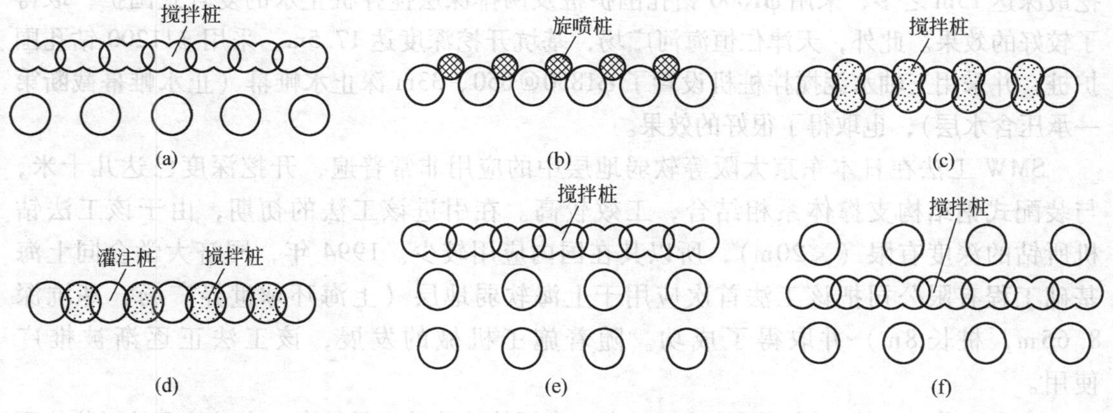

图 6-2 排桩围护体的止水措施
（a）连续止水；（b）分离式止水；（c）咬合型止水形式 1；
（d）咬合型止水形式 2；（e）双排桩止水帷幕形式 1；（f）双排桩止水帷幕形式 2

采用水泥搅拌桩排桩止水帷幕相对比较经济，按一般的工程经验，该法在基坑深度为 9～10m 以内时，通常只需设一排搅拌墙止水，当深度超过 10m 或环境条件有特殊要求时，可增至两排搅拌桩，甚至在钻孔桩之间再补以压密注浆。目前，国内深层搅拌桩成桩深度一般不超过 15～18m，所以，对于防渗深度超过此施工限制时，需另外选择止水措施，例如采用三轴 SMW 工法。目前，国内三轴 SMW 工法施工深度可达 35m 左右，近期引进了日本的新设备（如可逐节接长钻杆的超深 SMW 工法），成墙深度可达 60m。

抗渗墙的深度应根据抗渗流或抗管涌稳定性计算确定，墙底通常应进入不透水层3～4m，并应满足抗渗稳定的要求。防渗墙应贴近围护墙，其净距不宜大于200mm。帷幕墙顶面及与围护墙之间的地表面应设置混凝土封闭面层，防止地表水渗入，当土层的渗透性较大且环境要求严格时，宜在防渗墙与围护墙之间注浆，防渗墙的渗透系数不宜大于10^{-6}cm/s。渗透系数应根据不同的地质条件采用不同的水泥含量，经试验确定，常用的水泥含量为10%～12%。

6.1.3 排桩围护体的应用

排桩围护体与地下连续墙相比，其优点在于施工工艺简单，成本低，平面布置灵活，缺点是防渗和整体性较差，一般适用于中等深度（6～10m）的基坑围护，但近年来也应用于开挖深度20m以内的基坑。其中，压浆桩适用的开挖深度一般在6m以内，在深基坑工程中，有时与钻孔灌注桩结合，作为防水抗渗措施，见图6－2d。采用分离式、交错式排列式布桩以及双排桩，当需要隔离地下水时，需要另行设置止水帷幕，这是排桩围护体的一个重要特点。在这种情况下，止水帷幕防水效果的好坏，直接关系到基坑工程的成败，须认真对待。

非打入式排桩围护体与预制式板桩围护体相比，具有无噪声、无震害、无挤土等许多优点，从而日益成为国内城区软弱地层中中等深度基坑（6～15m）围护的主要形式。

钻孔灌注桩排桩围护体最早在北京、广州、武汉等地使用，以后随着防渗技术的提高，钻孔灌注桩排桩围护体适用的深度范围已逐渐被突破。如上海港汇广场基坑工程，开挖最深达15m之多，采用ϕ1000钻孔围护桩及两排深层搅拌桩止水的复合式围护，取得了较好的效果。此外，天津仁恒海河广场，基坑开挖深度达17.5m，采用ϕ11200钻孔围护桩，并采用三轴水泥搅拌桩机设置了ϕ1850@650、33m深止水帷幕（止水帷幕截断第一承压含水层），也取得了很好的效果。

SMW工法在日本东京大阪等软弱地层中的应用非常普遍，开挖深度已达几十米，与装配式钢结构支撑体系相结合，工效较高。在引进该工法的初期，由于该工法钻机所钻的深度有限（<20m），所以其在国内应用较少。1994年，同济大学会同上海基础工程有限公司把该工法首次应用于上海软弱地层（上海环球世界广场，基坑深8.65m，桩长8m）并取得了成功。随着施工机械的发展，该工法正逐渐被推广使用。

挖孔桩常用于软土层不厚的地区，由于常用的挖孔桩直径较大，在基坑开挖时往往不设支撑。当桩下部有坚硬基岩时，常采用在挖孔桩底部加设岩石锚杆使基岩和挖孔桩成为一体，这类工程实例在我国东南沿海地区也有报道。

6.2 排桩嵌固深度设计

排桩在未加任何支撑的条件下用来作为基坑支挡体系，属于悬臂式支挡结构，这种悬臂式支挡结构主要依靠嵌入基坑底土内一定深度来平衡上部地面超载、主动土压力及水压力所形成的侧压力。因此，对于基坑支护中的悬臂式支挡结构，嵌入深度至关重要，同时需计算支挡结构所承受的最大弯矩，以便进行支挡结构的断面设计。

6.2.1 悬臂式支挡结构的两种计算模式

目前对于悬臂式支挡结构嵌入深度的计算主要采用以下两种计算模式：

（1）如图6-3a所示，对于这种计算模式，嵌入基坑底面的支挡结构在主动土压力E_a推动下，支挡结构下部土体中产生一种阻力，其大小等于被动土压力与主动土压力之差，即E_a-E_p，形成按土的深度呈线性增加的主动土压力强度e_a和被动土压力强度e_p，在被动土压力的作用下，维持悬臂式支护结构的稳定。

（2）如图6-3b所示，此计算模式为H. Blum建议的计算模式，即原来出现在另一面的阻力以一个单力R_c代替，图6-3a中的t_0用x代替，且满足平衡条件$\sum M_C=0$，$\sum H=0$。由于土体阻力是逐渐向下增加的，用$\sum M_C=0$计算出的深度x较小，所以H. Blum建议嵌入深度$h_d=1.2x+\mu$。

下节重点介绍H. Blum计算方法。

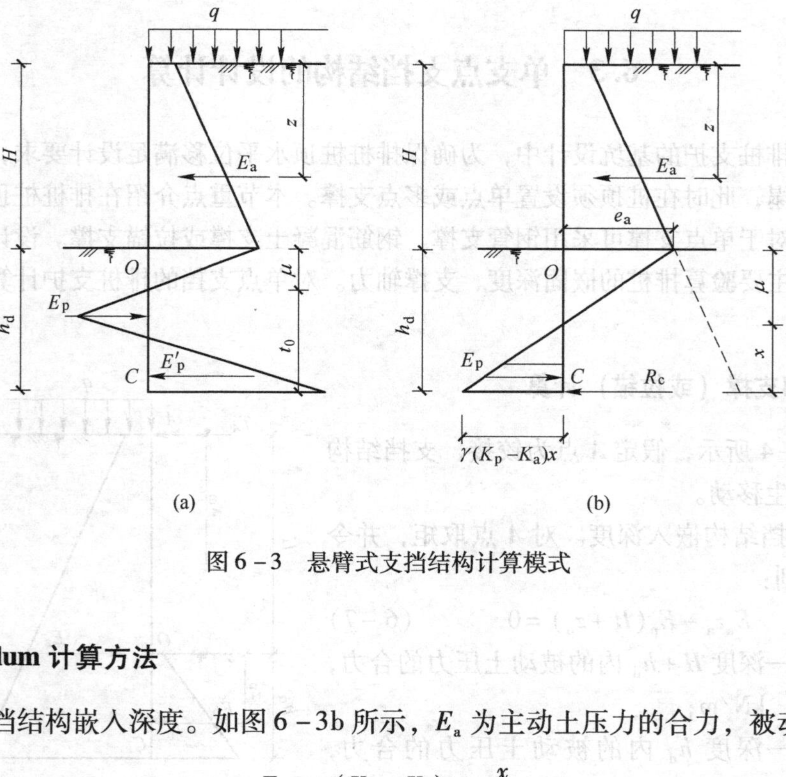

图6-3 悬臂式支挡结构计算模式

6.2.2 H. Blum计算方法

（1）支挡结构嵌入深度。如图6-3b所示，E_a为主动土压力的合力，被动土压力为：

$$E_p=\gamma(K_p-K_a)x\cdot\frac{x}{2} \tag{6-1}$$

对C点取矩，并令$\sum M_C=0$，则：

$$E_a(H+\mu+x-z)-E_p\cdot\frac{x}{3}=0 \tag{6-2}$$

由式（6-1）、式（6-2）得：

$$x^3-\frac{6E_a}{\gamma(K_p-K_a)}x-\frac{6E_a(H+\mu-z)}{\gamma(K_p-K_a)}=0 \tag{6-3}$$

μ为土压力强度为零点距坑底的距离，由图6-3b可得：

$$\mu = \frac{e_a}{\gamma(K_p - K_a)} \tag{6-4}$$

式中　γ——坑底土层重度的加权平均值，kN/m^3。

解三次方程（式（6-3））可得 x，则嵌入深度 $h_d = 1.2x + \mu$。

(2) 支挡结构的最大弯矩。图6-3b的最大弯矩应在剪力为零处。设在 O 点下 x_m 处剪力为零（主动土压力等于被动土压力），则由图可得：

$$E_a - \gamma(K_p - K_a)x_m \cdot \frac{x_m}{2} = 0$$

即：

$$x_m = \sqrt{\frac{2E_a}{\gamma(K_p - K_a)}} \tag{6-5}$$

最大弯矩为：

$$M_{max} = E_a(H + \mu + x_m - z) - \frac{\gamma(K_p - K_a)}{6}x_m^3 \tag{6-6}$$

6.3　单支点支挡结构的设计计算

在采用排桩支护的基坑设计中，为确保排桩桩顶水平位移满足设计要求，防止悬臂式排桩出现倒塌，此时在桩顶须设置单点或多点支撑。本节重点介绍在排桩桩顶设置单点支撑的情况，对于单点支撑可采用钢管支撑、钢筋混凝土支撑或拉锚支撑。设计验算时，单点支撑排桩主要验算排桩的嵌固深度、支撑轴力。对单点支挡的排桩支护计算可采用如下方法进行。

6.3.1　顶部支撑（或拉锚）计算

如图6-4所示，假定 A 点为铰接，支挡结构和 A 点不发生移动。

(1) 支挡结构嵌入深度。对 A 点取矩，并令 $\sum M_A = 0$，则：

$$E_a z_a - E_p(H + z_p) = 0 \tag{6-7}$$

式中　E_a——深度 $H + h_d$ 内的被动土压力的合力，kN/m；

E_p——深度 h_d 内的被动土压力的合力，kN/m。

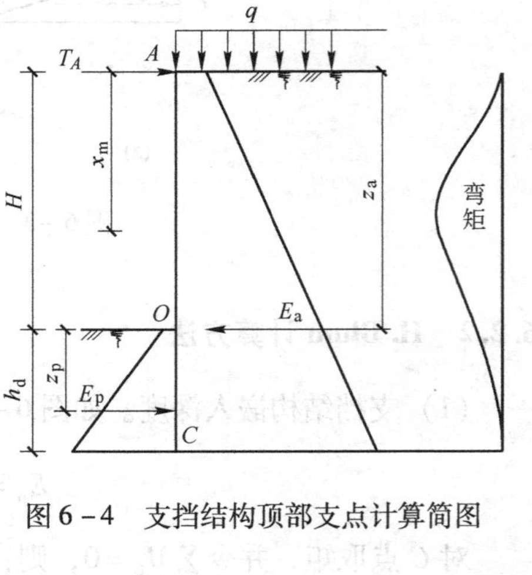

图6-4　支挡结构顶部支点计算简图

由式（6-7）可解得支挡结构插入深度 h_d，如果土质较差，施工时尚应乘以1.1～1.2。

(2) 支撑（或拉锚）力。对 C 点取矩，并令 $\sum M_C = 0$，则：

$$T_A(H + h_d) + E_p(h_d - z_p) - E_a(H + h_d - z_a) = 0 \tag{6-8}$$

即：

$$T_A = \frac{E_a(H + h_d - z_a) - E_p(h_d - z_p)}{H + h_d} \tag{6-9}$$

(3) 支护结构的最大弯矩。图6-4的最大弯矩应在剪力为零处。设在地面以下 x_m

处剪力为零，则由图 6－4 可得：

$$E_{axm} - T_A = 0 \tag{6-10}$$

式中 E_{axm}——深度 x_m 内的主动土压力的合力，kN/m。

由上式可求得 x_m。

最大弯矩为：

$$M_{max} = T_A x_m - E_{axm} z_{axm} \tag{6-11}$$

式中 z_{axm}——E_{axm} 作用位置距地面的距离，m。

6.3.2 支撑结构任意位置的单支撑（或拉锚）计算

支撑结构任意位置的单支撑（或拉锚）计算分两种情况进行，即支挡结构嵌入深度较浅和支挡结构嵌入深度较深两种情况。

6.3.2.1 支挡结构嵌入深度较浅

这种情况如图 6－5 所示，此时，支挡结构只有一个方向的弯矩。假定 A 点为铰接，支挡结构和 A 点不发生移动。

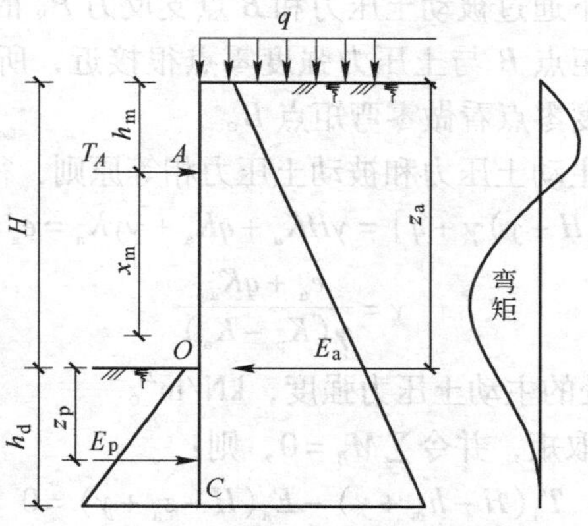

图 6－5 支挡结构任意位置单支点计算简图

（1）支挡结构嵌入深度。对 A 点取矩，并令 $\sum M_A = 0$ 则：

$$E_a(z_a - h_m) - E_p(H - h_d + z_p) = 0 \tag{6-12}$$

由式（6－12）可解得支挡结构插入深度 h_d。

（2）支撑（或拉锚）力。支撑（或拉锚）力根据静力平衡条件 $\sum H = 0$ 计算，则：

$$T_A = E_a - E_p \tag{6-13}$$

（3）支撑结构的最大弯矩。图 6－5 的最大弯矩应在剪力为零处。设在 A 点以下 x_m 处剪力为零，则由图可得：

$$E_{axm} - T_A = 0 \tag{6-14}$$

由上式可求得 x_m。

最大弯矩为：
$$M_{max} = T_A x_m - E_{axm}(x_m + h_m - z_{axm}) \tag{6-15}$$

6.3.2.2 支挡结构嵌入深度较深

这种情况如图 6－6 所示，此时，支挡结构底部出现反弯矩，下部位移较小，可将支

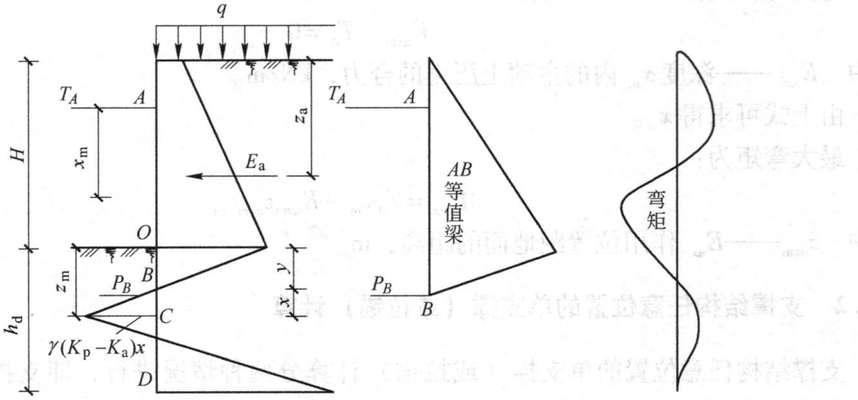

图6－6　等值梁法计算单支点支挡结构简图

挡结构底端作为固定端，而支点 A 铰接，采用等值梁法计算。等值梁法亦称假想支点法，AB 为等值简支梁，通过简支梁分析 A、B 支点的弯矩和支点反力，A 点支反力 T_A 则为支撑（或拉锚）力。B 点以下通过被动土压力和 B 点支反力 P_B 的平衡条件，确定支挡结构所需嵌入深度。由于零弯矩点 B 与土压力强度零点很接近，所以，工程中一般将主动土压力强度与被动土压力强度零点看做零弯矩点 B。

（1）B 点位置。根据主动土压力和被动土压力相等原则，得：

$$\gamma K_p y = K_a[(H+y)\gamma + q] = \gamma H K_a + qK_a + \gamma y K_a = e_a + qK_a + \gamma y K_a$$

$$y = \frac{e_a + qK_a}{\gamma(K_p - K_a)} \tag{6-16}$$

式中　e_a——基坑开挖面处的主动土压力强度，kN/m^2。

（2）支反力。对 B 点取矩，并令 $\sum M_B = 0$，则：

$$T_A(H - h_m + y) - E_a(H - z_a + y) = 0$$

$$T_A = \frac{E_a(H - z_a + y)}{H - h_m + y} \tag{6-17}$$

$$P_B = E_a - T_A \tag{6-18}$$

式中　E_a———深度 $H+y$ 范围内的主动土压力，kN/m。

（3）嵌入深度。考察 BC 段，对 C 点取矩，并令 $\sum M_C = 0$，此时，B 点力与 P_B 大小相等，方向相反，则：

$$E_p \cdot \frac{x}{3} - P_B x = 0$$

$$E_p = \frac{1}{2}\gamma(K_p - K_a) \cdot x \cdot x$$

$$x = \sqrt{\frac{6P_B}{\gamma(K_p - K_a)}} \tag{6-19}$$

嵌入深度 $t_a = x + y$。如果土质较差，则须乘以 1.1～1.2，即：

$$h_d = (1.1 \sim 1.2)t_0$$

（4）最大弯矩。考察 AB 简支梁，最大弯矩应在剪力为零处。设在 A 点以下 x_m 处剪力为零，则由图可得：

$$E_{axm}-T_A=0 \tag{6-20}$$

由上式可求得 x_m。

最大弯矩为：

$$M_{max}=T_Ax_m-E_{axm}(x_m+h_m-z_{axm}) \tag{6-21}$$

【例题 6-1】

某工程开挖深度 8m，坑顶均布荷载为 20kPa，采用支挡结构顶部拉锚。土层情况：0~3m 为填土，$\gamma_1=17\text{kN/m}^3$，$c_1=10\text{kPa}$，$\varphi_1=20°$；3~10m 为亚黏土，$\gamma_2=18\text{kN/m}^3$，$c_2=15\text{kPa}$，$\varphi_2=20°$。

【解】

（1）土压力系数和土压力。按朗肯土压力理论计算：

$$K_{a1}=K_{a2}=\tan^2\left(45°-\frac{\varphi_1}{2}\right)=0.49$$

$$K_{p1}=K_{p2}=\tan^2\left(45°+\frac{\varphi_1}{2}\right)=2.04$$

支挡结构深度范围内的主动土压力强度和主动土压力为：

第一层土：

$$\begin{aligned}e_{a10}&=qK_{a1}-2c_1\sqrt{K_{a1}}=20\times0.49\times\sqrt{0.49}\\&=-4.2\text{kN/m}^2\\e_{a11}&=(q+\gamma_1h_1)K_{a1}-2c_1\sqrt{K_{a1}}\\&=(20+17\times3)\times0.49-2\times10\times\sqrt{0.49}=20.79\text{kN/m}^2\end{aligned}$$

土压力强度为零点的位置：

$$z_0=\frac{2c_1-q\sqrt{K_{a1}}}{\gamma_1\sqrt{K_{a1}}}=\frac{20\times10-20\times\sqrt{0.49}}{17\times\sqrt{0.49}}=0.5\text{m}$$

$$E_{a1}=\frac{1}{2}e_{a11}(h_1-z_0)=\frac{1}{2}\times20.79\times(3-0.5)=25.99\text{kN/m}$$

土压力作用位置（距地表的距离）：

$$z_{a1}=h_1-\frac{1}{3}(h_1-z_0)=3-\frac{1}{3}(3-0.5)=2.17\text{m}$$

第二层土：

$$e_{a20}=(q+\gamma_1h_1)K_{a2}-2c_2\sqrt{K_{a2}}=(20+17\times3)\times0.49-2\times15\times\sqrt{0.49}=13.79\text{kN/m}^2$$

$$\begin{aligned}e_{a21}&=[q+\gamma_1h_1+\gamma_2(H+h_d-h_1)]K_{a2}-2c_2\sqrt{K_{a2}}\\&=[20+17\times3+18\times(8+h_d-3)]\times0.49-2\times15\times\sqrt{0.49}=57.89+8.82h_d\quad\text{kN/m}^2\end{aligned}$$

$$\begin{aligned}E_{a2}&=\frac{1}{2}(e_{a20}+e_{a21})(H+h_d-h_1)=\frac{1}{2}\times(13.79+57.89+8.82h_d)(8+h_d-3)\\&=179.2+57.89h_d+4.41h_d^2\quad\text{kN/m}\end{aligned}$$

土压力作用位置（距地表的距离）：

$$z_{a2}=H+h_d-\frac{2e_{a20}+e_{a21}}{3(e_{a20}+e_{a21})}(H+h_d-h_1)$$

$$=8+h_d-\frac{2\times13.79+57.89+8.82h_d}{3\times(13.79+57.89+8.82h_d)}(8+h_d-3)$$

$$=8+h_d-\frac{85.47+8.82h_d}{215.04+26.46h_d}(5+h_d)\quad \text{m}$$

被动土压力强度及被动土压力：

$$e_{p10}=2c_2\sqrt{K_{p1}}=2\times15\times\sqrt{2.04}=42.85\text{kN/m}^2$$

$$e_{p11}=\gamma_2h_dK_{p1}+2c_2\sqrt{K_{p1}}=18\times h_d\times2.04+2\times15\times\sqrt{2.04}$$

$$=42.85+36.72h_d\quad \text{kN/m}^2$$

$$E_{p1}=\frac{1}{2}(e_{p10}+e_{p11})h_d=\frac{1}{2}\times(42.85+42.85+36.72h_d)\times h_d$$

$$=42.85h_d+18.36h_d^2\quad \text{kN/m}$$

土压力作用位置（距地表的距离）：

$$z_{p1}=H+h_d-\frac{2e_{p10}+e_{p11}}{3(e_{p10}+e_{p11})}h_d$$

$$=8+h_d-\frac{2\times42.85+42.85+36.72h_d}{3\times(42.85+42.85+36.72h_d)}h_d$$

$$=8+h_d-\frac{128.55+36.72h_d}{257.1+110.16h_d}\times h_d\quad \text{m}$$

(2) 嵌入深度。对支挡结构顶端取矩，并令$\sum M=0$，则：

$$E_{a1}z_{a1}+E_{a2}z_{a2}-E_pz_{p1}=0$$

$$\sum M=0$$

解得：$h_d=3.7\text{m}$。

(3) 支撑（或拉锚）力。对支挡结构底端取矩，并令$\sum M=0$，则：

$$E_{a1}(H+h_d-h_1+z_{a1})+E_{a2}(H+h_d-z_{a2})-E_p(H+h_d-z_{p1})-T_A(H+h_d)=0$$

$$T_A=\frac{E_{a1}(H+h_d-h_1+z_{a1})+E_{a2}(H+h_d-z_{a2})-E_p(H+h_d-z_{p1})}{H+h_d}=96.6\text{kN/m}$$

(4) 最大弯矩。最大弯矩应在剪力为零处。设在地面以下x_m处剪力为零，则可得：

$$e_{a21xm}=[q+\gamma_1h_1+\gamma_2(x_m-h_1)]K_{a2}-2C_2\sqrt{K_{a2}}$$

$$=[20+17\times3+18\times(x_m-3)]\times0.49-2\times15\sqrt{0.49}$$

$$=8.82x_m-12.67\quad \text{kN/m}^2$$

$$E_{a2xm}=\frac{1}{2}(e_{a20}+e_{a21xm})(x_m-h_1)$$

$$=\frac{1}{2}\times(13.79+8.82x_m-12.67)(x_m-3)$$

$$=-1.68-12.67x_m+4.41x_m^{\ 2}\quad \text{kN/m}$$

$$E_{a1}+E_{a2xm}-T_A=0$$

解得：$x_m=5.8\text{m}$。

$$e_{a21xm}=8.82\times5.8-12.67=38.5\text{kN/m}^2$$

$$E_{a2xm}=-1.67-12.67\times5.8+4.41\times5.8^2=73.2\text{kN/m}$$

$$z_{a2xm}=x_m-\frac{2e_{a20}+e_{a21xm}}{3(e_{a20}+e_{a21xm})}(x_m-h_1)$$

$$=5.8-\frac{2\times13.79+38.5}{3\times(13.79+38.5)}\times(5.8-3)=4.7\text{m}$$

最大弯矩为：

$$M_{max}=T_Ax_m-E_{a1}(x_m-z_{a1})-E_{a2xm}(x_m-z_{a2xm})$$

$$=96.6\times5.8-25.99\times(5.8-2.17)-73.2\times(5.8-4.7)=385.4\text{kN}\cdot\text{m}$$

6.4 多支点支挡结构的设计计算

多支点排桩支挡结构的计算方法很多，一般有等值梁法、二分之一分担法、逐层开挖支撑（或拉锚）力不变法、弹性法和有限元法等。这里主要介绍逐层开挖支撑（或拉锚）力不变等值梁法（该法是等值梁法与逐层开挖支撑（或拉锚）力不变法的结合）和二分之一分担法。

6.4.1 逐层开挖支撑（或拉锚）力不变等值梁法

对于多支点支挡结构，应根据土方开挖和支撑（或拉锚）设置顺序分段计算，如图6－7所示。在每个阶段均可将该阶段开挖面上的支撑（或拉锚）点和开挖面下的假想支点之间的支挡结构看做简支梁对待，然后把计算出的支点反力保持不变，并作为外力计算下一段梁的支点反力。

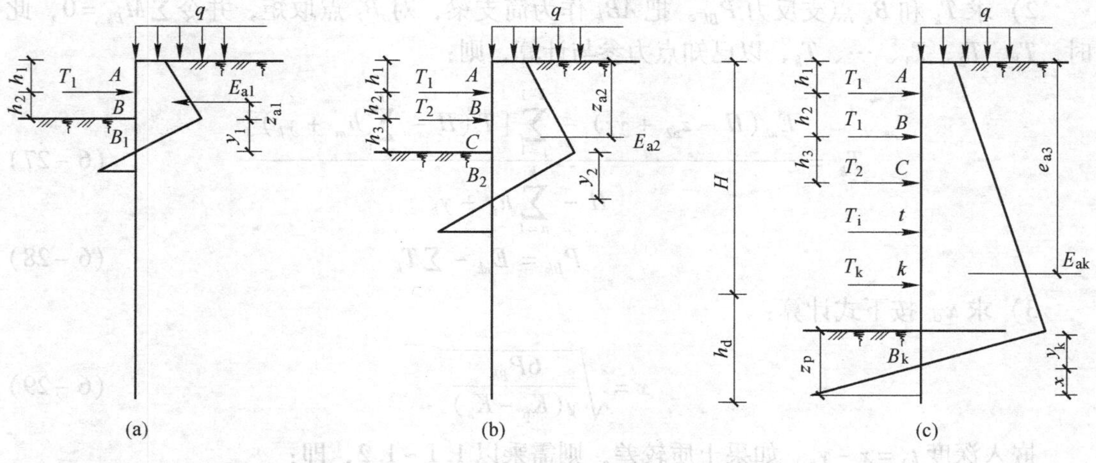

图6－7 等值梁法计算多支点支挡结构简图

（1）第一层支撑（或支锚）阶段。从理论上讲，第一层支撑（或拉锚）设置必须保证设置第二层支撑（或拉锚）前基坑稳定，即取设置第二层支撑（或拉锚）所需开挖深度 h_1+h_2 进行第一层支撑（或拉锚）计算，如图6－7a所示。

1）求 y_1。根据主动土压力强度和被动土压力强度相等原则，得：

$$y_1=\frac{e_{a1}+qK_a}{\gamma(K_p-K_a)} \tag{6-22}$$

式中 e_{a1}——当前基坑深度 h_1+h_2 开挖面处的主动土压力强度，kN/m^2。

2）求 T_1。把 AB_1 作为简支梁，对点取矩，并令 $\sum M_{a1}=0$，则：

$$T_1=\frac{E_{a1}(h_1+h_2-z_{a1}+y_1)}{h_2+y_1} \tag{6-23}$$

（2）第二层支撑（或拉锚）阶段。取设置第三层支撑（或拉锚）所需要开挖深度 $h_1+h_2+h_3$ 进行第二层支撑（或拉锚）计算，如图6-7b所示。

1）求 y_2。根据主动土压力强度和被动土压力强度相等原则，得：

$$y_2=\frac{e_{a2}+qK_a}{\gamma(K_p-K_a)} \tag{6-24}$$

式中 e_{a2}——当前基坑深度 $h_1+h_2+h_3$ 开挖面处的主动土压力强度，kN/m^2。

2）求 T_2。把 AB_2 作为简支梁。对 B_2 点取矩，并令 $\sum M_{B2}=0$，此时，T_1 以已知点力参与计算，则：

$$T_2=\frac{E_{a2}(h_1+h_2+h_3-z_{a2}+y_2)-T_1(h_2+h_3+y_2)}{h_3+y_2} \tag{6-25}$$

（3）挖至基坑设计深度，如图6-7c所示。

1）求 y_k。根据主动土压力强度和被动土压力强度相等原则，得：

$$y_k=\frac{e_{a1}+qK_a}{\gamma(K_p-K_a)} \tag{6-26}$$

式中 e_{a1}——当前基坑深度 H 开挖面处的主动土压力强度，kN/m^2。

2）求 T_k 和 B_k 点支反力 P_{Bk}。把 AB_k 作为简支梁，对 B_k 点取矩，并令 $\sum M_{Bk}=0$，此时，T_1、T_2、T_3、…、T_k，以已知点力参与计算，则：

$$T_k=\frac{E_{ak}(H-z_{a2}+y_k)-\sum_{j=1}^{k-1}[T_j(H-\sum_{m-1}^{j}h_m+y_k)]}{H-\sum_{n=1}^{k}h_n+y_k} \tag{6-27}$$

$$P_{Bk}=E_{ak}-\sum T_k \tag{6-28}$$

3）求 x。按下式计算：

$$x=\sqrt{\frac{6P_{Bk}}{\gamma(K_p-K_a)}} \tag{6-29}$$

嵌入深度 $t_0=x-y_k$。如果土质较差，则需乘以1.1～1.2，即：

$$h_d=(1.1\sim1.2)t_0$$

4）求最大弯矩。考察 AB_k 简支梁，求最大弯矩，其应在剪力为零处。

6.4.2 二分之一分担法

该方法是将两层支撑（或拉锚）之间的距离等分成两份，假定层支撑（或拉锚）承担相邻两半跨的侧压力，如图6-8所示，则：

$$T_1=E_{a1},\ T_2=E_{a2}$$

$$T_3 = E_{a3}\text{，}T_4 = E_{a4}$$

根据下式可求 t_0：

$$E_p = E_{a5} \tag{6-30}$$

式中 E_{a5}——B 点以下 t_0 内的主动土压力，kN/m；

E_p——B 点以下 t_0 内的被动土压力，kN/m。

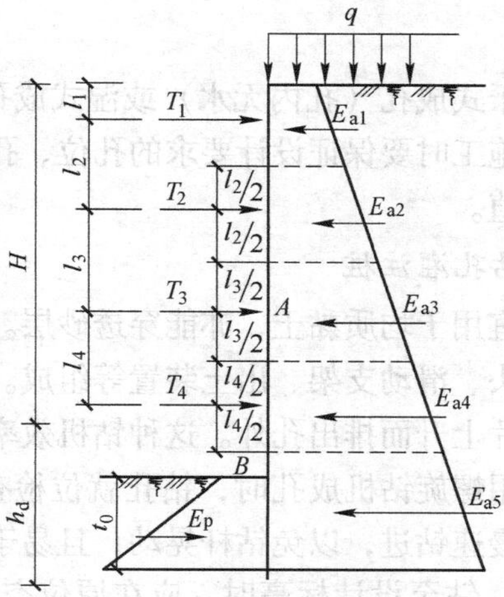

图 6－8 二分之一分担法计算多支点支挡结构简图

6.5 排桩桩径与桩距的设计

（1）排桩桩径。排桩桩径一般不小于 ϕ400mm，埋深在 12m 以内的基坑，桩径 d 宜选 ϕ400～800mm，埋深超过 12m 以上时，宜选 ϕ800～1200mm 的桩径。

（2）排桩桩距。排桩桩间距一般可选（1.2～1.5）d，对于砂性土和软土宜采用较小桩距，黏性土可选较大桩距。选取桩距时应按照桩间土不发生滑塌的原则进行。

（3）圈梁的设计。排桩桩顶设置连续圈梁，可以增加护坡桩的整体性，形成闭合的结构，其高度一般为（0.5～1.5）d，与桩体同宽（或取（1～1.2）d），如图 6－9 所示。圈梁刚度越大，则圈梁的作用越相当于支点的作用，对桩的受力和变形将起显著的改善作用。因此，设计时可将其断面加大，配以适量的钢筋，增加其刚度。

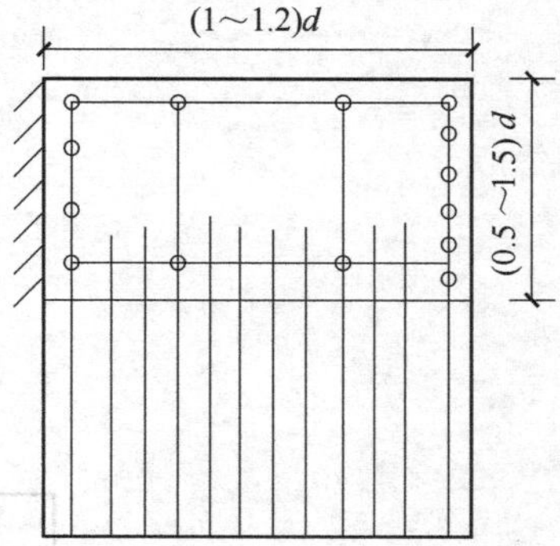

图 6－9 连续圈梁横断面图

关于圈梁的配筋计算，目前尚无完善的计算方法。考虑圈梁、桩和土的共同作用，按有限元法求解不失为一种有效的方法，但该法显然很繁琐。根据大量工程的经验，建议取：

$$A_q = (0.5 \sim 0.8) A_s$$

6.6 排桩施工

在基坑的排桩支护结构中，钢筋混凝土灌注桩是最为常用的一种桩型，因此，本节重点介绍钢筋混凝土灌注桩作为支护结构时的施工工艺。

6.6.1 钻孔灌注桩施工

钻孔灌注桩施工可分为干式成孔（孔内无水）或湿式成孔（孔内有水）。成孔后吊放钢筋笼，灌注混凝土而成。施工时要保证设计要求的孔位、孔深和孔的垂直度，并保证孔底松土沉渣厚度不超过规定值。

6.6.1.1 干式成孔的钻孔灌注桩

干式成孔的钻孔灌注桩宜用于均质黏土，亦能穿透砂层。设备采用螺旋钻机，它由主机、滑轮组、螺旋钻杆、钻头、滑动支架、出土装置等组成。由螺旋钻头切削土体，切下的土随钻头旋转并沿螺旋叶片上升而排出孔外。这种钻机效率高、无振动、无噪声。它的施工程序如图 6－10 所示。用螺旋钻机成孔时，钻孔就位检查无误后，使钻杆慢慢下移，当接触地面时开动电机，先慢速钻进，以免钻杆晃动，且易于保证桩位和垂直度。成孔过程中如遇硬土层宜慢速钻进，钻至设计标高时，应在原位空转清土，停转后提出钻杆弃土。钻出的土应及时清除，不可堆在孔边。钻进时如发现钻杆不正常地晃动或难以钻进，应立即停钻检查，排除障碍。

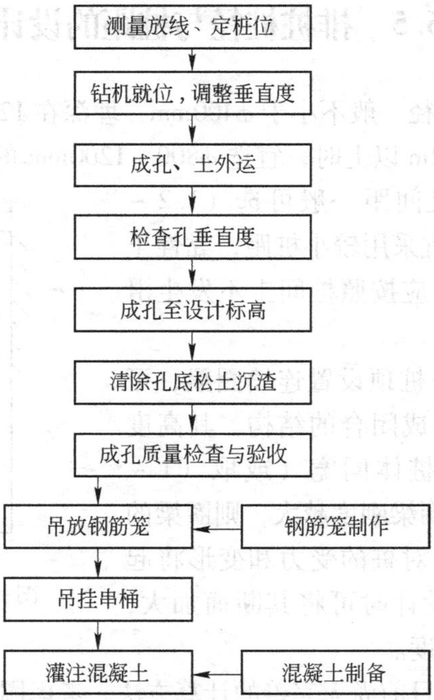

图 6－10 干式成孔施工程序简图

钢筋笼宜一次整体吊入。如过长可分段吊，两段焊接后徐徐沉放孔内。吊放钢筋笼时严防碰撞孔壁。

经检查合格后，应及时灌注混凝土。深度大于6m时，靠混凝土冲力自身砸实，小于6m者以长竹竿捣实，上面的2m用振动器捣实。

6.6.1.2　湿式成孔的钻孔灌注桩

湿式钻孔灌注桩的成孔，可用工程地质水文回转钻机、冲击式钻机、斗式钻头钻机、潜水电钻、大直径旋入全套管护壁成孔钻机等，以下介绍常用的几种成孔方式。

A　正循环钻孔灌注桩

（1）适用范围及原理。正循环钻孔施工法是由钻机回转装置带动钻杆和钻头回转切削破碎岩土，钻时用泥浆护壁排渣，泥浆由浆泵输进钻杆内腔中，经钻头的出浆口射出，带动钻渣沿钻杆与孔壁之间的环状空间上升到孔口溢进沉淀池后返回泥浆池中净化，再供使用。这样，泥浆在泥浆泵、钻杆、钻孔和泥浆池之间反复循环运行，其原理如图6－11所示。

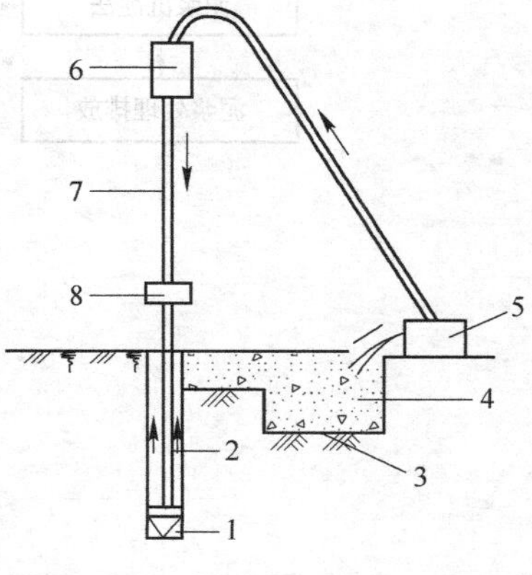

图6－11　正循环工艺原理图
1—钻头；2—泥浆循环方向；3—沉淀池；4—泥浆池；5—泥浆泵；6—水龙头；7—钻杆回转装置；8—钻机

正循环回转钻机成孔设备简单，将常用的地质钻机、水文钻机等稍加改装即可，操作简单，工艺成熟。适用于填土层、淤泥层、黏土层、粉土层，也可在卵砾石层和软质基岩、较硬基岩中使用。当孔深不太深，孔径小于800mm时钻进效果较好；当孔径较大时，钻孔与孔壁间的环形断面较大，泥浆循环时返流速度低，排渣能力差。孔壁泥皮厚度大，影响成孔和清孔，这是正循环回转钻机成孔的弊病。正循环成孔专用钻机有GPS－10、XY5G、GJC40H等型号，改装钻机有SPJ－300、红星400、SPC－300H等型号。

（2）施工工艺。

1）正循环回转钻机成孔的施工程序如图6－12所示。

2）施工程序的注意事项：

① 安装钻机时，转盘中心应与钻架上吊滑轮在同一垂直直线上，钻杆位置偏差不应大于2cm。

② 根据岩土情况合理选择钻头和泥浆性能。下钻头后先使其距孔底50～80mm，开动泥浆泵，待泥浆循环3～5min后再启动钻机慢速回转，同时慢慢降下钻头，轻压慢转数分钟后逐渐增大转速和钻压而进入正常钻进。此时应合理掌握和调整钻进的基本参数，不要随意提动钻具。要掌握卷扬机钢丝绳的松紧度，减少水龙头晃动，加接钻杆时，先将钻头稍提高孔底，待泥浆循环3～5min后，再拆卸加接钻杆。在钻进过程中，应根据不同的地质条件，随时检查泥浆指标。

③ 对正循环回转钻进终孔并经检查后，应立即清孔。清孔的目的是使孔底沉渣厚度、循环泥浆中含钻渣量和孔壁泥垢厚度符合质量要求。清孔的方法主要采用正循环清孔和压风机清孔。用泥浆正循环清孔时，待钻进结束后将钻头提离孔底200～500mm，同时大量泵进性能指标符合要求的新泥浆，把孔内悬浮大量钻渣的泥浆替换出来，直到清除孔底沉渣和孔壁泥皮，泥浆含砂量小于4%时为止。正循环清孔时，孔内泥浆上返速度不应小于

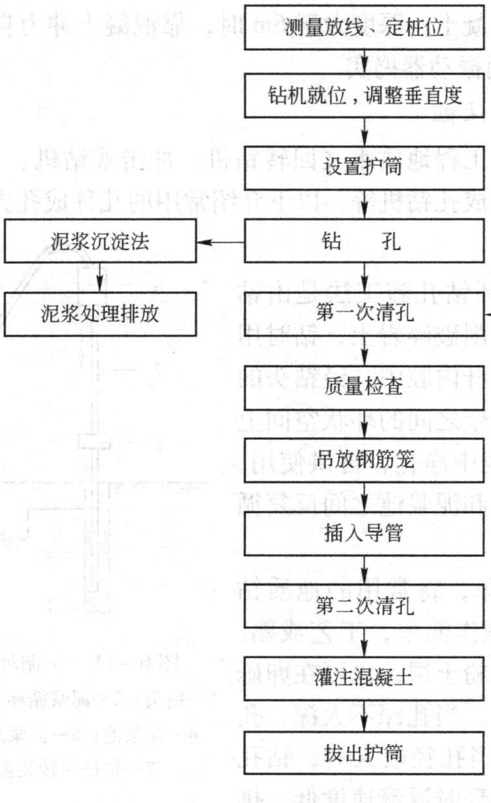

图 6 - 12　正循环回转钻机成孔的施工程序图

0.25m/s。用压缩空气机将压缩空气经送风管和混合器送至出水管，使出水管内的泥浆形成气液混合体，其重度小于孔内（出水管外）泥浆的重度，产生重度差。在该重度差作用下，管内的气液混合体上升流动，使孔内泥浆经出水口管底进入出水管，并顺其流出钻孔将钻渣排出。同时不断向孔内补给含砂量少的泥浆（或清水），形成孔内泥浆流动而达到清孔目的，如图 6 - 13 所示。调节风压可获得较好的清孔效果。一般用风量为 6 ~ 9m^3/min，风压为 0.7MPa 的压缩空气机，出水管用 ϕ100 ~ 150mm 左右的钢管。混合器一般用 ϕ18 ~ 25mm 的水管弯成，穿进出水管壁焊牢，混合器下入深度，应满足 $L_1/L_2 \geqslant 0.60$。

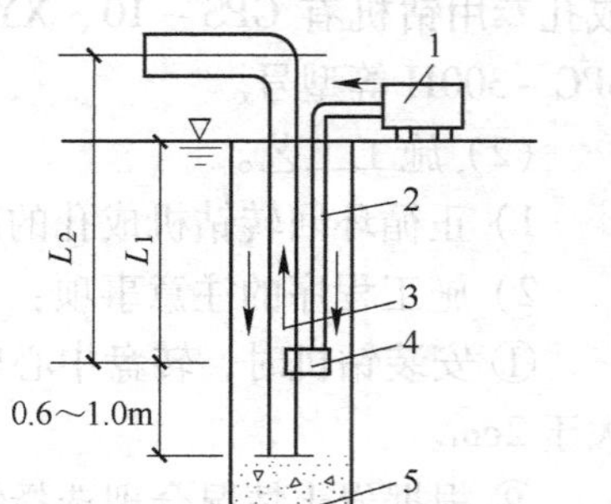

图 6 - 13　压缩空气清孔原理
1—压缩空气机；2—送风管；3—出水管；4—混合器；5—孔底沉渣

（3）正循环回转钻机成孔的参数选择。

泥浆量：保持足够的泥浆量是提高正循环钻进效率的关键。

对于合金钻头和滚轮钻头，泥浆量应根据上返速度按下式确定：

$$Q = 60 \times 10^3 Fv \tag{6-31}$$

式中　Q——泥浆量，L/min；

F——环空面积，m^2；

v——上返速度，m/s，如为合金钻头 $v \geq 0.25$m/s，如为滚轮钻头 $v \geq 0.35$m/s。

钻压：钻孔时，钻头是在钻压和回转扭矩作用下切削和破碎岩土而获得进尺，切削下来的钻渣则由泥浆携出桩孔。为此，钻进需要有一定钻压。钻压一般根据地层条件、钻杆与桩孔的直径差、钻头形式、切削刀具数目、钻具强度、设备能力等因素综合考虑确定。当用硬质合金钻钻进成孔时，每片切削刀具的钻压以 800～1200N 或每颗合金的钻压取 400～600N 而确定钻头所需的钻压。

钻速：转速的选择除满足破碎岩土的扭矩需要外，还要考虑钻头不同部位切削刀具的磨损情况，一般按下式计算：

$$n = \frac{60v_{线}}{\pi D} \tag{6-32}$$

式中 n——转速，r/min；

D——钻头直径，m；

$v_{线}$——钻头线速度，m/s。

一般 $v_{线}$ 为 0.8～3.0m/s，对较软岩土 $v_{线}$ 取大值，对较硬岩土取小值；钻头直径大时，$v_{线}$ 取小值，直径小时，$v_{线}$ 取大值。

B 反循环钻孔灌注桩

(1) 适用范围及原理。反循环回转钻进是泥浆从钻杆与孔壁间的环状间隙流入钻孔，来冷却钻头并携带钻屑由钻杆内腔返回地面。与此同时，泥浆又返回孔内形成循环的一种钻进工艺。由于钻杆内腔断面积比钻杆与孔壁间的环断面积小得多，所以泥浆的上返速度大，一般达 2～3m/s，是正循环工艺泥浆上返速度的数十倍，故能提高排渣能力，保持孔内清洁，减少钻屑在孔底重复破碎的机会。反循环回转钻进能大大提高成孔效率，是一种有效的、先进的成孔工艺。

反循环钻孔施工按钻杆内泥浆上升流动的动力来源、工作方式和工作原理的不同，可分成泵吸、气举和射流三种。

泵吸反循环是直接利用泵的抽吸作用使钻杆内泥浆上升而形成反循环；气举反循环是将压缩空气与钻杆内的泥浆混合，形成相对密度小于1 的三相混合液，在钻杆外环空间水柱压力作用下，使钻杆内三相混合液上升涌出地面，将钻渣排出孔外，形成反循环；射流反循环是利用射流泵射出的高速液流产生负压，使钻杆内的泥浆上升而形成反循环。

由于气举反循环是利用压缩空气使三相混合液循环，故钻杆内混合液上升速度与钻杆内外液柱的重度差有关。孔浅时供气压力不足，钻杆内的三相混合液上升速度慢，排渣能力差；当孔深增大后，只要增加供气量和供气压力，钻杆内的三相混合液就能获得理想的上升速度，孔深超过 50m 后即能保持较高而稳定的钻进效率。孔深大于 80m 时效率降低较大。三种反循环孔深与钻进效率的关系曲线如图 6－14 所示。

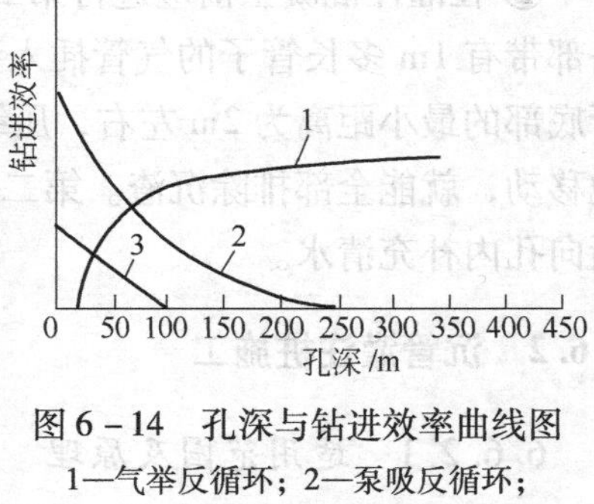

图 6－14 孔深与钻进效率曲线图
1—气举反循环；2—泵吸反循环；
3—射流反循环

作为围护挡土结构的灌注桩，施工中多用效率较高的泵吸反循环钻进工艺。因为一般情况下钻孔深度不会太大，且用泵吸反循环钻进工艺时，钻头寿命长，功率消耗少，钻进效率高，钻进成本也较低。此外，泵吸反循环要求不断向孔内补给泥浆，并始终保持孔内水头压力比孔外地下水的水头压力大2m以上，该压差既可平衡地层压力，又可使孔壁的冲刷作用变小。因此采用泵吸反循环钻进时，对多数地层，只要能保持2m以上的静水压力，就可用清水钻进。清水钻进不用专门制备泥浆，孔壁泥皮薄，有利钻渣分享，孔底沉渣少，成孔质量好。

反循环钻进成孔适用于填土、淤泥、黏土、粉土、砂土、砂砾等地层。采用圆锥式钻头可进入软岩；采用滚轮式（又称牙轮式）钻头可进入硬岩。反循环钻进成孔不适用于自重湿陷性黄土层，也不宜用于无地下水的地层。

反循环钻进成孔常用钻机有德国SW型、美国RD－600型和CSP－820型；日本的S－200型和MD150型；我国的QZ－200型和GPS－15型等。

（2）施工工艺。

1）反循环施工程序与正循环施工程序相同，如图6－10所示。

2）施工程序的注意事项：

① 反循环施工是在静水压力下进行钻挖作业的，故护筒埋设保持孔内水头压力是反循环施工作业中的关键。护筒的直径一般比桩径大15%。护筒的端部应打入黏土层或粉土层中，一般不应在填土层、砂层或砂砾层中，以保证护筒不漏水。护筒内的水位要高出自然地下水位2m以上，确保孔壁的任何部位均保持0.02MPa以上的静水压力，以保持孔壁不坍塌。钻孔前先开动砂石泵，待反循环正常后，才能开动钻机慢速回转下放钻头至孔底。开始钻进时，应先轻压慢转，待钻头正常工作后，逐渐加大转速，调整压力，并使钻头吸口不发生堵浆。钻进参数应根据地层、桩径、砂石泵的合理排量和钻机的经济钻速等加以选择和调整，钻进时应认真仔细观察进尺和砂石泵排浆出渣情况。排量减少或出浆中含钻渣量较多时，应控制钻进速度，防止因循环液相对密度太大而中断反循环。加接钻杆时，应先停止钻进，将钻具提离孔底80～100mm，维持泥浆循环1～2min，以清洗孔底并将管道内的钻渣携出排净，然后停泵加接钻杆。钻进达到要求孔深停钻时，仍要维持泥浆正常循环，清除孔底沉渣直到返出冲洗液的钻渣含量小于4%，以达到第一次清孔要求。起钻时应注意操作轻稳，防止钻头拖刮孔壁，并向孔内补入适量泥浆，稳定孔内水头高度。

② 在灌注混凝土前应进行第二次清孔。通常采用普通导管的空气升液排渣法，即将头部带有1m多长管子的气管插入到导管之内，管子的底部插入水下至少10m，气管至导管底部的最小距离为2m左右，压缩空气从气管底部喷出，如使导管底部在桩孔底部不停地移动，就能全部排除沉渣。第二次清孔过程中，为不降低孔内水位，避免坍孔，必须不断向孔内补充清水。

6.6.2 沉管灌注桩施工

6.6.2.1 适用范围及原理

沉管灌注桩又称套管成孔灌注桩，按其成孔方法不同又分为振动沉管灌注桩和锤击沉管灌注桩。这类灌注桩是采用振动沉管打桩机或锤击沉管打桩机，将带有活瓣式桩尖或锥形封口桩尖，或预制钢筋混凝土桩尖的钢管沉入土中，然后边灌注混凝土，边振动拔出钢管而形成灌注桩。

沉管灌注桩可穿越一般黏性土、粉土、淤泥质土、淤泥，松散至中密的砂土及人工填土等土层。锤击沉管灌注桩不宜用于标准贯入击数 N 大于 12 的砂土、N 大于 15 的黏性土以及碎石土。振动沉管灌注桩贯穿砂土层的能力较强，还适用于密实的碎石层。

6.6.2.2　施工工艺

沉管灌注桩作为挡土结构，施工时应跳打。中间空出的桩应待邻桩混凝土达到设计强度等级的 50% 以后方可施打。

（1）振动沉管灌注桩施工程序（见图 6－15）。施工时，预制桩尖的位置应与设计相符，桩管与桩尖的轴线应重合。桩管与桩尖的接触处应加垫草绳或麻袋，防止地下水进入桩管。桩管内壁应保持干净。振动沉管时，可用收紧钢丝绳加压或加配重，以提高沉管效率。必须严格控制最后两个 2min 的贯入速度，其值按设计要求，或根据混凝土试桩和当地长期的施工经验确定。桩管内灌满后，先振动 5～10s，再开始拔管。应边振边拔，每拔 0.5～1m 停拔 5～10s，保持振动，如此反复，直至桩管全部拔出。拔管速度在一般土层中以 1.2～1.5m/min 为宜，在软弱土层中应控制在 0.6～0.8m/min。在拔管过程中，桩管内应至少保持 2m 以上高度的混凝土，或不低于地面，可用吊锤探测，以防混凝土中断，形成缩颈。

（2）锤击沉管灌注桩施工程序（见图 6－16）。施工时，先检查桩管与桩锤、桩架等是否在一条直线上。先用低锤轻击，观察偏差在容许范围内后，方可正式施打。沉管过程必须严格测量最后三阵锤击（每阵十锤）的贯入度。其值可按设计要求，或根据试桩和当地长期的经验确定。沉管至设计标高后，就应立即灌注混凝土，尽量减少间隙时间。用

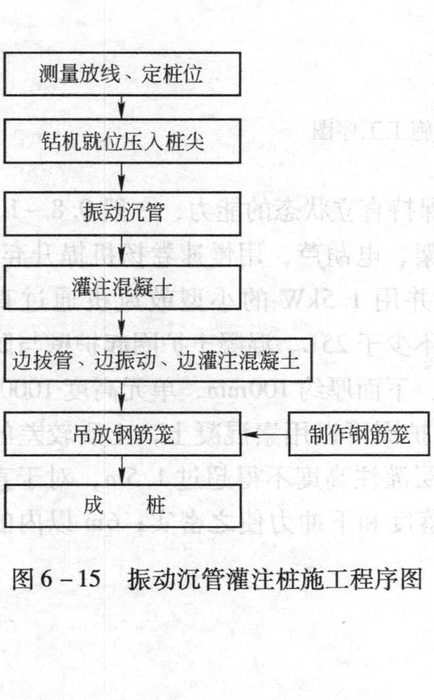

图 6－15　振动沉管灌注桩施工程序图

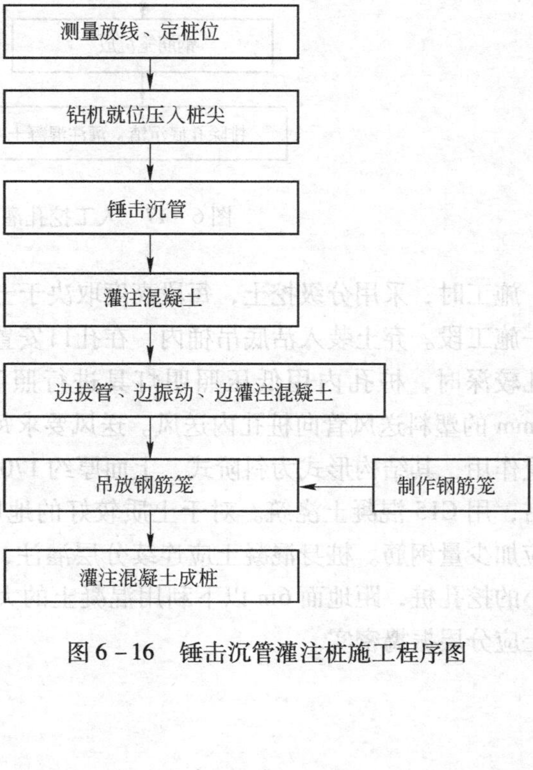

图 6－16　锤击沉管灌注桩施工程序图

长桩管打短桩时，混凝土应尽量一次灌足；打长桩或用短桩管打短桩时，第一次灌入管内的混凝土应尽量灌满。当桩身配有不到孔底的钢筋笼时，第一次混凝土应先灌至笼底标高，然后放置钢筋笼，再灌混凝土至桩顶标高。拔管速度要均匀，对一般土层以1m/min为宜；在软弱土层及软硬土层交界处宜控制在0.3~0.8m/min，在拔管的全过程中，应保证管内保持不少于2m高度的混凝土，以防断桩、缩颈。

6.6.3 人工挖孔灌注桩施工

人工挖孔灌注桩在测量定位后开挖，工人下到桩孔中去，在井壁护围的保护下，直接进行开挖。待挖到设计标高，桩底扩孔后，对基底进行验收。验收合格后下放钢筋笼，浇筑混凝土成桩，其施工工艺如图6-17所示。

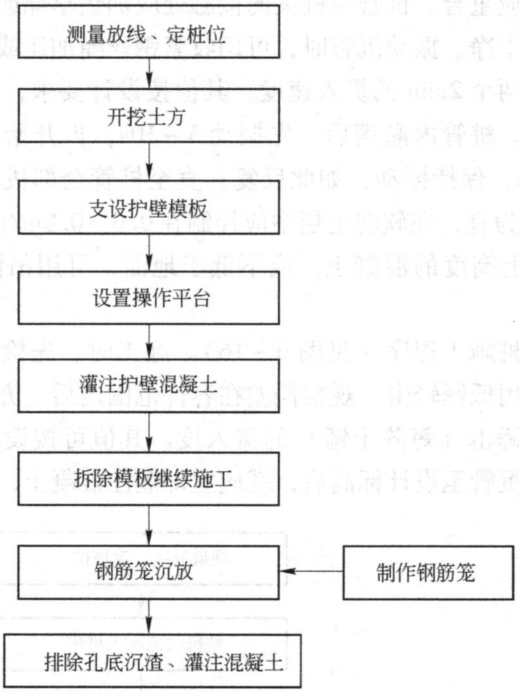

图6-17 人工挖孔灌注桩施工工序图

施工时，采用分级挖土，每段高度取决于土壁保持直立状态的能力，一般0.8~1.0m为一施工段。弃土装入活底吊桶内，在孔口安置支架、电葫芦，用慢速卷扬机提升弃土。桩孔较深时，桩孔内用低压照明灯具进行照明，并用1.5kW的小型鼓风机通过直径100mm的塑料送风管向桩孔内送风。送风要求每秒不少于25L。混凝土护圈起护壁与防水双重作用，其结构形式为斜阶式，上面厚约170mm，下面厚约100mm，单元高度1000mm左右，用C15混凝土浇筑。对于土质较好的地层，护圈可以用素混凝土，土质较差的地段应加少量钢筋。桩身混凝土应连续分层灌注，每层灌注高度不得超过1.5m，对于直径较小的挖孔桩，距地面6m以下利用混凝土的大坍落度和下冲力使之密实；6m以内的混凝土应分层振捣密实。

6.7 工程实例分析

6.7.1 场地工程地质条件

仁爱濠景庄园地处天津市西青经济开发区凌庄子内，拟建工程为地上14层，地下1层的住宅楼。紧邻场地南侧有一排三层砖混别墅，距拟建建筑物约6.5m，东、西、北侧20m范围内无建筑物。该场地埋深50.50m深度范围内，地基土按成因年代可分为8层，按力学性质可进一步分为14个亚层，主要由粉质黏土、砂土、粉土组成。地下水属潜水类型，主要由大气降水补给，静止水位埋深0.25~1.50m，常年水位变幅在0.50~1.00m之间。各土层的力学性质如表6-1所示。

表6-1 场地土力学性能指标

土 层	H/m	γ/kN·m^{-3}	c/kPa	φ/(°)	E_s/MPa
黏土	2.1	19.0	22.0	21.0	5.6
粉土	2.0	19.3	9.0	25.5	11.0
粉质黏土	8.2	18.9	18.0	24.3	5.7
粉质黏土	1.7	20.0	15.3	28.1	6.2
粉质黏土	4.9	19.5	17.6	28.6	6.3
粉质黏土	3.7	19.2	21.0	26.1	6.6
粉土	1.0	19.6	8.5	32.0	14.4
粉质黏土	1.6	19.4	26.5	20.8	5.8
粉土、粉砂	3.7	20.9	10.0	35.6	13
粉土、粉砂	2.1	19.8	11.2	37.2	17.9

6.7.2 基坑工程概况

基坑平面尺寸为118.1m×26.7m，开挖深度9.1m。基坑的围护结构以ϕ800@1200mm单排钢筋混凝土灌注桩（桩长17.6m）加帽梁体系作为挡土结构，双排水泥搅拌桩（桩长16.1m）作为止水帷幕，开挖至1.5m深度处设置700×900的混凝土水平支撑，水平方向间距为13m。基坑南侧4m外有连排砖混结构别墅（三层），为保证建筑物安全，在南侧除设置ϕ800@1200mm连排灌注桩（桩长17.6m）作为围护结构外，还利用距离围护桩2.4m处的一排桩距3.6m的ϕ800裙房灌注桩桩基，并以连系梁将两排桩的桩顶帽梁连接，试图使该排工程桩也兼作围护桩（形成类似双排桩结构），以减小土层水平位移。基坑支护平面图如图6-18所示，基坑剖面图如图6-19所示。

基坑开挖后的情况如图6-20所示。由图6-20可清楚看到，距建筑物较近且标高较高的为后排工程桩帽梁，与前排围护桩通过斜梁连接。水平支撑与前排围护桩帽梁连接。

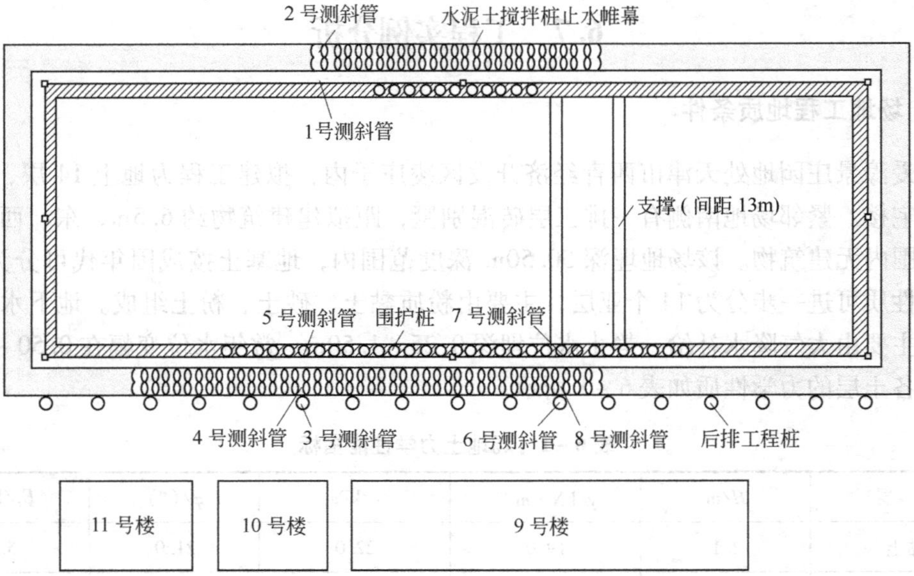

图 6－18 基坑围护结构及周围场地平面图

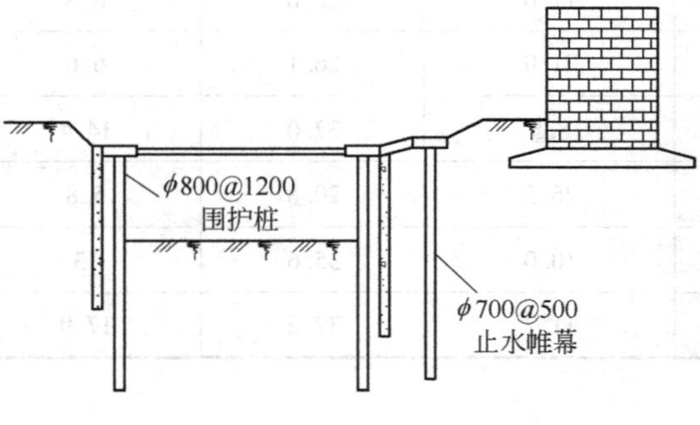

图 6－19 基坑支护剖面图

图 6－20 基坑开挖后实景图

6.7.3 施工监测

如图 6－18 所示，在三个基坑横断面位置布置测斜管：其中，断面 1—1 位于基坑北侧，基坑围护桩外未布置后排桩，因此只在围护桩和水泥土搅拌桩止水帷幕内各埋置一个测斜管（1 号、2 号测斜管）；断面 2—2、3—3 位于基坑南侧，断面上依次设有基坑围护桩、水泥土搅拌桩止水帷幕和后排工程桩，在同一断面的基坑围护桩、水泥土搅拌桩止水帷幕和后排工程桩内布置测斜管，以监测围护桩、搅拌桩止水帷幕和工程桩的水平向变形。其中断面 2—2 测斜管分别为 3 号、4 号和 5 号测斜管，4 号测斜管位于止水帷幕中。3—3 剖面测斜管分别为 6 号、7 号和 8 号测斜管。

周围建筑物的沉降监测也是工程监测的重点，施工中在邻近基坑的 9 号、10 号和 11 号建筑物的外墙角、外窗边角等部位埋设了多处沉降监测点，对沉降值进行观测。

6.7.4 监测结果及数据整理

现场监测历时两个月。监测剖面由于6号、7号两个测斜管失效，仅测得止水帷幕（8号）的水平位移情况，2—2监测剖面数据正常。测斜管测得的水平位移值如图6－21～图6－23所示，其中，图6－21反映了5号测斜管测得的基坑围护桩随深度的水平位移值，图6－22反映了3号测斜管测得的后排工程桩随深度的水平位移值，图6－23反映了4号、8号测斜管测得的搅拌桩止水帷幕随深度的水平位移值。

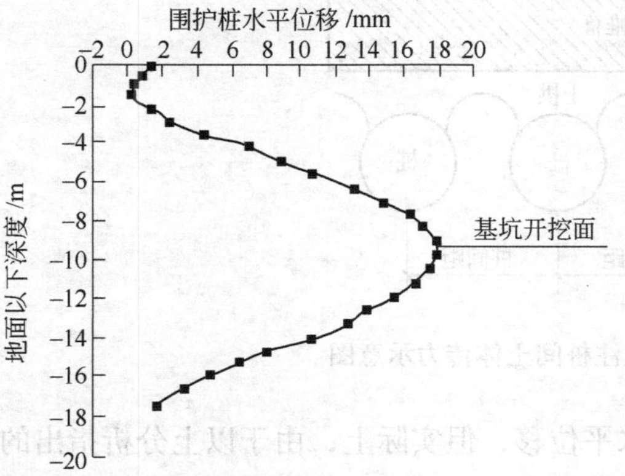

图6－21　5号围护桩测斜管测斜结果

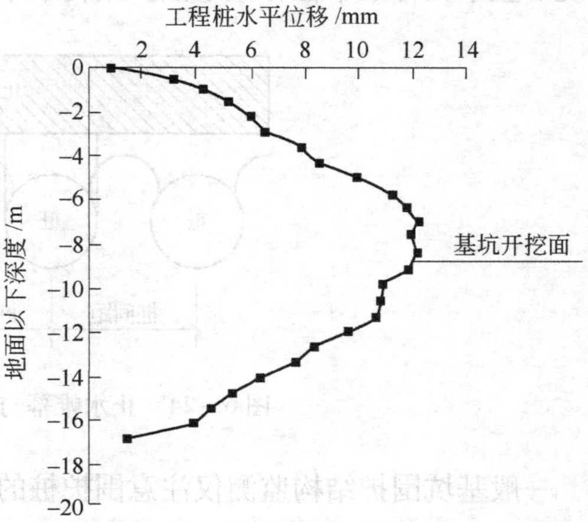

图6－22　3号后排工程桩测斜管测斜结果

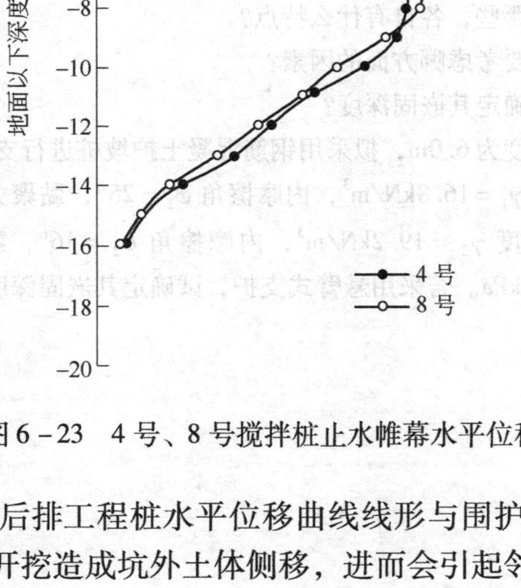

图6－23　4号、8号搅拌桩止水帷幕水平位移

由实测结果可看出，后排工程桩水平位移曲线线形与围护桩、止水帷幕的水平位移曲线线形相似，说明基坑开挖造成坑外土体侧移，进而会引起邻近桩体发生侧移，这也表

明考虑基坑开挖对邻近桩体的影响是必要的。此外，从实测结果看，止水帷幕的水平位移达到了 23mm，而围护结构的水平位移只有 18mm，止水帷幕的水平位移大于围护结构的水平位移近 28%。究其原因，主要与围护体系是排桩结构有关。由于围护桩间距较大，止水帷幕与前排桩之间土体在面向坑内一侧的前面围护桩的桩与桩间土体处于临空状态，来自止水帷幕传递的水平土压力只能由止水帷幕与围护桩之间不临空的土体传递，形成了土拱效应，如图 6－24 所示。由于承担荷载的土拱（主要是拱脚）只占止水帷幕与围护桩之间土体的少部分，使得土拱部位土体产生较大压缩，导致止水帷幕进一步侧移，从而出现了止水帷幕水平位移大于围护结构水平位移的情况。

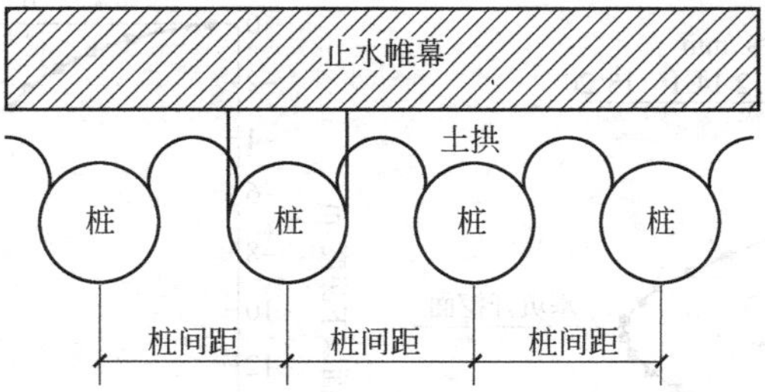

图 6－24　止水帷幕与灌注桩间土体传力示意图

一般基坑围护结构监测仅注意围护桩的水平位移，但实际上，由于以上分析指出的原因，围护桩的水平位移可能小于其后的止水帷幕的水平位移，这使得根据围护桩水平位移来估算坑后地面沉降的方法与实际有较大误差。可以想象，随着桩间距的增大，这个现象将越显著。天津地区就常常采用 $\phi600@1000$mm、$\phi700@1000$mm 等的排桩布置方式，通过加大桩间距来降低工程造价而围护桩的最大水平位移并不显著增大。当邻近对沉降敏感的建筑物时，上述止水帷幕的水平位移大于围护结构的水平位移的现象必须引起重视。进一步，由图 6－24 可见，由于止水帷幕的抗弯能力很弱，过大的不均匀侧移会使之受弯开裂，从而丧失“止水”的功能，危及基坑工程，实际工程中需谨慎处理。

思考与练习题

6－1　排桩支护的结构形式有哪些，各自有什么特点？

6－2　排桩支护设计计算中主要考虑哪方面的因素？

6－3　对于悬臂式支护，如何确定其嵌固深度？

6－4　某高层建筑基坑开挖深度为 6.0m，拟采用钢筋混凝土护坡桩进行支护。地基土分为 2 层：第一层为黏质粉土，天然重度 $\gamma_1=16.8\text{kN/m}^3$，内摩擦角 $\varphi_1=25°$，黏聚力 $c_1=20\text{kPa}$，厚度 $h_1=3.0\text{m}$；第二层为黏土，天然重度 $\gamma_2=19.2\text{kN/m}^3$，内摩擦角 $\varphi_2=16°$，黏聚力 $c_2=10\text{kPa}$，厚度 $h_2=10.0\text{m}$。地面超载 $q=10\text{kPa}$。若采用悬臂式支护，试确定其嵌固深度。

7 地下连续墙设计与施工

7.1 概述

1950 年，地下连续墙最早在意大利用于大坝或贮水池的防渗墙，之后传入法国、日本、英国、美国和前苏联等国家，并在世界各地得到广泛应用和推广，应用范围也从水利水电基础工程推广到建筑、市政、交通、矿山、铁道和环保等部门。我国于 1958 年开始采用排桩式地下连续墙作为水坝防渗墙。近几十年来，地下连续墙在理论研究和工程实践方面均取得了很大成就。

早期的地下连续墙一般是在地下先凿出一条沟槽，然后浇灌混凝土以形成一透水性很低的隔段，由于其目的主要是隔水，所以对墙面的垂直度、平整度以及混凝土强度的要求并不严格，主要是控制其水密性。1961 年法国巴黎费利浦大楼深基础工程首先成功地采用了较高精度的地下连续墙技术，这是地下连续墙施工技术在高层建筑中的首个应用实例。我国也是较早应用地下连续墙施工技术的国家之一，首次应用是水电部门于 1958 年在青岛月子口水库建造的深 20m 的桩排式防渗墙，以及在北京密云水库建造的深 44m 的槽孔式防渗墙。1971 年，台北市吉林路中国国际银行大楼建设中也采用了地下连续墙。1977 年，在上海研制成功了导板抓斗和多头钻成槽机，并首次用这种机械施工了某船厂升船机港的岸壁，为我国加速开发这一技术起到了积极推动作用。

最初的地下连续墙厚度一般不超过 0.6m，深度不超过 20m。20 世纪 60 ~ 80 年代，随着成槽施工技术设备的不断更新，墙厚达 1.0 ~ 1.2m、深度达 100m 的地下连续墙逐渐出现。1965 ~ 1987 年间，日本利用地下连续墙作为围护结构的工程多达 365 例。东京都涩谷区 NHK 新广播电台大楼，地下 2 层，地上 3 层，基坑围护结构采用 T 字形大断面地下连续墙，墙厚为 0.6m 和 1.0m，深度达 18 ~ 22m，地下连续墙作为地下室外墙兼作双层车道的基础；营团地铁有乐町线基坑工程采用 80cm 厚的地下连续墙作为围护结构；日本国室兰港的白鸟大桥主塔墩为直径 37m、深 70m 的基坑，采用地下连续墙围堰，从筑岛顶面算起，地下连续墙打入地层以下 100m，成功修建了主塔墩的直接基础。20 世纪 90 年代，由于成功研制并使用了水平多轴铣槽机，工程中出现了超厚（3.20m）和超深（170m）的地下连续墙结构。已建成的日本东京湾跨海大桥川崎人工岛（墙厚 2.8m，直径 108m）的地下连续墙基础的最大深度达 140m。

在中国，自从引入地下连续墙技术以来，地下连续墙作为基坑围护结构的设计施工技术已经非常成熟。20 世纪 90 年代中期，国内越来越多的工程将支护结构和主体结构结合为一个整体进行设计，即在施工阶段采用地下连续墙作为支护结构，而在正常使用阶段地下连续墙又作为结构外墙使用，在正常使用阶段承受永久水平和竖向荷载，称为“两墙合一”。上海新闸路地铁车站、上海银行大厦、越洋广场、平安金融大厦和上海二十一世纪中心大厦等均采用了“两墙合一”设计。“两墙合一”设计减少了工程资金和材料的投入，充分体现了地下连续墙的经济性和环保性。2000年以后，随着国内新一轮建筑高潮的兴起，各种深大基坑和市区内周边环境保护要求高的基坑工程不断涌现，对工程的经济性要求越来越高，也促进了地下连续墙技术的发展，并出现了一批设计难度较高的工程。上海世博500kV地下变电站工程为直径130m的圆形基坑，基坑开挖深度为33.6m，采用了1.2m厚的地下连续墙作为围护结构，同时在正常使用阶段又作为地下室的外墙。

7.1.1　地下连续墙的特点

地下连续墙作为深基坑开挖施工的支护墙体，其特点主要表现为：

(1) 地下连续墙施工时具有低噪声、低振动等优点，能够紧邻现有建筑物和地下管线施工，施工时对周围环境的影响小；

(2) 地下连续墙墙身刚度大、强度高、整体性好，基坑开挖过程中安全性高，因而结构和地基变形都较小，可用于重要地区特殊工程及超深基坑的支护结构；

(3) 地下连续墙为钢筋混凝土整体连续结构，耐久性好，具有良好的抗渗能力，既可挡土又可挡水，坑内降水对坑外的影响较小；

(4) 地下连续墙多为现场浇筑，可根据需要形成直线形或折线形壁板，还可以施工成T形、Π形等特殊结构形式，以增加支护的刚度、强度和稳定性；

(5) 地下连续墙作为主体结构的地下室外墙或其一部分，可配合逆作法施工，以提高围护质量，缩短工期，降低工程造价；

(6) 地下连续墙施工工艺较为复杂，其施工质量依赖于成熟的工艺和完善的组织管理；

(7) 地下连续墙具有弃土和废泥浆处理问题，粉砂地层易引起槽壁坍塌及渗漏，因此，需要采取相应的措施来保证连续墙施工的质量；

(8) 地下连续墙相对灌注桩、钢板桩、水泥搅拌桩等其他支护墙体形式，造价昂贵，因此在采用时需经过技术比较，并确认为是经济合理、因地制宜时才可使用。

7.1.2　地下连续墙的适用条件

由于地下连续墙造价比较昂贵，所以，对地下连续墙的选用必须经过技术经济比较，确实认为是经济合理时才可使用。地下连续墙一般用在深度较大的基坑和具有特殊要求的基坑工程中，地下连续墙的适用条件主要包括以下几个方面：

(1) 开挖深度较大的基坑，一般开挖深度超过10m；在超深基坑中，采用其他围护形式无法满足要求时，也常采用地下连续墙作为围护体；

(2) 土质条件比较软弱或土层性质比较复杂的基坑，以及需要严格控制周围变形的软土地区的基坑；

(3) 基坑周围建筑物、地下管线十分密集，邻近区域存在保护要求较高的建筑物、构筑物，且对基坑本身的变形和防水要求较高的基坑；

(4) 场地内空间有限，地下室外墙与红线距离较近，采用其他围护形式无法满足施工操作空间要求的基坑；

(5) 围护墙体需作为主体结构的一部分，且对防水、抗渗有严格要求的基坑；

(6) 采用逆作法施工，地上和地下同步施工时的基坑。

7.1.3 地下连续墙的分类和结构形式

地下连续墙可分为现浇地下连续墙和预制地下连续墙两大类，目前在工程中应用的现浇地下连续墙的槽段形式主要有一字形、L形、T形和Π形等，如图7-1所示，同时，还可以将各种形式的槽段进行组合，以形成格形地下连续墙和圆筒形地下连续墙等，如图7-2所示。

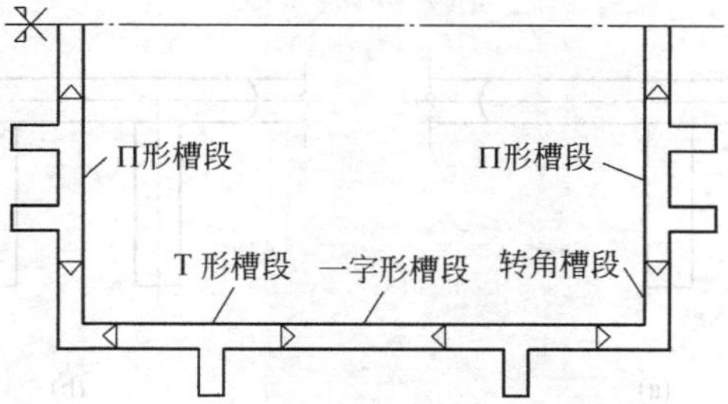

图7-1　现浇地下连续墙槽段形式示意图

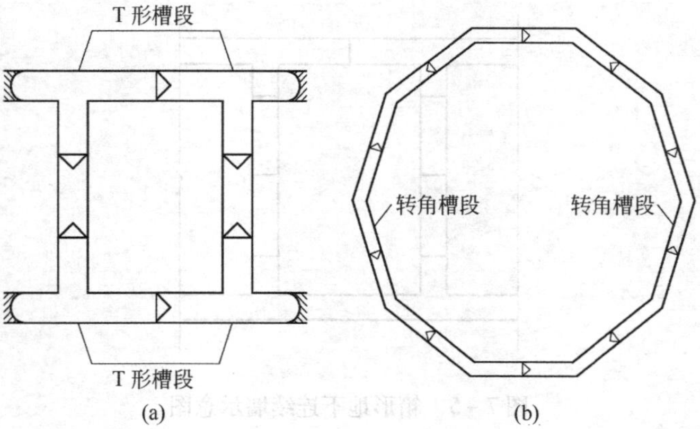

图7-2　格形地下连续墙和圆筒形地下连续墙示意图
(a) 格形地下连续墙；(b) 圆筒形地下连续墙

一字形地下连续墙是应用最多的地下连续墙形式，可用于直线形、折线形或圆弧形墙段，如图7-3所示。T形和Π形地下连续墙可以大大增加截面的抗弯能力，适用于开挖深度较大的基坑，可减少所需支撑道数，如图7-4所示。箱形地下连续墙是将一字形地下连续墙与Π形地下连续墙组合，从而形成截面为箱形的地下连续墙，可大大增加截面的抗弯性能，并可使地下连续墙支护结构的自立稳定性大大提高，如图7-5所示。

(1) 常规现浇地下连续墙。现浇地下连续墙是采用原位连续成槽浇筑形成的钢筋混凝土围护墙，具有挡土和隔水的双重作用，并可采用加肋的方式形成T形槽段或Π形槽段以增加墙体的抗弯刚度。

由于地下连续墙采用水下浇筑，且槽段之间存在接缝，所以，地下连续墙墙身以及接

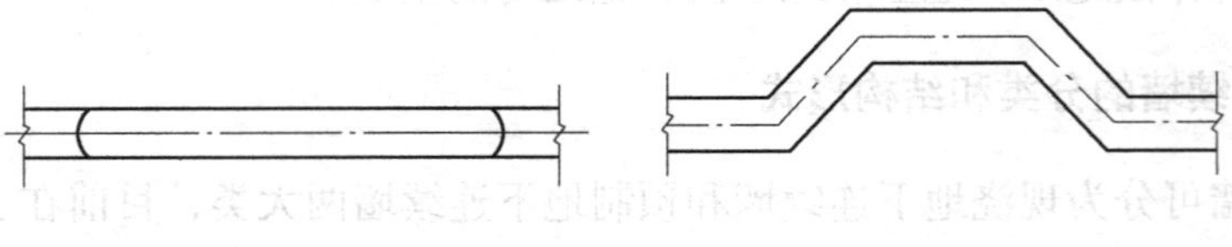

(a) (b)

图 7－3 一字形地下连续墙示意图

(a) 直线形；(b) 折线形

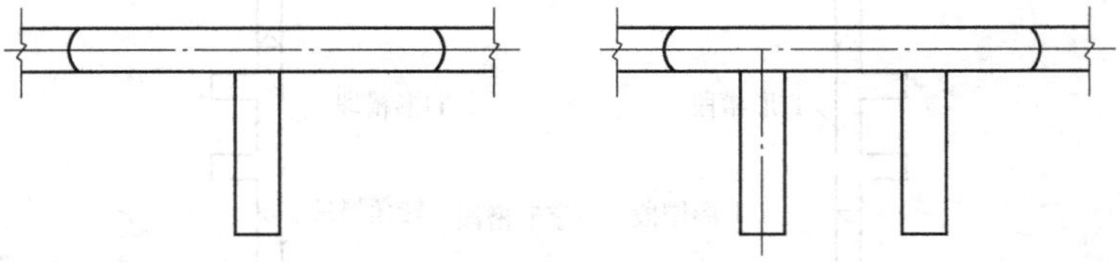

(a) (b)

图 7－4 T 形地下连续墙和 Π 形地下连续墙示意图

(a) T 形地下连续墙；(b) Π 形地下连续墙

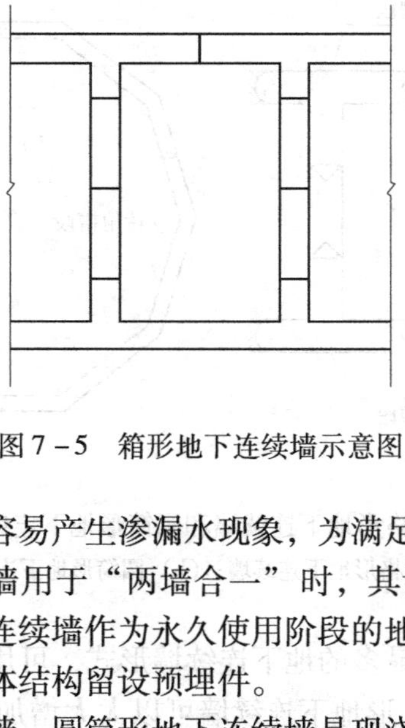

图 7－5 箱形地下连续墙示意图

缝位置存在防水的薄弱环节，容易产生渗漏水现象，为满足正常使用阶段的防水要求需要进行专项防水设计。地下连续墙用于“两墙合一”时，其设计必须在主体建筑结构施工图设计完成后方可开展。地下连续墙作为永久使用阶段的地下室外墙，需结合主体结构进行设计，在地下连续墙内为主体结构留设预埋件。

(2) 圆筒形现浇地下连续墙。圆筒形地下连续墙是现浇地下连续墙的一种组合结构形式，采用壁板式槽段或转角槽段可组合成圆筒形结构形式。

圆筒形地下连续墙充分利用了土拱效应，降低了作用在支护结构上的土压力。与常规形状的基坑相比，圆形结构具有更好的力学性能，它可将作用在其上的荷载转化为地下连续墙的环向压力，可充分发挥混凝土抗压性能好的特点，有利于控制基坑的变形。在工程中圆筒形地下连续墙的平面形状实际为多边形，并非理想的圆形结构，其受力状态以环向受压为主，受弯为辅。

圆形地下连续墙适用于主体地下结构为圆形或接近圆形的工程，以及受到条件限制或为了方便施工需采用无支撑大空间施工的工程。

(3) 格形现浇地下连续墙。格形地下连续墙是现浇地下连续墙的另一种组合结构形式，是一种靠其自身重量实现稳定的半重力式结构，基坑开挖阶段无需设置支撑。格形地下连续墙适用于无法设置内支撑体系，且对变形控制要求较严格的深基坑工程。相对于其他自立式围护结构而言，格形地下连续墙支护的基坑变形小，对周边环境保护较为有利，但受其自身结构的限制，一般槽段数量较多。

(4) 预制地下连续墙。预制地下连续墙如图 7-6 所示，采用常规施工方法成槽后，在泥浆中先插入预制墙段等预制构件，然后以自凝泥浆或注浆置换成槽用的护壁泥浆，也可直接以自凝泥浆护壁成槽插入预制构件，以自凝泥浆的凝固体填塞墙后空隙和防止构件间的接缝渗水，形成地下连续墙。

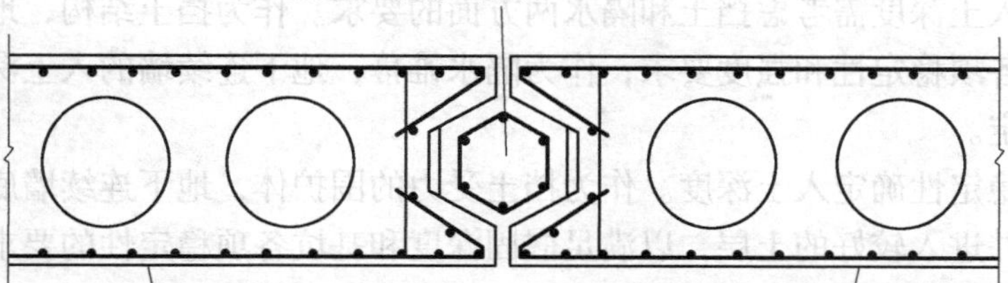

图 7-6 预制地下连续墙示意图

预制地下连续墙采用工厂化制作，可充分保证墙体的施工质量，墙体构件外观平整，可直接作为地下室的建筑内墙，节约成本；由于工厂化制作，预制地下连续墙与结构梁板、基础底板等连接处预埋件位置正确，不会出现钢筋连接器脱落现象。墙段预制时可通过采取相应的构造措施和节点形式达到结构防水的要求，并可改善和提高地下连续墙的整体受力性能。为便于运输和吊放，预制地下连续墙大多采用空心截面，减小自重，节省材料，经济性好。预制地下连续墙可在正式施工前预制加工，制作与养护均不占绝对工期，大大减少了成槽后泥浆护壁的时间，有利于保持槽壁稳定和保护周边环境；同时，免掉了常规拔除锁口管或接头箱的过程，节约了成本和工期。

目前，采用预制地下连续墙的工程大多将其用作主体结构地下室的外墙，由于受到起重和吊装能力的限制，墙段长度受到了一定限制，同时，对基坑深度也有一定要求。

7.2 地下连续墙的设计

地下连续墙的设计主要应从强度、变形和稳定性三个主要方面进行计算。强度主要是指墙体的水平和竖向截面承载力、竖向地基承载力等；变形主要是指墙体的水平变形和作为竖向承重结构的竖向变形；稳定性主要是指作为围护结构的整体稳定性、抗倾覆稳定性、坑底抗隆起稳定性和抗渗流稳定性等。

7.2.1 墙体厚度和槽段宽度设计

常规的地下连续墙厚度一般为 0.5～1.2m，在具体工程中，地下连续墙的厚度应根据成槽机的规格、墙体的抗渗要求、墙体的受力和变形计算等综合确定，地下连续墙常用墙厚为0.6m、0.8m、1.0m和1.2m。随着挖槽设备大型化和施工工艺的改进，地下连续墙的厚度可达2.0m以上。日本东京湾新丰洲地下变电站圆筒形地下连续墙的厚度达到了2.4m。

地下连续墙单元槽段的平面形状和成槽宽度需结合各方面的因素综合确定，如墙段的结构受力特性、槽壁稳定性、周边环境的保护要求和施工条件等。一般来说，直线一字形槽段宽度不大于6m，T形、折线形槽段等槽段各肢宽度总和不宜大于6m。

7.2.2 地下连续墙的入土深度确定

一般工程中地下连续墙的入土深度为10～50m，最大入土深度可达150m。在基坑工程中，地下连续墙既作为承受侧向水土压力的受力结构，同时又兼有隔水的作用，因此，地下连续墙的入土深度需考虑挡土和隔水两方面的要求。作为挡土结构，地下连续墙的入土深度需满足各项稳定性和强度要求；作为隔水帷幕，地下连续墙的入土深度需根据地下水控制要求确定。

（1）根据稳定性确定入土深度。作为挡土受力的围护体，地下连续墙底部需插入基底以下足够深度并进入较好的土层，以满足嵌固深度和基坑各项稳定性的要求。在软土地层中，地下连续墙在基底以下的嵌固深度一般接近或大于开挖深度方能满足稳定性要求。在基底以下为密实的砂层或岩层等物理力学性质较好的土层时，地下连续墙在基底以下的嵌固深度可大大缩短。例如上海轨道交通七号线耀华路站综合开发项目的开挖深度约为20.4m，基底以下主要以软塑的黏土层为主，采用地下连续墙作为围护结构，墙体嵌入基底以下19m方可满足稳定性要求。南京绿地紫峰大厦开挖深度约21.4m，基底以下均为中风化安山岩，地下连续墙嵌入基底以下7m即满足稳定性要求。

（2）考虑隔水作用确定入土深度。作为隔水帷幕，地下连续墙设计时需根据基底以下的水文地质条件和地下水控制要求确定入土深度。如需隔断地下水或增加地下水绕流路径时，地下连续墙底部需进入隔水层，以隔断坑内外潜水和承压水的水力联系，或插入基底以下足够深度以确保形成可靠的隔水边界。如根据隔水要求确定的地下连续墙入土深度大于根据受力和稳定性要求确定的入土深度时，为了减少经济投入，地下连续墙为满足隔水要求加深的部分可采用素混凝土浇筑。

7.2.3 地下连续墙的构造设计

（1）混凝土。地下连续墙混凝土的设计强度等级不应低于C20，由于混凝土是在泥浆中浇筑，所以，施工时混凝土一般应按结构设计强度等级提高一级进行配合比设计。对于重要工程，在断面配筋设计时，还应将混凝土强度等级的各种强度指标乘以0.7～0.75左右的减值系数。为了使混凝土具有良好的和易性，且能在槽内均匀地、基本水平地上升，水泥用量不宜小于400kg/m^3，坍落度以18～20cm为宜，水灰比不宜大于0.6。配制混凝土的骨料宜用粒度良好的河砂和粒径不大于25mm的坚硬河卵石，如使用碎石，则应增加水泥用量及砂率。水泥宜采用普通硅酸盐水泥或矿渣硅酸盐水泥。墙体和槽段接头应满足防渗设计要求，地下连续墙混凝土的抗渗等级不宜小于S6级。地下连续墙主筋保护层在基坑内侧不宜小于50mm，基坑外侧不宜小于70mm。地下连续墙的混凝土浇筑面宜高出设计标高以上 300 ~ 500mm，凿去浮浆层后的墙顶标高和墙体混凝土强度应满足设计要求。

（2）钢筋笼。钢筋笼的设计与制作尺寸应根据单元槽段尺寸、形状、接头形式及起重能力等因素确定，钢筋笼两侧的端部与接头管或相邻墙段混凝土接头面之间应留有不大于 150mm 的间隙，纵向主筋下端 500mm 长度范围内宜按 1∶10 收成闭合状，且钢筋笼的下端与槽底之间宜留有不小于 500mm 的间隙。钢筋顶部应预留伸入顶圈梁或其他上部结构的锚固长度。地下连续墙与主体结构连接时，预留在墙内的受拉受剪钢筋、连接螺栓或连接板锚筋均应满足受力计算要求，锚固长度不应小于 30 倍钢筋直径。

地下连续墙的钢筋笼由纵向钢筋、水平钢筋、封口钢筋和构造加强钢筋构成。地下连续墙作为挡土结构，以纵向垂直钢筋为主筋，纵向主筋沿墙身均匀布置在钢筋笼内侧，且可按受力大小沿墙体深度分段配置。为保证水下浇筑的混凝土结构与主筋有较好的握裹，纵向钢筋宜采用 HRB335 级或 HRB400 级钢筋，直径不宜小于 16mm，钢筋的净距不宜小于 75mm。当地下连续墙纵向钢筋配筋量较大，钢筋配置无法满足净距要求时，实际工程中常采用将相邻两根钢筋合并绑扎的方法调整钢筋净距，以确保混凝土浇筑密实。纵向钢筋应尽量减少钢筋接头，并应有一半以上通长配置。水平钢筋可采用 HPB235 级或 HRB335 级钢筋，直径不宜小于 12mm。为防止产生过大的变形，与纵向钢筋垂直的水平钢筋可采用 ϕ16 ~ 18mm 及以上的钢筋，最大间距最好不要超过 300mm，在主要部位间距可加密。地下连续墙钢筋笼封口钢筋形状应与施工接头相匹配，封口钢筋直径与水平钢筋相同，封口钢筋与水平钢筋宜采用等强焊接，竖向间距同水平钢筋或按水平钢筋间距间隔设置。

钢筋笼中的钢筋在满足受力要求和构造要求的同时，还应具有足够的刚度和强度，以保证在吊装时不致产生扭曲变形甚至破坏，同时还要为浇灌混凝土用的导管留出插入的空间，避免妨碍混凝土的流动。钢筋笼的整体刚度可通过设置在钢筋笼中的间距为 2.5 ~ 3.0m 的纵向桁架、间距为 5.0 ~ 6.0m 的横向桁架以及设于墙面、墙背钢筋网上的 X 形拉结筋来保证。

单元槽段的钢筋笼宜在加工平台上装配成一个整体，一次性整体沉放入槽。当单元槽段的钢筋笼必须分段装配沉放时，上下段钢筋笼的连接宜采用焊接或机械连接，并采取地面预拼装措施，以便上下段钢筋笼的快速连接，接头的位置宜选在受力较小处，并相互错开。当采用搭接接头时，接头的最小搭接长度不宜小于 45 倍的主筋直径，且不小于 1.5m。

（3）墙顶圈梁。地下连续墙顶部应设置封闭的钢筋混凝土顶圈梁，顶圈梁的高度和宽度由计算确定，且宽度不宜小于地下连续墙的厚度。地下连续墙采用分幅施工时，墙顶设置通长的顶圈梁有利于增强地下连续墙的整体性。顶圈梁宜与地下连续墙迎土面平齐，以便保留导墙，对墙顶以上土体起到挡土护坡的作用，避免对周边环境产生不利影响。

地下连续墙墙顶嵌入圈梁的深度不宜小于 50mm，纵向钢筋锚入圈梁内的长度宜按受拉锚固要求确定。

7.2.4　地下连续墙的施工接头

施工接头是指地下连续墙单元槽段之间的连接接头。根据受力特性，地下连续墙的施工接头可分为柔性接头和刚性接头两大类。其中，能够承受弯矩、剪力和水平拉力的施工接头称为刚性接头，反之则称为柔性接头。

7.2.4.1 柔性接头

工程中常用的柔性接头主要有圆形或半圆形锁口管接头、波形管（双波管、三波管）接头、工字形型钢接头、楔形接头、钢筋混凝土预制接头和橡胶止水带接头等。接头平面形式如图 7-7 所示，图 7-8 为几种接头的实物图。

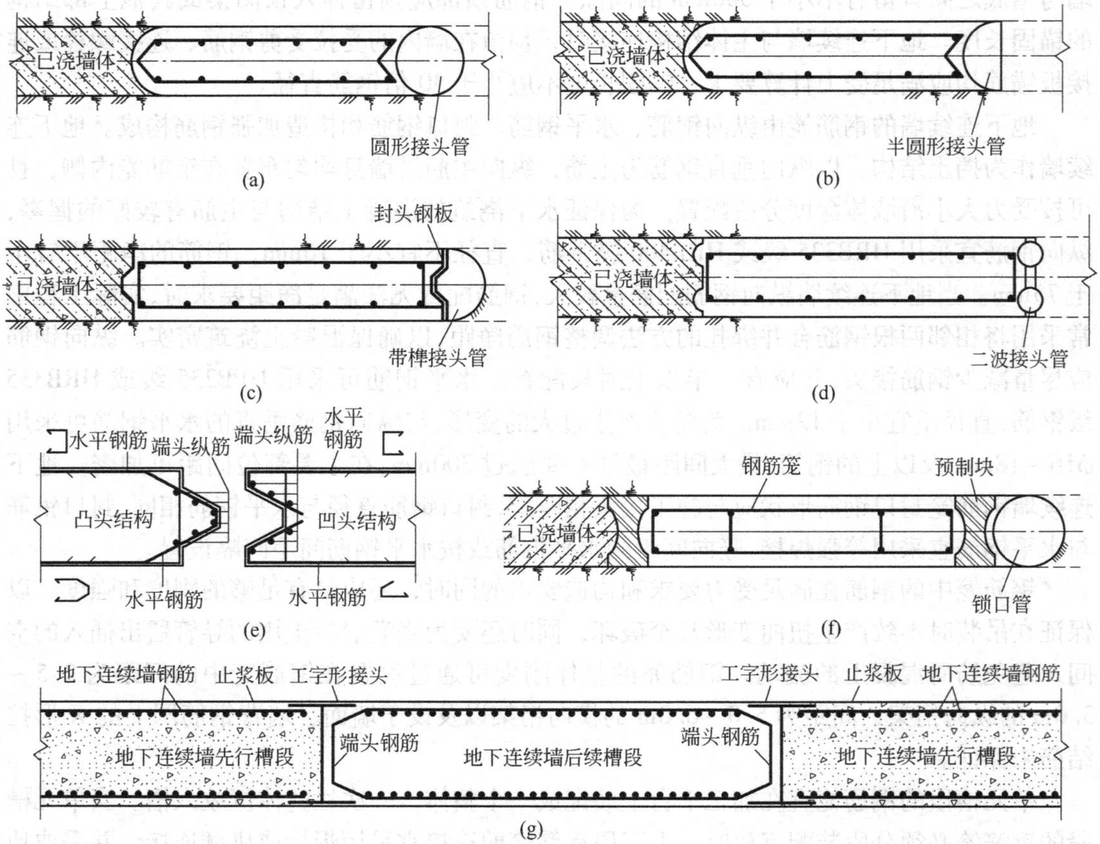

图 7-7 地下连续墙柔性接头形式

（a）圆形锁口管接头；（b）半圆形锁口管接头；（c）带榫锁口管接头；（d）波形锁口管接头；（e）楔形接头；（f）钢筋混凝土预制接头；（g）工字形型钢接头

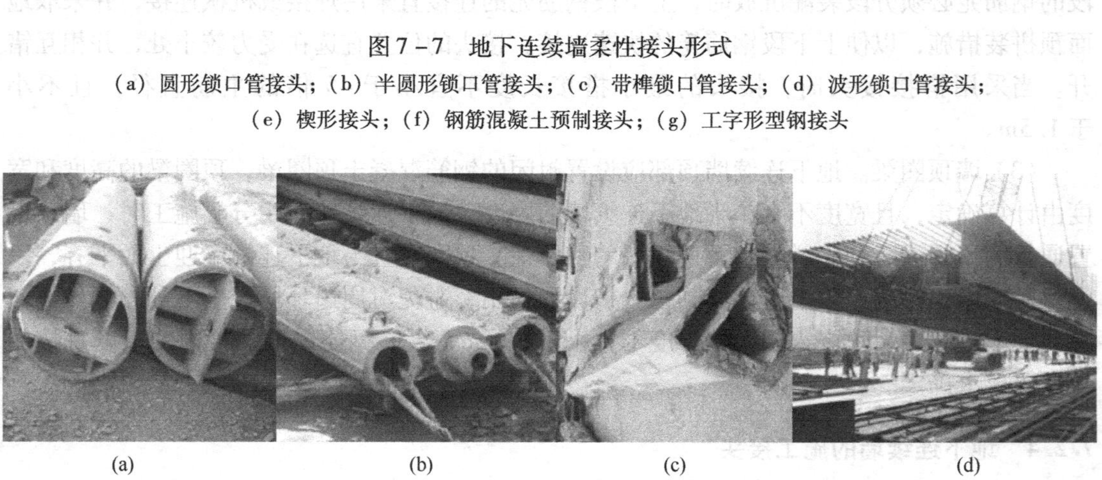

图 7-8 地下连续墙接头实物图

（a）圆形锁口管；（b）波纹管；（c）半圆形锁口管；（d）工字形型钢接头

柔性接头的抗弯、抗剪能力较差，一般适用于槽段施工接头抗剪、抗弯能力要求不高的基坑工程中。

(1) 锁口管接头。圆形或半圆形锁口管接头、波形管（双波管、三波管）接头统称为锁口管接头，锁口管接头是地下连续墙最常用的接头形式。锁口管在地下连续墙混凝土浇筑时作为侧模，可防止混凝土的绕流，同时在槽段端头形成半圆形或波形面，增加了槽段接缝位置地下水的渗流路径。锁口管构造简单，施工适应性较强，止水效果可满足一般工程的需要。

(2) 钢筋混凝土预制接头。钢筋混凝土预制接头可在工厂预制加工后运至现场，也可现场预制。预制接头一般采用近似工字形截面，在地下连续墙施工流程中取代锁口管的位置和作用，沉放后无需顶拔，作为地下连续墙的一部分。预制接头无需拔除，简化了施工流程，提高了效率，特别适用于顶拔锁口管困难的超深地下连续墙工程。由于受到运输和设备吊装能力等的限制，预制接头一般在深度方向分节吊放，分节长度应根据基坑开挖深度确定，以确保分节接缝位置位于基坑地面以下一定深度为原则。上下节之间可采用预制混凝土方桩分节桩之间的钢板接头连接方式，并使接缝处于平整密实的连接状态，也可将预制接头上下节先采用螺栓连接固定，再焊接。

(3) 工字形型钢接头。工字形型钢接头是采用钢板拼接的工字形型钢作为施工接头，型钢翼缘钢板与先行槽段水平钢筋焊接，后续槽段可设置接头钢筋深入到接头的拼接钢板区。该接头不存在无筋区，形成的地下连续墙整体性好。先后浇筑的混凝土之间由钢板隔开，加长了地下水渗透的绕流路径，止水性能良好。工字形型钢接头的施工避免了常规槽段接头施工中锁口管或接头箱拔除的过程，大大降低了施工难度，提高了施工效率。

7.2.4.2 刚性接头

刚性接头可传递槽段之间的竖向剪力，当槽段之间需要形成刚性连接时，常采用刚性接头。在工程中应用的刚性接头主要有一字或十字穿孔钢板接头、钢筋搭接接头和十字型钢插入式接头，如图 7－9 所示。图 7－10 为刚性接头及接头箱实物图。

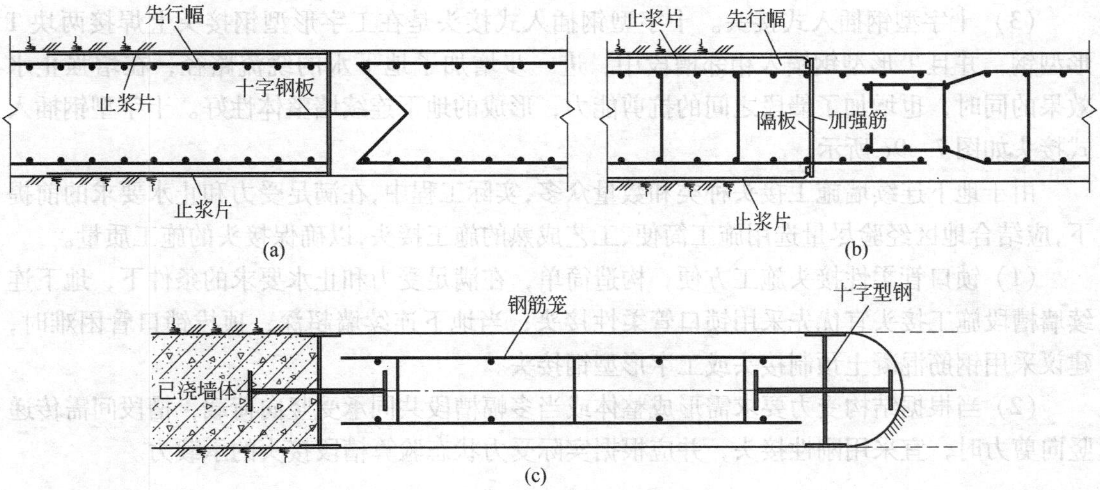

图 7－9 地下连续墙刚性接头形式

(a) 十字穿孔钢板刚性接头；(b) 钢筋搭接刚性接头；(c) 十字型钢插入式接头

(a)

(b)

图7－10 刚性接头及接头箱实物图

（a）十字钢板接头；（b）十字钢板接头箱

（1）十字穿孔钢板接头。十字穿孔钢板接头是地下连续墙工程中最常用的刚性接头形式，是以开孔钢板作为相邻槽段间的连接构件，开孔钢板与两侧槽段混凝土形成嵌固咬合作用，可承受地下连续墙垂直接缝上的剪力，并使相邻地下连续墙槽段形成整体，共同承担上部结构的竖向荷载，协调槽段间的不均匀沉降，同时穿孔钢板接头还具有较好的止水性能。十字钢板接头如图7－9a所示。

（2）钢筋搭接接头。钢筋搭接接头采用相邻槽段水平钢筋凹凸搭接，先行施工槽段的钢筋笼两面伸出搭接部分，通过采取施工措施，浇灌混凝土时可留下钢筋搭接部分的空间，先行槽段形成后，再施工槽段的钢筋笼部分，并与先行施工槽段伸出的钢筋搭接，然后浇灌后施工槽段的混凝土。钢筋搭接接头的平面形式如图7－9b所示。这种连接形式在接头位置有地下连续墙钢筋通过（水平钢筋和纵向主筋），为完全的刚性连接。有关试验研究表明，其结构连接刚度和接头抗剪能力均优于开孔钢板接头。

（3）十字型钢插入式接头。十字型钢插入式接头是在工字形型钢接头上焊接两块T形型钢，并且T形型钢锚入相邻槽段中，进一步增加了地下水的绕流路径，在增强止水效果的同时，也增加了墙段之间的抗剪能力，形成的地下连续墙整体性好。十字型钢插入式接头如图7－9c所示。

由于地下连续墙施工接头种类和数量众多,实际工程中,在满足受力和止水要求的前提下,应结合地区经验尽量选用施工简便、工艺成熟的施工接头,以确保接头的施工质量。

（1）锁口管柔性接头施工方便，构造简单，在满足受力和止水要求的条件下，地下连续墙槽段施工接头宜优先采用锁口管柔性接头；当地下连续墙超深、顶拔锁口管困难时，建议采用钢筋混凝土预制接头或工字形型钢接头。

（2）当根据结构受力要求需形成整体或当多幅槽段共同承受竖向荷载，槽段间需传递竖向剪力时，宜采用刚性接头，并应根据实际受力状态验算槽段接头的承载力。

7.2.5 地下连续墙的内力与变形计算及承载力验算

（1）内力与变形计算。目前，平面弹性地基梁法是采用最多的地下连续墙内力与变形计算方法，该方法计算简便，可适用于绝大部分的基坑工程。对于具有明显空间效应的深基坑工程，可采用空间弹性地基板法进行地下连续墙的内力和变形计算。对于复杂的基坑工程需采用连续介质有限元法进行计算。

进行地下连续墙的内力和变形计算时，应按照主体工程地下结构的梁板布置以及施工条件等合理确定支撑标高和基坑分层开挖深度，并按基坑内外实际状态选择计算模式，考虑基坑分层开挖、支撑分层设置以及换撑拆撑等工况在时间上的先后顺序和空间上的不同位置，进行各种工况下的连续完整的设计计算。

(2) 承载力验算。应根据各工况内力计算包络图对地下连续墙进行截面承载力验算和配筋计算。常规的壁板式地下连续墙需进行正截面受弯、斜截面受剪承载力验算；当需承受竖向荷载时，需进行竖向承载力验算。对于圆筒形地下连续墙除需进行正截面受弯、斜截面受剪和竖向受压承载力验算外，尚需进行环向受压承载力验算。

当地下连续墙仅用作基坑围护结构时，应按照承载力极限状态对地下连续墙进行配筋计算；当地下连续墙在正常使用阶段又作为主体结构时，尚应按照正常使用极限状态根据裂缝控制要求进行配筋计算。

地下连续墙正截面受弯、受压、斜截面受剪承载力以及配筋设计计算应符合现行国家标准《混凝土结构设计规范》（GB50010）的相关规定。

7.3 地下连续墙的施工

地下连续墙的施工，就是在地面上先构筑导墙，采用专门的成槽设备，沿着支护或深开挖工程的周边，在特制泥浆护壁的条件下，分段开挖一定长度的沟槽至指定深度，清槽后，向槽内吊放钢筋笼，然后用导管法浇筑水下混凝土，混凝土自下而上充满槽内并把泥浆从槽内置换出来，筑成一个单元槽段，并依次逐段进行，这些相互邻接的槽段在地下筑成一道连续的钢筋混凝土墙体。作为基坑支护结构，地下连续墙在基坑工程中一般兼有挡土和截水防渗的作用，同时往往还“二墙合一”，即与地下主体结构一起作为建筑承重结构。

7.3.1 地下连续墙的施工工艺流程

地下连续墙的施工工艺流程如图7－11所示。其中导墙砌筑、泥浆制备与处理、成槽施工、钢筋笼制作与吊装、混凝土浇筑等为主要工序。

7.3.2 主要施工方法

7.3.2.1 导墙的施工方法

地下连续墙在成槽前应构筑导墙，导墙质量的好坏将直接影响到地下连续墙的轴线和标高控制，应精心施工，以确保准确的宽度、平直度和垂直度。

导墙的主要作用包括：

(1) 作为地下连续墙的测量基准和成槽导向；

(2) 存储泥浆、稳定液位，以维护槽壁的稳定；

(3) 维持上部土层的稳定，防止槽口塌方；

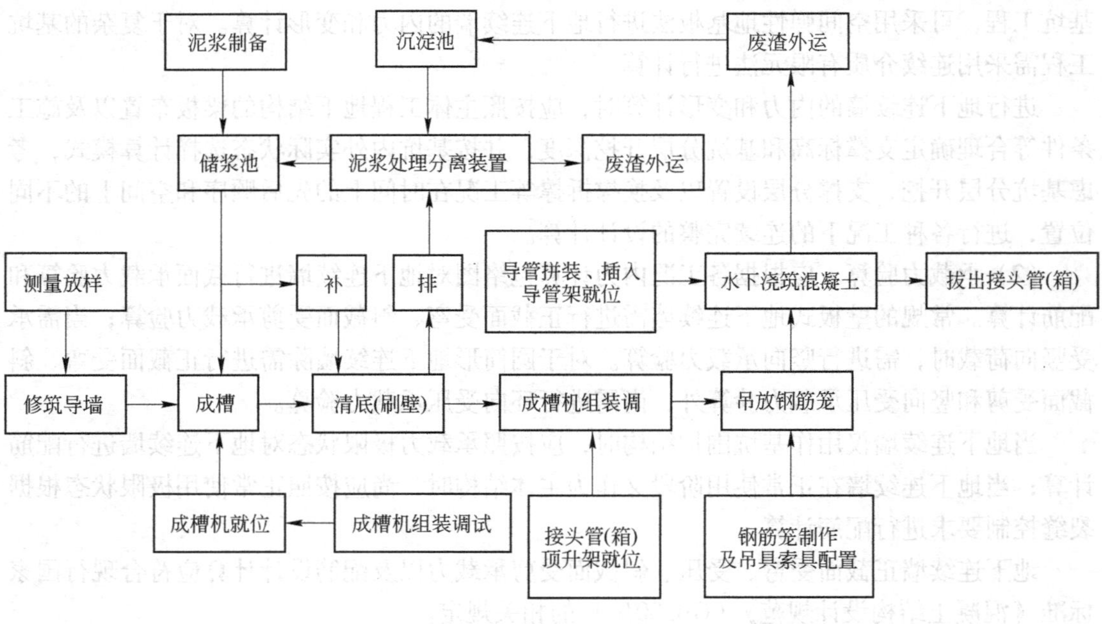

图 7－11　地下连续墙的施工工艺流程图

(4) 作为施工荷载支承平台，可承受诸如成槽机械、钢筋笼搁置点、导管架、顶升架、接头管等重载和动载。

导墙多采用现浇钢筋混凝土结构，也有钢制的或预制钢筋混凝土的装配式结构。根据工程经验，预制式导墙很难做到底部与土层紧密结合，达不到防止泥浆流失的理想效果。常用导墙的断面主要有三种形式，即倒 L 形、L 形和］［形，如图 7－12 所示。倒 L 形导墙多用于土质较好的土层，开挖后略作修整即可用土体作侧模板，再立另一侧模板浇混凝土；L 形和］［形导墙多用于土质较差的土层，其底部外伸以扩大支撑面积。］［形导墙先开挖导墙基坑，然后两侧立模，待导墙混凝土达到一定强度后，拆去模板，并选用黏性土回填并分层夯实。

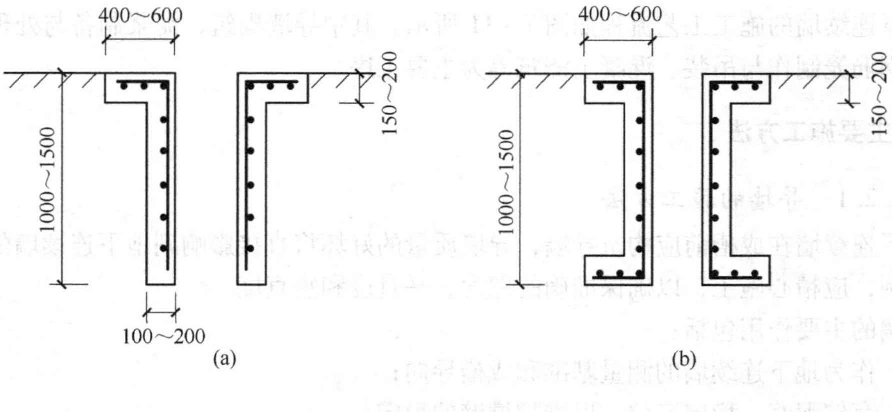

图 7－12　常见导墙断面形式

(a) 倒 L 形导墙；(b) ］［ 形导墙

导墙的施工要点和质量要求如下：

（1）导墙多采用C20～C30混凝土，双向配筋ϕ8～16@150～200mm，水平钢筋应按规定搭接。导墙应高出地面100mm左右，以防止地面水流入槽内。内外导墙间净距比设计地下连续墙厚度大40～60mm，肋厚150～300mm，高1.2～1.5m，墙底进入原土0.2m。

（2）现浇导墙施工流程为：平整场地→测量定位→挖槽→绑扎钢筋→支模板→浇筑混凝土→拆模及设置横撑。

（3）导墙要对称浇筑，强度达到70%后方可拆模。拆模后立即设置上下二道10cm直径圆木（或10cm见方方木）支撑，防止导墙向内挤压，支撑水平间距为1.5～2.0m，上下间距为0.8～1.0m。

（4）导墙外侧填土应以黏土分层回填密实，防止地面水从导墙背后渗入槽内，并避免被泥浆掏刷后发生槽段坍塌。

（5）导墙顶墙面要水平，内墙面要垂直，底面要与原土面密贴。墙面不平整度小于5mm，竖向墙面垂直度应不大于1/500。内外导墙间距允许偏差±5mm，轴线偏差±10mm。

（6）混凝土养护期间，成槽机等重型设备不应在导墙附近作业停留，成槽前支撑不允许拆除，以免导墙变位。

（7）导墙在地下连续墙转角处应根据需要外放200～500mm（见图7－13），成T形或十字形交叉，使得成槽机抓斗能够起抓，确保地下连续墙在转角处的断面完整。

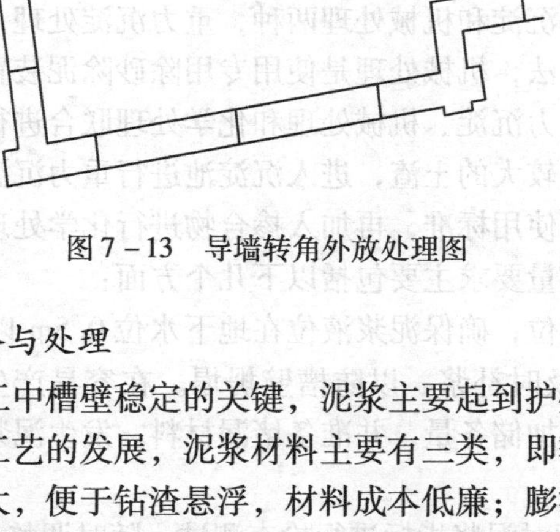

图7－13 导墙转角外放处理图

7.3.2.2 泥浆的制备与处理

泥浆是地下连续墙施工中槽壁稳定的关键，泥浆主要起到护壁、携渣、冷却机具和切土润滑的作用。随着成槽工艺的发展，泥浆材料主要有三类，即黏土泥浆、膨润土泥浆和超级泥浆。黏土泥浆密度大，便于钻渣悬浮，材料成本低廉；膨润土泥浆是一种以蒙脱石为主要成分的矿物原料，浆液密度小、黏度高、失水量小，所形成的泥皮致密坚韧，护壁效果好，同时，泥浆可通过循环系统及专门除砂除泥设备进行净化回收和重复使用，在成本上可与低廉的黏土泥浆相媲美；超级泥浆或称SM泥浆是一种以聚丙烯酰胺为主材的高分子聚合物材料，遇水之后产生膨胀作用，提高黏度的同时可在槽壁表面形成一层坚韧的胶膜，防止槽壁坍塌。超级泥浆无毒，不会产生公害，且不与槽段开挖出的土砂发生物理和化学反应，不产生大量的废泥浆，钻渣含水量小，可以直接装车运走，故称其为环保泥浆。

目前，工程中大量使用的主要是膨润土泥浆。膨润土泥浆是将以膨润土为主、CMC（羧甲基纳纤维素，又称人造糨糊、增黏剂、降失水剂）和纯碱（Na_2CO_3，分散剂）等为辅的泥浆制备材料，利用pH值接近中性的水（如自来水）按一定比例拌制而成。

不同地区、不同地质水文条件、不同施工设备，对泥浆的性能指标都有不同的要求，为了达到最佳的护壁效果，应根据实际情况由试验确定泥浆最优配合比。一般软土地层中的配合比为水：膨润土：CMC：纯碱＝100：(8～10)：(0.1～0.3)：(0.3～0.4)。

泥浆池的设置以不影响地下连续墙施工为原则，泥浆输送距离不宜超过200m，否则应在适当地点设置泥浆回收接力池。泥浆池分搅拌池、储浆池、重力沉淀池和废浆池等，其总容积为单元槽段体积的3～3.5倍。

制备泥浆时用搅拌机搅拌或离心泵重复循环搅拌，并用压缩空气助拌。制备泥浆的过程为：搅拌机加水旋转后缓慢均匀地加入膨润土，搅拌7～9min；然后，慢慢地加入由CMC、纯碱和一定量的水充分搅拌后形成的溶液（搅拌7～9min，静置6h以上），并搅拌均匀。搅拌后抽入储浆池待溶胀24h后使用。制备膨润土泥浆一定要充分搅拌并充分溶胀，否则会影响泥浆的失水量和黏度。根据工程经验，泥浆的储备量应按最大单元槽段体积的1.5～2倍考虑。

地下连续墙成槽至成墙过程中，泥浆要与地下水、砂、土、混凝土等接触，膨润土、外加剂等成分会有所消耗，而且还会混入一些土渣和电解质离子等，从而使泥浆受到污染而质量恶化，因此，要对浆液进行处理。泥浆处理方法通常因成槽方法而异。对于有泥浆循环的挖槽方法（如钻吸法、回转式成槽工法等），在挖槽过程中要处理含有大量土渣的泥浆，以及混凝土浇筑所置换出来的泥浆；而对于直接除渣挖槽方法（如抓斗式成槽工法），在挖槽过程中无需进行泥浆处理，而只处理混凝土浇筑置换出来的泥浆。因此泥浆的处理分为土渣的分离处理（生物再生处理）和污染泥浆的化学处理（化学再生处理），其中，物理处理又分重力沉淀和机械处理两种，重力沉淀处理是利用泥浆与土渣的相对密度差使土渣产生沉淀的方法，机械处理是使用专用除砂除泥装置回收。

泥浆再生处理采用重力沉淀、机械处理和化学处理联合进行效果最好。从槽段中回收的泥浆经振动筛除去其中较大的土渣，进入沉淀池进行重力沉淀，再通过旋流器分离颗粒较小的土渣，若还达不到使用标准，再加入掺合物进行化学处理。

泥浆的控制要点及质量要求主要包括以下几个方面：

(1) 严格控制泥浆液位，确保泥浆液位在地下水位0.5m以上，并不低于导墙顶面以下0.3m，液位下落时应及时补浆，以防槽壁坍塌。在容易产生泥浆渗漏的土层施工时，应适当提高泥浆黏度和增加储备量，并准备堵漏材料。发生泥浆渗漏时，应及时补浆和堵漏，使槽内泥浆保持正常。

(2) 在施工中应定期对泥浆指标进行检查测试，随时调整，做好泥浆质量检测记录。

(3) 当遇有较厚粉砂、细砂地层（特别是埋深10m以上）时，可适当提高黏度指标，但不宜大于45s；在地下水位较高，又不宜提高导墙顶标高的情况下，可适当提高泥浆相对密度，但不宜超过1.25的指标上限，并采用掺加重晶石的技术方案。

7.3.2.3 成槽施工及槽壁稳定性分析

A 成槽施工

成槽工艺是地下连续墙施工中最重要的工序，常常要占到槽段施工工期的一半以上，因此，做好成槽工作是提高地下连续墙施工效率和保证工程质量的关键。目前，国内外广泛采用的先进高效的地下连续墙成槽机械主要有抓斗式成槽机、液压铣槽机、多头钻

(亦称为垂直多轴回转式成槽机)和旋挖式桩孔钻机等，其中，应用最广泛的是液压抓斗式成槽机。

常用的成槽机械设备按其工作机理主要分为抓斗式、冲击式和回转式三大类，相应的基本成槽工法也主要有三类，即抓斗式成槽工法、冲击式钻进成槽工法、回转式钻进成槽工法。

成槽首先要进行槽段划分，就是要确定整个地下连续墙每一个施工单元的长度。槽段的长度一般为4~8m，通常1~4个挖掘段组成一个单元槽段。单元槽段尺寸要与挖槽设备每幅尺寸相适应，槽段长度的确定应综合考虑以下因素：

(1) 地质条件。当土层不稳定时，为防止槽壁倒塌，应减少单元槽段的长度，以缩短挖槽的时间和减少槽壁在泥浆中的暴露面。

(2) 地面荷载。邻近地下连续墙有较大的地面荷载时，为保护槽壁的稳定，也应缩短单元槽段的长度。

(3) 起重机的起重能力。槽内的钢筋笼多为整体吊装，应根据起重机的起重能力估算钢筋笼的质量和尺寸，以此推算单元槽段的长度。

(4) 单位时间内混凝土的供应能力。一般情况下，一个单元槽段内的混凝土宜在4h内浇筑完成。

(5) 泥浆池的容积。一般情况下，泥浆池的容积不应小于每一单元槽段挖土量的两倍。

此外，划分单元槽段时还应考虑单元槽段之间的接头位置，接头应避免设在转角处及地下连续墙与内部结构的连接处，以保证地下连续墙的整体性，接头布置应与内衬墙体结构的变形缝或伸缩缝相协调。

B 槽壁稳定性分析

地下连续墙施工时，保持槽壁稳定、防止槽壁塌方是十分关键的。一旦发生塌方，不仅会造成“埋机”危险，机械倾覆，还将引起周围地面沉陷，影响到邻近建筑物和管线的安全。如塌方发生在钢筋笼吊放后或浇筑混凝土过程中，将造成墙体夹泥缺陷，使墙体内外贯通。

槽壁失稳类型主要可以分为两大类，即整体失稳和局部失稳。

(1) 整体失稳。浅层失稳是泥浆槽壁整体失稳的主要形式。虽然地下连续墙开挖深度通常都大于20m，但失稳往往发生在表层土及埋深约5~15m内的浅层土中，槽壁有不同程度的外鼓现象，失稳破坏面在地表平面上会沿整个槽长展布，基本呈椭圆形或矩形。

(2) 局部失稳。在槽壁泥皮形成之前，槽壁局部稳定主要靠泥浆外渗产生的渗透力来维持。当在上部存在软弱土或较重砂性夹层的地层中成槽时，如槽段内泥浆液面波动过大或液面标高急剧降低，泥浆渗透力无法与槽壁土压力维持平衡时，泥浆槽壁将产生局部失稳，引起超挖现象，导致后续灌注混凝土的充盈系数增大，增加施工成本和难度。

影响槽壁稳定的因素可分为内因和外因两个方面，其中，内因主要包括地层条件、泥浆性能、地下水位以及槽段划分尺寸、形状等；外因主要包括成槽开挖机械、开挖施工时间、槽段施工顺序以及槽段外场地施工荷载等。

增强槽壁稳定性的主要措施如下：

(1) 槽壁土加固。在成槽前对地下连续墙槽壁进行加固，加固方法可采用双轴、三轴水泥土搅拌桩工艺及高压旋喷桩等工艺。

(2) 加强降水。通过降低地下连续墙槽壁四周的地下水位，防止地下连续墙在浅部砂性土中成槽开挖时发生塌方、管涌、流砂等不良地质现象。

(3) 泥浆护壁。泥浆性能的优劣直接影响到地下连续墙成槽施工时槽壁的稳定性，为了确保槽壁稳定，选用黏度大、失水量小、能形成薄而坚韧护壁的优质泥浆，并且在成槽过程中，经常监测槽壁的变化情况，并及时调整泥浆性能指标，添加外加剂，确保槽壁稳定，做到信息化施工，及时补浆。

(4) 周边限载。地下连续墙周边荷载主要是由大型机械设备如成槽机、履带机、土方车及混凝土搅拌车等频繁移动带来的压载及振动，为尽量使大型设备远离地下连续墙，在处于施工过程中的槽段边铺设路基钢板加以保护，并且严禁在槽段周边堆放钢筋等施工材料。

(5) 导墙选择。导墙的刚度直接影响槽壁的稳定。为了增强槽壁的稳定，应根据工程施工情况选择合适的导墙形式。

7.3.2.4 钢筋笼的加工和吊放

A 钢筋笼的加工

钢筋笼应根据地下连续墙墙体的配筋图和单元槽段的划分来制作。钢筋笼最好按单元槽段做成一个整体。如果地下连续墙很深或受起重设备起重能力的限制，可分段制作，在吊放时再逐段连接，接头宜用绑条焊接。纵向受力钢筋的搭接长度，如无明确规定时可采用60倍的钢筋直径。

钢筋笼端部与接头管或混凝土接头面间应留有15～20cm的空隙。主筋净保护层厚度通常为7～8cm，保护层垫块厚5cm，在垫块和墙面之间留有2～3cm的间隙。由于用砂浆制作的垫块容易在吊放钢筋笼时破碎，又易擦伤槽壁面，所以一般用薄钢板制作垫块，焊于钢筋笼上。对于作为永久性结构的地下连续墙的主筋保护层，应根据设计要求确定。

制作钢筋笼时要预先确定浇筑混凝土用的导管位置，由于这部分空间要上下贯通，因而周围需增设箍筋和连接筋进行加固。尤其在单元槽段接头附近插入导管时，由于此处钢筋较密集，更需特别加以处理。

由于横向钢筋有时会阻碍导管插入，所以纵向主筋应放在内侧，横向钢筋放在外侧，纵向钢筋的底端应距离槽底面10～20cm。纵向钢筋底端应稍向内弯折，以防止吊放钢筋笼时擦伤槽壁，但向内弯折的程度不要影响混凝土导管的插入。加工钢筋笼时，要根据钢筋笼重量、尺寸以及起吊方式和吊点布置，在钢筋笼内布置一定数量（一般为2～4榀）的纵向桁架。

制作钢筋笼时，要根据配筋图确保钢筋的正确位置、间距及根数。纵向钢筋接长宜采用气压焊接、搭接焊等。钢筋连接除四周两道钢筋的交点需全部点焊外，其余的可采用50%交叉点焊。成型用的临时扎结铁丝焊后应全部拆除。

钢筋笼应在型钢或钢筋制作的平台上成型，平台应有一定的尺寸（应大于最大钢筋笼尺寸）和平整度。为便于纵向钢筋定位，宜在平台上设置带凹槽的钢筋定位条。加工钢筋所用设备为通常用的弧焊机、气压焊机、点焊机、钢筋切断机和钢筋弯曲机等。

钢筋笼的制作速度要与挖槽速度协调一致，由于钢筋笼制作时间较长，所以，制作钢筋笼必须有足够大的场地。

B 钢筋笼的吊放

钢筋笼的起吊、运输和吊放应制订周密的方案，不允许在此过程中产生不能恢复的变形。

根据钢筋笼重量选取主、副吊设备，并进行吊点布置，对吊点局部加强，沿钢筋笼纵向及横向设置桁架，增强钢筋笼整体刚度。选择主、副吊扁担，并须对其进行验算，还要对主、副吊钢丝绳、吊具索具、吊点及主吊把杆长度进行验算。钢筋笼的起吊方法如图 7－14 所示。

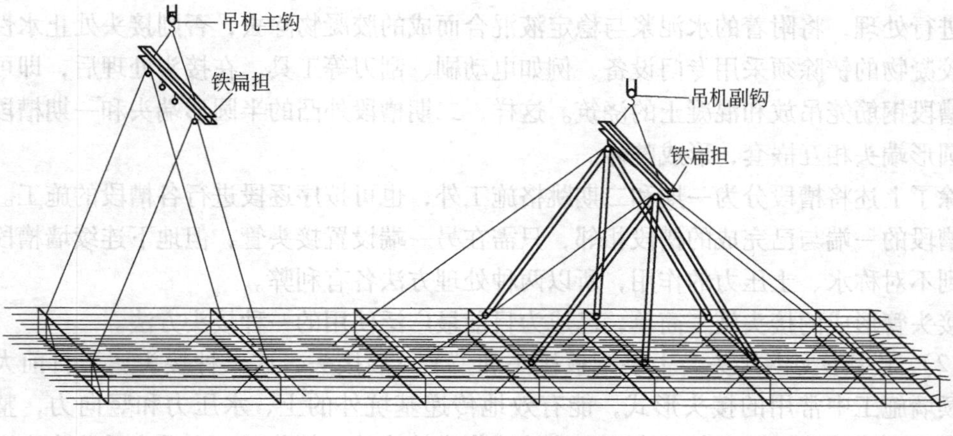

图 7－14　钢筋笼的起吊方法

钢筋笼的起吊应用横吊梁或吊架。吊点布置和起吊方式要防止起吊时引起钢筋笼过大变形。起吊时不能使钢筋笼下端在地面上拖引，以防造成下端钢筋弯曲变形。为防止钢筋笼吊起后在空中摆动，应在钢筋笼下端系上拽引绳以人力操纵。

插入钢筋笼时，最重要的是使钢筋笼对准单元槽段的中心，垂直而准确地插入槽内。钢筋笼进入槽内时，吊点中心必须对准槽段中心，然后徐徐下降，此时必须注意不要因起重臂摆动或其他影响而使钢筋笼产生横向摆动，造成槽壁坍塌。

钢筋笼插入槽内后，检查其顶端高度是否符合设计要求，然后将其搁置在导墙上。

如果钢筋笼是分段制作的，吊放时需接长，下段钢筋笼要垂直悬挂在导墙上，然后将上段钢筋笼垂直吊起，上下两端钢筋笼呈直线连接。

如果钢筋笼不能顺利插入槽内，应重新吊出，查明原因加以解决，如果需要应在修槽之后再吊放，不能强行插放，否则会引起钢筋笼变形或使槽壁坍塌，产生大量沉渣。

7.3.2.5　施工接头

施工接头应满足受力和防渗的要求，并要求施工简便、质量可靠，对下一单元槽段的成槽不会造成困难。但目前尚缺少既能满足结构要求又方便施工的最佳方法。施工接头有多种形式可供选择，目前最常用的接头形式有以下几种：

(1) 锁口管接头。常用的施工接头为接头管（又称锁口管）接头，接头管大多为圆形，此外还有缺口圆形、带翼或带凸榫形等，后两种很少使用。

该类型接头的优点是构造简单，施工方便，工艺成熟，刷壁方便，易清除先期槽段侧壁泥浆，后期槽段下放钢筋笼方便，造价较低。其缺点是属柔性接头，接头刚度差，整体性差，抗剪能力差，受力后易变形，接头呈光滑圆弧面，无折点，易产生接头渗水，接头管的拔除与墙体混凝土浇筑配合需十分默契，否则极易发生“埋管”或“塌槽”事故。

其常用施工方法为先开挖一期槽段，待槽段内土方开挖完成后，在该槽段的两端用起重设备放入接头管，然后吊放钢筋笼和浇筑混凝土。这时两端的接头管相当于模板的作用，将刚浇筑的混凝土与还未开挖的二期槽段的土体隔开。待新浇混凝土开始初凝时，用机械将接头管拔起。这时，已施工完成的一期槽段的两端和未开挖土方的二期槽段之间分别留有一个圆形孔。继续二期槽段施工时，与其两端相邻的一期槽段混凝土已经结硬，只需开挖二期槽段内的土方。当二期槽段施工时，应对一期槽段已浇筑的混凝土半圆形端头表面进行处理，将附着的水泥浆与稳定液混合而成的胶凝物除去，否则接头处止水性就很差。胶凝物的铲除须采用专门设备，例如电动刷、刮刀等工具。在接头处理后，即可进行二期槽段钢筋笼吊放和混凝土的浇筑。这样，二期槽段外凸的半圆形端头和一期槽段内凹的半圆形端头相互嵌套，形成整体。

除了上述将槽段分为一期和二期跳格施工外，也可按序逐段进行各槽段的施工。这样每个槽段的一端与已完成的槽段相邻，只需在另一端设置接头管，但地下连续墙槽段两端会受到不对称水、土压力的作用，所以两种处理方法各有利弊。

接头管形成的接头施工简单，已成为目前最广泛使用的一种接头方法。

(2) 工字形型钢接头、十字钢板接头和“V”形接头。这三种接头属于目前大型地下连续墙施工中常用的接头形式，能有效地传递基坑外的土、水压力和竖向力，整体性好，在地下连续墙设计尤其是当地下连续墙作为结构的一部分时，在受力及防水方面均有较大的安全性。

(3) 铣接头。铣接头是利用铣槽机可直接切削硬岩的能力直接切削已成槽段的混凝土，在不采用锁口管、接头箱的情况下形成止水良好、致密的地下连续墙接头。

对比其他传统式接头，铣接头的主要优势如下：

1) 施工中不需要其他配套设备，如吊车、锁口管等。

2) 可节省昂贵的工字钢或钢板等材料费用，同时钢筋笼重量减轻，可采用吨数较小的吊车，降低施工成本且利于工地动线安排。

3) 不论一期还是二期槽段挖掘或浇筑混凝土时，均无预挖区，且可全速灌注，无绕流问题，确保接头质量和施工安全性。

4) 挖掘二期槽段时，双轮铣套铣掉两侧一期槽已硬化的混凝土，新鲜且粗糙的混凝土面在浇注二期槽段时形成水密性良好的混凝土套铣接头。

(4) 承插式接头（接头箱接头）。承插式接头的施工方法与接头管接头相似，只是以接头箱代替接头管。一个单元槽段挖土结束后，吊放接头箱，再吊放钢筋笼。由于接头箱在浇筑混凝土的一面是开口的，所以钢筋笼端部的水平钢筋可插入接头箱内。浇筑混凝土时，由于接头箱的开口面被焊在钢筋笼端部的钢板封住，因而浇筑的混凝土不能进入接头箱。混凝土初凝后，与接头管一样逐步吊出接头箱，待后一个单元槽段再浇筑混凝土时，两相邻单元槽段的水平钢筋交错搭接而形成整体接头。其施工过程如图 7－15 所示。

承插式接头的优点是整体性好，刚度大，受力后变形小，防渗效果较好；其缺点是接头构造复杂，施工工序多，施工麻烦，刷壁清浆困难，伸出接头钢筋易碰弯，给刷壁清泥浆和安放后期槽段钢筋笼带来一定的困难。

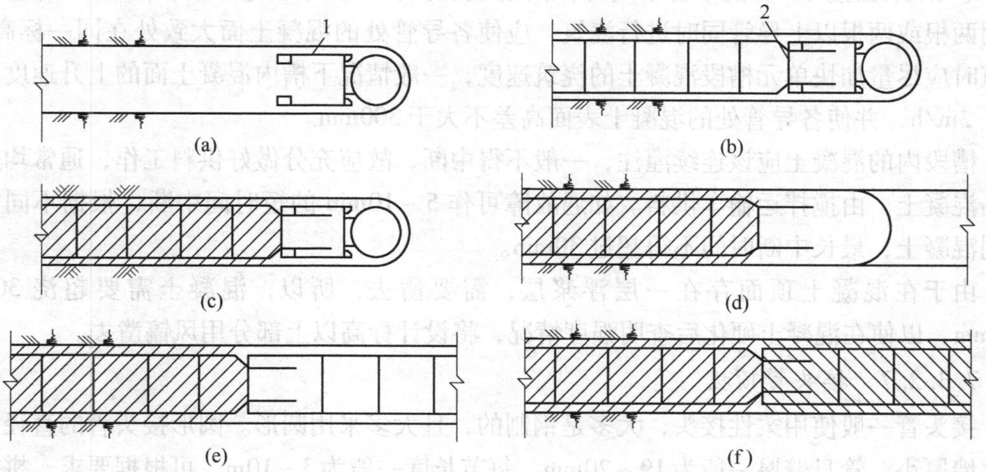

图 7－15 承插式接头施工流程图

（a）插入接头箱；（b）吊放钢筋笼；（c）浇筑混凝土；（d）吊出接头箱；
（e）吊放后一个槽段的钢筋笼；（f）浇筑后一个槽段的混凝土形成整体接头
1—接头箱；2—焊在钢筋笼端部的钢板

7.3.2.6 浇筑混凝土

地下连续墙槽段的混凝土浇筑属于水下混凝土浇筑，通常采用导管法进行浇筑。由于导管内混凝土和槽内泥浆的压力不同，在导管下口处存在的压力差使混凝土可以在导管内流出。

为便于混凝土向料斗供料和装卸导管，我国用混凝土浇筑机架进行地下连续墙的混凝土浇筑。机架跨在导墙上沿轨道行驶。

导管在首次使用前应进行气密性试验，保证密封性能。地下连续墙开始浇筑混凝土时，导管应距槽底 0.5m。在混凝土浇筑过程中，导管下口总是埋在混凝土内 1.5m 以上，使从导管下口流出的混凝土将表层混凝土向上推动而避免与泥浆直接接触，否则混凝土流出时会把混凝土上升面附近的泥浆卷入混凝土内。但导管插入太深会使混凝土在导管内流动不畅，有时还可能会产生钢筋笼上浮，因此，导管最大插入深度不宜超过 6m。当混凝土浇筑到地下连续墙顶部附近时，导管内混凝土不易流出，可采取降低浇筑速度，将导管的最小埋置深度减为 1m 左右，并将导管上下抽动，但上下抽动范围不得超过 30cm。在浇筑过程中，导管不能做横向运动，导管做横向运动会把沉渣和泥浆混入混凝土内。

在混凝土浇筑过程中，不能使混凝土溢出料斗流入导沟，否则会使泥浆质量恶化，反过来又会给混凝土的浇筑带来不良影响。在混凝土浇筑过程中，应随时掌握混凝土的浇筑量、混凝土上升高度和导管埋入深度，防止导管下口暴露在泥浆内，造成泥浆涌入导管。

在浇筑过程中需随时量测混凝土面的高程，量测的方法可用测锤，由于混凝土非水平，应量测三个点取其平均值。亦可利用泥浆、水泥浮浆和混凝土温度不同的特性，采用热敏电阻温度测定装置测定混凝土面的高程。

浇筑混凝土置换出来的泥浆，要送入沉淀池进行处理，勿使泥浆溢出在地面上。

在单元槽段内，两个导管的间距不应大于 3m，具体数值取决于导管直径，一般可取 (8～10)d（d 为导管的直径）。单元槽段端部易渗水，导管距槽段端部的距离不得超过

1.5m。如管距过大，易使导管中间部位的混凝土面低，泥浆易卷入，如一个单元槽段内使用两根或两根以上导管同时进行浇筑，应使各导管处的混凝土面大致处在同一标高上。浇筑时应尽量加快单元槽段混凝土的浇筑速度，一般情况下槽内混凝土面的上升速度不宜小于2m/h，并使各导管处的混凝土表面高差不大于300mm。

槽段内的混凝土应该连续灌注，一般不得中断，故应充分做好供料工作，通常均采用商品混凝土，由搅拌运输车供料。如遇故障可作5~10min的短时间中断，根据不同季节不同混凝土，最长中断时间不得超过30min。

由于在混凝土顶面存在一层浮浆层，需要凿去，所以，混凝土需要超浇300~500mm，以使在混凝土硬化后查明强度情况，将设计标高以上部分用风镐凿去。

7.3.2.7 接头管顶拔

接头管一般使用柔性接头，大多是钢制的，且大多采用圆形。圆形接头管的直径一般要比墙厚小。管身壁厚一般为19~20mm。每节长度一般为3~10m，可根据要求，拼接成所需的长度。在施工现场高度受限制的情况下，管长可适当缩短。

接头管所形成的地下空间具有非常重要的作用，它不仅可以保证地下连续墙的施工接头，而且在开挖下一个槽段时不会损伤已浇灌好的混凝土，对于挖槽作业也不会有影响，因此在插入接头管时，要保持垂直且完全自由地插入到沟槽的底部，否则，会造成地下连续墙交错不齐，甚至发生漏水而失去防渗墙的作用，致使周围地基沉降等。地下连续墙失去连续性会给以后的作业带来很大麻烦。

接头管的顶拔应与混凝土浇筑相结合，混凝土浇筑记录可作为顶拔接头管时间的控制依据。根据水下混凝土凝固速度的规律和施工实践，混凝土浇筑开始拆除第一节导管再推迟4h后开始拔动，以后每隔15min提升一次，其幅度不宜大于50~100mm，只需保证混凝土与锁口管侧面不咬合即可，待混凝土浇筑结束后6~8h，即混凝土达到初凝后，将锁口管逐节拔出并及时清洁和疏通。

7.4 工程实例分析

7.4.1 工程概况

深圳地铁一期工程3A、3B标段即国贸车站和老街车站，分别位于深圳市的南国和东门老街的商业繁华区，是深圳市的重点工程项目之一，均是地下三层车站，现浇钢筋混凝土框架结构，如图7-16和图7-17所示。

两车站工程所处区域由三种不同厚度变化的地层构成，分别为软土层、全风化—强风化的岩石层、中风化—微风化的硬岩层，如图7-18所示。经现场调查勘测，地下水位约在地表下2.5m，呈静态分布，岩石的最大单轴抗压强度为138MPa。

7.4.2 地下连续墙的设计与施工

两个车站工程的围护结构均采用了800mm厚的地下连续墙，成槽深度至坚硬的微风化岩层中，槽段接头形式为工字钢刚性接头，地下连续墙既作为施工阶段的临时支挡结构，又是车站主体结构的一部分，与内衬墙形成复合式结构。地下连续墙的施工数据列于下表。

图 7－16　老街站现场平面图

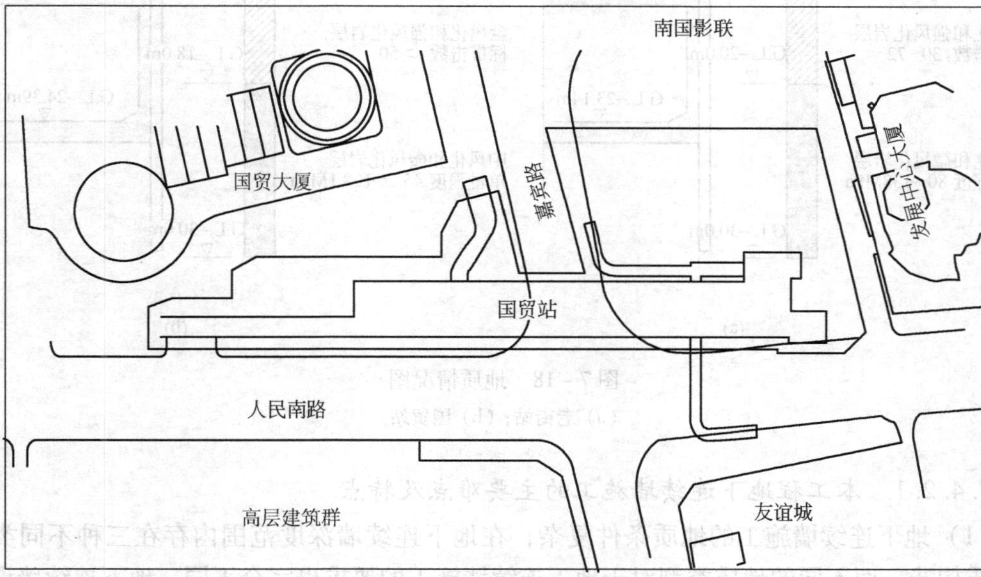

图 7－17　国贸站现场平面图

地下连续墙的施工数据表

项　目	老 街 站	国 贸 站
延长米	471m	546m
厚 度	800mm	800mm
深 度	27.0～31.0m，平均 28.6m	26.0～30.0m，平均 28.0m
槽段数	115 幅	96 幅
接头类型	工字钢（700mm×350mm×10mm）刚性搭接	工字钢（700mm×350mm×10mm）刚性搭接

续表

项　　目	老　街　站	国　贸　站
垂直度要求	3/1000	3/1000
墙体钢筋混凝土	10759m³	11343m³
入岩深度	9m，入中、微风化岩4～6m	5～14m，入微风化岩6m
岩石单轴抗压强度	80～138MPa	45.2～108.1MPa

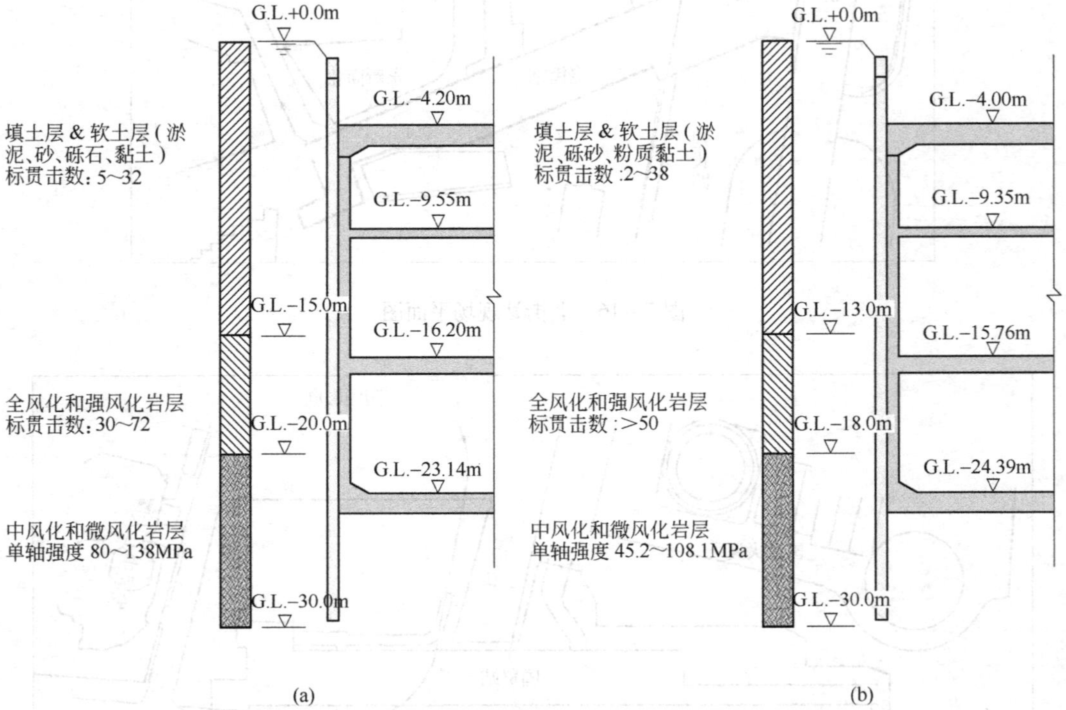

图7－18　地质情况图

（a）老街站；（b）国贸站

7.4.2.1　本工程地下连续墙施工的主要难点及特点

（1）地下连续墙施工的地质条件复杂，在地下连续墙深度范围内存在三种不同类型的地质构造，而不同的地质类型对于地下连续墙施工的要求也完全不同。地下连续墙设计需嵌入坚硬的岩层，且地下连续墙遇强风化插入5m、遇中风化插入4m、遇微风化插入3m，岩层的总挖掘量约为3500m³，其中岩石单轴抗压强度超过100MPa的挖掘方量超过近1000m³。

（2）本工程地处深圳市的南国和东门老街的商业繁华区，基坑周边紧邻楼群，施工场地狭窄，周围管线密布，如何避免地下连续墙入岩对周边环境造成的影响以及在如此紧凑的环境下保证地下连续墙的顺利施工也是本工程的一大难点。

（3）按照设计要求，采用工字钢接头（700mm×350mm×10mm），对垂直度要求较高，同时，为避免相邻槽段成槽时挖掘设备破坏接头工字钢和设备本身受损，需设置较大的预挖区，因此槽段的划分方式有别于常规。

7.4.2.2 施工措施及控制手段

A 成槽设备的选择

在地铁国贸站和老街站的地下连续墙施工过程中，均采用液压抓斗成槽机挖掘上部软土，对下部大量硬岩的处理则分别采用国内的冲（钻）破岩和国外的铣槽机削掘入岩的设备和工法。

由于老街站地处深圳东门商业繁华区，车站周边管线密布，楼房林立，与围护结构地下连续墙的距离仅1.5m，不仅场地狭窄而且施工环境较恶劣。该站设计入岩深度大，岩质坚硬，墙体垂直度和周边建筑物安全度要求较高，因此，在地下连续墙入岩施工时采用了德国宝峨公司生产的BC－25铣削式成槽机。该机是国外专为满足地下连续墙入岩施工这一特殊要求而设计制造的一款专用设备，具有破岩效率高、槽壁垂直度和平整度较好、适用土（岩）层范围广、铣轮削岩时安静、无震动、槽内泥浆不受破坏等优点。施工过程中，根据实际情况也对铣槽机做了局部改进，如为提高破岩工作效率和减少耗损，铣轮削掘齿由最初配置的碳化钨刀齿更换为合金镶钨钢头的锥形削掘齿。将离心泵由5″换成了6″，以增大功率，这些改进确实对加快施工进度起到了极大的促进作用。

国贸站地处深圳南国商业繁华区，车站周围施工环境相对老街站较好，建筑物也离围护结构地下连续墙较远，且场地较宽阔，适于设备的大量投入，故在地下连续墙入岩施工时考虑采用重锤冲击破岩（圆锤冲孔＋方锤扫孔）进行地下连续墙入岩施工，并投入了多种冲岩设备，几乎囊括了国内的所有型号。

B 老街站BC－25铣削式成槽机入岩施工

（1）成槽施工。铣轮削掘齿应根据岩石的单轴抗压强度来选择配置，入强风化岩时可选择碳化钨刀齿，入中、微风化岩时可选择合金镶钨钢头的锥形齿，以确保较高的削岩效率。

在岩层中的铣削速度主要取决于岩石的强度，也可在一定范围内通过对铣轮的转速、油压、铣齿的形式、铣轮的压重值以及离心泵的排放量进行适当调整，以控制铣岩速度，但需注意避免机械超负荷运转。一般来讲，铣轮压重控制在2～3t（强风化岩）或5～6t（中风化岩），油压控制在60～120Bar，转速为16～20r/min，排浆量在200～220m^3/h，铣岩速度保持在4～7cm/min（强风化）和1～3cm/min（中、微风化）。

BC－25铣槽机施作的槽壁垂直度理论上可达1/500，铣槽时通过在铣轮内安装的传感器和主机上设置的电子微偏器，可以测量出削掘时水平与垂直两个方向的偏离量，并及时显示在驾驶室的电脑显示屏上，同时使用度和厘米连续显示该偏离量。假如偏离了它的垂直轴，电脑会自动示警，显示提醒操作员使用油压操控的导板来进行纠偏调整，确保达到设计精度。

BC－25铣槽机铣槽时供应的泥浆品质，在拌制和性能指标要求方面与常规地下连续墙施工所用的泥浆基本一致，并无其他特殊要求。但在供应量方面需满足铣轮离心泵的工作要求，否则不但会影响削岩效率，还会引起设备故障，造成停机，因此，在泥浆储备方面需满足3倍于最大槽段的消耗量。

（2）接头清洗及清基的方法。在吊放钢筋笼前用接头刷将浸没在泥浆中的相邻接头工字钢清刷干净，以确保接头处的钢筋混凝土质量。槽底清基只需将铣削轮盘直接下放至槽底，利用其自身配置的泵吸反循环系统来完成岩渣的清除和泥浆置换，时间控制在 1h 左右。

(3) 钢筋笼吊放和墙体钢筋混凝土浇筑。钢筋笼吊放和墙体钢筋混凝土浇筑这两道工序与常规的地下连续墙施工无大的区别。但要注意的是，由于 BC－25 铣槽机进行成槽入岩施工时需设置预挖区，而采用工字钢接头时所需的预挖区较大，所以，在钢筋混凝土浇筑前一定要用碎石对预挖区进行回填，以防止浇筑时混凝土外溢至工字钢背侧，影响相邻槽段的成槽和吊放钢筋笼施工。

C 国贸站地下连续墙重锤冲击入岩施工

在槽段内按 ϕ800mm 的圆孔划分孔位，孔与孔间距 1m，用吊机或专用机架吊着重锤以自由落体的冲击力来破碎岩石形成 ϕ800mm 的圆孔。单元槽段内所有圆孔每冲深 30～40cm 后，就用方锤进行扫孔，冲碎各圆孔间的岩梗，再由成槽机抓斗（或用空吸法）进行岩渣清理。重复上述步骤直至逐步达到设计深度，进行槽底清基、泥浆置换和吊放钢筋笼、浇筑混凝土工作。

(1) 锤体提升高度的控制。如锤体提升太低，冲击力不够，对岩石冲击破碎效果不好；如提升太高，随着冲程加长，增加了提升时间，降低了冲岩频率。施工中通过观察和测试，锤体每次提升的最佳高度应保持在 4m 左右。

(2) 最佳锤体重量和形式的确定。锤体重量对于冲岩效率非常重要，2.5～3t 的冲锤现场施工效率低，耗时长，成槽质量较难保证，效果差。通过对各项数据的汇总对比和分析可知，重 6.5t 的十字星形冲锤配合 9t 方锤的组合入岩效果较好。

(3) 更换锤体及磨损修补时间的控制。由于岩石坚硬，冲锤磨损快，一般圆锤在连续冲击 1.5h 以后，就需要停止锤击更换锤体，以免影响冲岩效果造成下一轮冲岩困难。对于圆锤的磨损修补，材料上要选用进口抗冲击耐磨损的 E60Kb 焊材，以延长锤体的工作时间。

(4) 对冲岩施工垂直度的控制。锤体提至顶点时应停留几秒，待锤体稳定后再落下冲岩。每次锤击进尺控制在 30～40cm，不宜太深。当一个孔位冲岩结束更换到另一个孔位时，应将锤体提升至地面再移位。吊机冲岩过程中，起重指挥要认真观测，以保证冲岩槽段的垂直度。冲岩时，还应确保槽段左右两端的高度始终低于中间部分，以保证槽段横向垂直度。

D 工字钢接头的施工措施

地下连续墙接头设计采用了工字钢，其宽度为 710mm，而地下连续墙厚度为 800mm，工字钢将无法限制混凝土溢流到相邻槽段的预挖区，为避免影响相邻槽段的成槽和钢筋笼吊放工作，施工中对钢筋笼和预挖区用角铁和薄铁皮配合锁口管及回填碎石进行处理，本工程施工实践证明采取该措施是必要的，并取得了一定的效果，但施工操作的时间较长，偶然因素较多，质量较难控制。对工字钢的处理也可采用对钢筋笼采用帆布全包处理的方法，但投入较大。

7.4.3 实施效果评价

7.4.3.1 老街站 BC－25 铣削式成槽机入岩效果

(1) 施工质量方面。从开挖后裸露墙体的外观质量情况来看，地下连续墙墙面较平整，无明显鼓包突出，经测量，墙体垂直度均在2.5‰~3‰范围内，满足设计要求；开挖后裸露墙体和接头处钢筋混凝土质量较好，表观密实，孔洞、蜂窝和露筋现象均在规范允许范围内，而且墙体经抽芯试压和超声波检测，墙体钢筋混凝土密实连续无断层，无夹泥夹砂现象，强度和抗渗功能均满足设计规范要求。

（2）施工功效方面。BC－25铣槽机的岩石铣削率平均达到了3.36~4.12m^3/h。削掘齿消耗量每立方米岩石平均为1.5个，单元槽段的完成时间平均需28.5h，月完成量最高达39幅，对于大深度入硬岩的地下连续墙施工来讲，效率已相当惊人。对于大面积、大深度的地下连续墙入岩施工，选用BC－25铣槽机是可以保证施工工期的。

7.4.3.2 国贸站地下连续墙重锤冲击入岩效果

（1）施工质量方面。由于入岩处理时间过长、冲岩过程泥浆质量下降和施工中设备对槽壁的震动过大，易造成槽壁上部土体的塌方，故墙面的平整度较难保证。冲岩施工对垂直度的控制较难把握，再加上扫孔时圆孔边角岩梗难以彻底冲除干净，槽壁的垂直精度较难满足要求，从而造成钢筋笼下放困难且无法放置到位，也影响了各结构层预埋件位置的准确度，易发生墙体倾斜。冲岩施工的槽段，泥浆相对密度和黏度均过大，沉淀也较快，槽底清基很难彻底干净，水下混凝土浇筑容易夹带泥渣，钢筋混凝土质量也较难保证。

（2）施工功效方面。冲岩效率平均达到了0.2m^3/h。但从整体来讲，由于设备、工艺的效率有限，再加上岩石强度较高等各方面的原因，从而造成入岩处理时间较长，破岩效率较低，施工进度较难保证。

思考与练习题

7－1　简述地下连续墙的特点和适用条件。

7－2　简述地下连续墙的分类和结构形式。

7－3　如何确定地下连续墙的墙厚、槽段宽度和入土深度？

7－4　简述地下连续墙的构造设计要点。

7－5　简述地下连续墙施工接头的分类和特点。

7－6　简述地下连续墙的施工工艺流程和施工方法。

8 支撑体系设计与施工

8.1 概 述

支撑体系就是指由钢或钢筋混凝土构件组成的用以承受围护墙体传递来的土压力、水压力等外荷载的结构体系。基坑工程的支撑体系能增加围护结构的刚度，改善围护结构的受力条件，满足基坑整体受力性能和稳定性的要求。

支撑体系按材料的不同可分为钢支撑、钢筋混凝土支撑、钢和钢筋混凝土组合支撑；按受力形式不同可分为单跨压杆式支撑、多跨压杆式支撑、双向多跨压杆式支撑、水平桁架式支撑、大直径环梁及边桁架相结合的支撑、斜撑等类型。

支撑体系的优点主要体现在以下几个方面：

(1) 施工质量较易控制。无论是支撑体系还是围护结构，最常见的是钢筋混凝土构件，也有钢构件，由于其工艺本身的特点，使施工人员和监督人员较易控制其质量，质量的稳定程度较高。

(2) 可充分发挥材料在性质上的优点，达到经济的目的。作为支撑构件，不论是多道钢管交叉支撑还是钢筋混凝土对撑和角撑，在受水平力时基本上都是受压构件。近年来采用较多的钢筋混凝土支撑正符合混凝土材料抗压能力强而抗拉能力弱的特点。

(3) 适于在软土地基中采用。深厚软土地基中的土压力较大，对于支撑体系而言，仅需加大相应断面提高其承载力即可，因此，支撑支护体系尤其适用于软土深基坑。

(4) 在一定条件下可缩短工期。支撑构件可以一次性开挖浇筑成形。当各种条件具备时，可以实行机械化开挖，包括支撑下方的土体在内。如能加大开挖分层，施工占用的工期是很短的。

支撑体系的缺点和局限性主要包括以下几个方面：

(1) 形成支撑并使其具有一定的强度，需占用一定的工期。由于深基坑工程往往应在旱季施工完毕，所以工期是非常宝贵的。

(2) 支撑的存在有时对大规模机械化开挖不利。

(3) 基坑四周围护后，当开挖深度较大时，机械进出基坑不甚方便，尤其是到开挖的最后阶段，挖土机械退出基坑时需要整体或解体吊出。

从地质条件来看，支撑体系适用于各种条件下的基坑工程，而最能发挥其优越性的是软弱地基中的基坑工程，这是因为支撑体系的支撑构件自身的承载力只与构件的强度、截面尺寸和形式有关，而不受周围土质的影响。

从开挖深度来看，支撑体系适用的基坑深度不受限制。至于多大的开挖深度、出现多大的土压力适宜采用支撑体系，则应通过技术和经济比较来确定。

从基坑的平面尺寸来看，支撑体系适用于平面尺寸不太大的基坑。过大的基坑必然导致支撑的长度与断面太大，以至于可能出现经济上不合理的情况。

从围护的平面布置来看，支撑体系一般适用于周圈围护或对边围护，这样才能在支撑杆件中形成对称的轴力，否则要满足静力平衡条件，还要进行一些特殊的处理。

8.2 支撑体系的设计

支撑体系的设计内容主要包括支撑材料的选择、结构体系的布置、支撑结构的内力和变形计算、支撑构件的强度和稳定性计算、支撑构件的节点设计以及支撑结构的安装和拆除等。

支撑体系的设计应符合以下原则：

(1) 根据现场情况，选择安全、可靠、技术先进的方案；

(2) 为便于土方开挖，缩短工期，应尽量减少支撑层数，并采用大间距的支撑体系；

(3) 在保证安全、可靠的前提下，力求造价经济合理。

8.2.1 支撑体系的设计方法

8.2.1.1 支撑体系结构内力的计算原则

支撑体系结构构件的内力可按下列规定进行计算：

(1) 应按支撑体系与排桩、地下连续墙的空间作用协同分析方法计算支撑体系与排桩或地下连续墙的内力与变形。

(2) 支撑体系竖向荷载设计值应包括构件自重及施工荷载，构件的弯矩、剪力可按多跨连续梁计算，计算跨度取相邻立柱中心距。

(3) 当基坑形状接近矩形且基坑对边条件相近时，支点水平荷载可沿围檩长度方向分段简化为均布荷载，水平荷载设计值应按有关规范的要求确定，对撑构件轴向力可近似取水平荷载设计值乘以支撑点中心距，围檩内力可按多跨连续梁计算，计算跨度取相邻支撑点的中心距。

8.2.1.2 计算方法

(1) 简化计算方法。简化计算方法将支撑体系与竖向围护结构各自分离计算。围檩作为承受由竖向围护结构传来的水平力的连续梁或闭合框架，支撑与围檩相连的节点即为不动支座。

当基坑形状比较规则并采用简化计算方法时，可以采用以下规定：

1) 在水平荷载作用下，围檩的内力和变形可近似按多跨或单跨水平连续梁计算。计算跨度取相邻支撑点的中心距。当支撑与围檩斜交或自身转折时，应计算围檩所受的轴向力。

2) 支撑的水平荷载可近似采用围檩上的水平力乘以支撑点中心距。

3) 在垂直荷载作用下，支撑的内力和变形可按单跨或多跨连续梁分析，其计算跨度取相邻立柱中心距。

4) 立柱的轴向力取水平支撑在其上面的支座反力。

(2) 平面整体分析方法。平面整体分析法将支撑体系作为一个整体，传至围檩上的力作为分布荷载，整个平面体系设若干支座，借助计算机软件进行分析，可同时得出支撑体系的内力和变形。

(3) 空间整体分析方法。空间整体分析法将所有支撑、围檩、立柱和围护墙体视为一个协同工作的整体结构并进行分析。这种分析方法将围护墙体的特征、节点构造和支撑等全面纳入计算范围，并模拟各种施工工况。当外部特性描述正确时，采用整体分析方法能准确地计算出各种工况下各构件的内力和变形。

8.2.2 支撑体系的结构形式与特点

支撑体系具有支撑刚度大、控制基坑变形能力强等特点，而且不侵入周围地下空间形成障碍物，因此，在软土深基坑工程中得到了广泛应用。支撑体系主要包括支撑、立柱和围檩等构件。支撑体系的结构形式和特点根据其所用材料、布置形式的不同而不同。

8.2.2.1 支撑

A 按材料分类

深基坑开挖围护体系的支撑系统所用材料可以是木材、钢筋混凝土和钢材等，其中，最常用的是钢筋混凝土和钢材两种。

(1) 钢筋混凝土支撑。钢筋混凝土支撑是目前应用较为广泛的一种支撑形式，特别是在我国东部沿海软土质地区，其特点主要表现为：

1) 截面形式和尺寸可根据设计要求和受力情况任意确定。

2) 支撑系统在平面上可任意布置，可形成拱、桁架等合理的受力形式。

3) 截面尺寸大，刚度大，变形小。

4) 安全可靠，强度高，整体稳定性好。支撑杆件可以与围檩、圈梁甚至围护墙体(钻孔灌注桩) 整浇在一起，从而大大提高支护体系的整体性和稳定性。

5) 耐碰撞性能好，有利于机械挖土施工。

6) 经计算可在支撑系统上堆载，从而可以节省施工用地，适用于狭小场地的地下工程施工。

7) 松弛变形小。

8) 支撑浇筑和养护时间长，达到设计强度并形成支撑作用前需硬化周期，不利于加快施工进度，这点对于软黏土质地区尤为突出，这使围护墙体处于无撑暴露的时间长，软黏土体的黏性变形不利于控制而造成墙体入土部分位移大。

9) 不能重复使用，并且拆除困难，往往需要爆破拆除，且对周围环境有影响。

10) 自重大，需要较多的支撑立柱。

11) 不能预加轴压力以减小支护变形。

(2) 钢支撑。常用的钢支撑有热轧型钢、H 型钢和钢管等，其中热轧型钢由于截面较小，多用于开挖规模不大的基坑或沟槽等，对于深大基坑的钢支撑则多用 H 型钢或钢管支撑。钢支撑的特点主要表现为：

1) 材料强度高；

2) 材料均匀性好，一般为工厂制品，材质离散性小；

3) 安装、拆除施工方便，速度快，工具化程度高，有利于控制土体黏性变形造成的位移；

4) 可重复使用，若能提高其工具化程度，还可进一步减少损耗，提高其经济性；

5）可以预加支撑轴压力，以减少支护变形；

6）一次性耗钢量大，初始成本高；

7）耐碰撞性能差；

8）截面尺寸较小，支护刚度小，在布置时不利增大支撑间距以方便挖土作业；

9）若重复使用次数过多或在长度上连接点过多，在轴力或偏心力的作用下易失稳；

10）施工工艺要求较高，要妥善处理节点构造，否则会大大降低其支撑能力；

11）构件间难以形成刚性连接，对整个支撑系统的整体性和稳定性不利。

钢筋混凝土支撑和钢支撑各有优缺点，适用条件也不同，但需要注意的是，其选用不是绝对的，在实际工程设计时，需各取所长，扬长避短，综合优化，以求最佳。

B 按布置形式分类

根据支撑在基坑内的布置形式，一般可分为对撑、角撑、钢筋混凝土环梁支撑，以及边桁架、对撑桁架等组合形式，如图 8－1 所示。

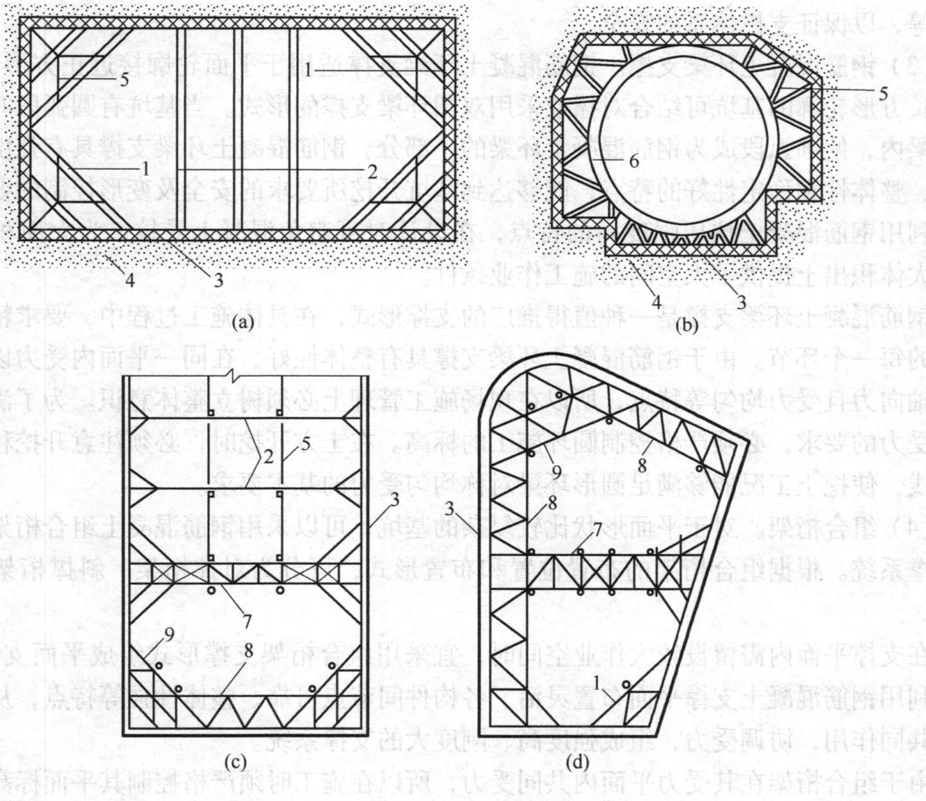

图 8－1 支撑布置形式

1—角撑；2—对撑；3—支护墙体；4—坑外土体；5—连系杆件；
6—钢筋混凝土环梁；7—对撑桁架；8—边桁架；9—斜撑桁架

（1）对撑。对撑的布置较适合于平面形状较为规则的基坑，利用基坑的对称性将支撑对顶于基坑两对侧。对于长条形基坑，采用对撑最为有利。对撑可布置在基坑两长边上，当基坑的长宽比不是很大时，需要将两个方向的对边都布置对撑，这时支撑布置成井格形。

对撑形式具有计算模式简单、受力明确合理、施工便利等特点。但是当基坑平面形状较为复杂时，就不利于对撑的布置了。当基坑长度较大时，由于对撑在基坑纵向上的刚度过小而使其支撑性能得不到充分发挥，造成较大变形；而且当支撑布满整个基坑时，不利于挖土机械的挖土作业。这时，在支撑布置上则需根据具体情况，在局部结合角撑等以提高支撑性能，改善施工效果。

(2) 角撑。角撑即将支撑布置于基坑相邻两边，与墙体形成一定角度，位于两侧角部的支撑。角撑在布置上可使基坑留出较大的空间以方便挖土施工作业，而且在一些平面形状较为复杂的基坑局部布置角撑可以弥补对撑在局部的不足。当基坑长宽比较大时，基坑短边也可布置角撑。

角撑的受力不如对撑明确合理，由于安装或施工偏差易造成角撑偏心受压甚至受弯，围檩与角撑及与支护墙体之间易产生剪力，当开挖或荷载不对称时角撑还可能会受扭。因此，在角撑设计和施工时要认真对待其复杂的受力状态，设计时应采取相应的构造措施抵抗附加应力，施工时应严格按照设计要求进行施工，如严格控制施工偏差、严格遵守挖土程序等，以保证支撑体系的安全。

(3) 钢筋混凝土环梁支撑。钢筋混凝土环梁支撑适用于平面轮廓接近正方形的基坑，对于长方形轮廓的基坑可结合对撑或采用双圆环梁支撑的形式。当基坑有圆弧段时可结合到环梁内，使圆弧段成为钢筋混凝土环梁的一部分。钢筋混凝土环梁支撑具有强度高、刚度大、整体性和稳定性好的特点，能够达到基坑开挖所要求的安全及变形控制的要求，可充分利用钢筋混凝土抗压强度高的特点，在设计时可避免混凝土受拉，为大面积开挖土方、大体积出土提供了大空间的施工作业条件。

钢筋混凝土环梁支撑是一种值得推广的支撑形式，在具体施工过程中，要求精心组织施工的每一个环节。由于钢筋混凝土环梁支撑具有整体性好、在同一平面内受力以及基本上受轴向力且受力均匀等特点，所以在现场施工管理上必须树立整体意识。为了满足环梁均匀受力的要求，必须严格控制圆环施工的标高。在土方开挖时，必须注意开挖程序和挖土路线，使挖土工况能够满足圆形环梁对称均匀受力的基本要求。

(4) 组合桁架。对于平面形状比较复杂的基坑，可以采用钢筋混凝土组合桁架作为平面支撑系统。根据组合桁架的布置位置和布置形式，可分为对撑桁架、斜撑桁架及边桁架等。

在支撑平面内需留设较大作业空间时，宜采用组合桁架支撑形式组成平面支撑体系，充分利用钢筋混凝土支撑平面布置灵活、各构件间节点可靠、整体性强等特点，从而使各构件共同作用，协调受力，组成强度高、刚度大的支撑系统。

由于组合桁架在其受力平面内共同受力，所以在施工时须严格控制其平面标高，避免系统平面外受力，从而影响其支护能力。

8.2.2.2 立柱

当基坑的平面尺寸较大时，需布置立柱来支承水平支撑系统的自重，同时还可以防止支撑弯曲，在一定程度上起到缩短支撑的计算长度、防止支撑失稳破坏的作用。

支撑立柱通常采用钢立柱。由于在基坑开挖结束浇筑底板时支撑立柱一般不能拆除，所以，立柱一般做成格构式，以利于底板钢筋的通过，否则必须截断底板钢筋或在立柱侧壁上穿洞，从而造成了不必要的麻烦。

在软土质地区，钢支撑立柱不能直接支承于地基上，而需要支承于立柱桩上。目前，通常采用灌注桩作为立柱支承桩，灌注桩混凝土浇至基坑底面为止，钢立柱穿入灌注桩，立柱支承桩可与工程桩同时施工，或在允许的情况下直接利用工程桩作为立柱支承桩，如图 8－2 所示。支撑立柱通常设于支撑交叉部位，因此应根据支撑系统的平面布置来确定立柱位置，在施工时立柱桩应准确定位，以防偏离支撑交叉部位。另外，支撑立柱由于须穿过结构底板，所以，需在其穿过底板承台的位置进行防水处理。

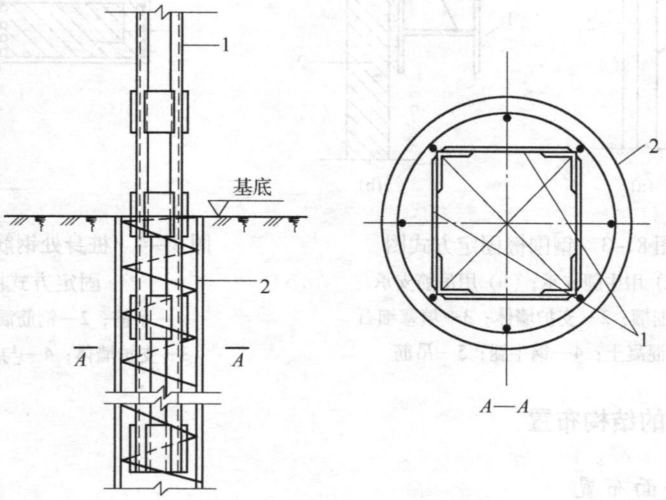

图 8－2　钢格构立柱与灌注桩支承

1—钢格构立柱；2—灌注桩

8.2.2.3　围檩

围檩的作用是将支护墙体承受的土压力、水压力等外荷载传递到支撑上，从受力状态看，围檩是一种受弯剪的构件，围檩的另一个重要作用是加强支护墙体的整体性，将支护墙体的各施工单元组成一个整体而共同受力，因此，增强围檩的刚度和强度对加强整个支护体系的刚度、强度和稳定性具有重要意义。特别是采用钢板桩、混凝土板桩及钻孔灌注桩等排桩式支护墙体时，由于桩间未形成咬合搭接的整体，因而通过大截面的围檩将各单桩连成整体可有效提高支护墙体的整体性。即使对于整体性较好的地下连续墙，在支撑部位一般也要求设置围檩，以防止支撑直接撑在地下连续墙上而可能产生的局部剪坏。

根据支撑和支护墙体所用材料，围檩常用钢围檩和钢筋混凝土围檩。一般当支撑采用钢支撑时，围檩多采用钢围檩；当支撑和支护墙体采用钢筋混凝土时，围檩常采用钢筋混凝土围檩，视工程具体情况而定。

钢围檩多用 H 型钢或双拼槽钢等，通过设置于围护墙上的钢牛腿与墙体连接，或通过墙体内伸出的吊筋予以固定，如图 8－3 所示，围檩与墙体间的空隙用细石混凝土填塞。

钢筋混凝土围檩与钢筋混凝土支撑在平面内形成整体。位于围护桩墙顶部的围檩常利用桩顶冠梁，并和围护墙体整浇，桩身处的围檩亦可通过桩身预埋筋或吊筋固定，如图 8－4 所示。

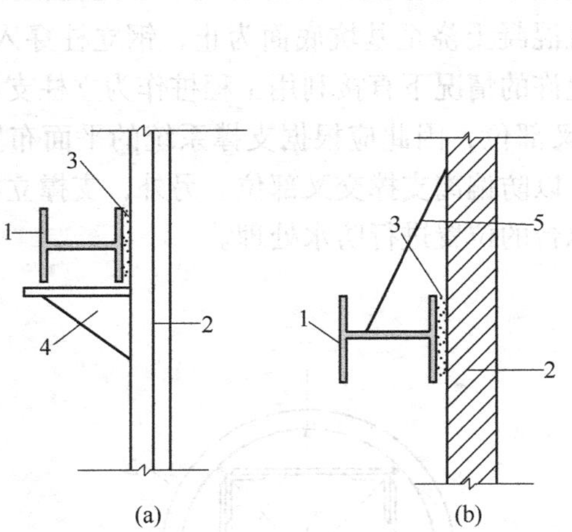

图8－3　钢围檩固定方式图

（a）用牛腿支承；（b）用吊筋支承

1—围檩；2—支护墙体；3—填塞细石混凝土；4—钢牛腿；5—吊筋

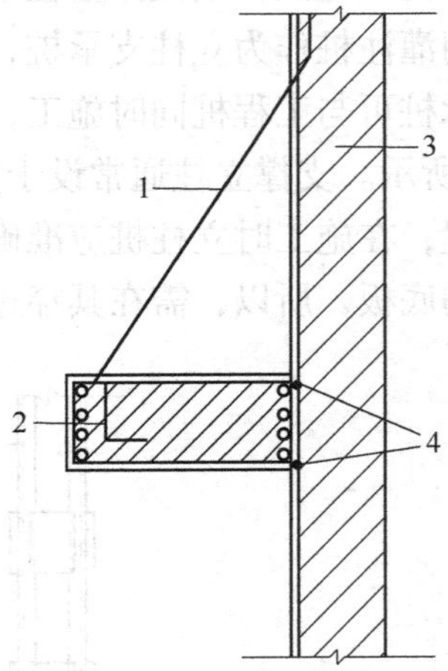

图8－4　桩身处钢筋混凝土围檩固定方式图

1—吊筋；2—钢筋混凝土围檩；3—支护墙体；4—与预埋筋连接

8.2.3　支撑体系的结构布置

8.2.3.1　平面布置

A　支撑体系的平面布置原则

支撑的布置主要根据所需承担的支撑反力和支撑的承载能力来确定支撑间距，具体布置时需视支撑材料种类、基坑形状特点、挖土施工要求以及周围环境的条件和主体结构平面等来确定。

支撑体系在进行平面布置时，需视具体情况，利用各种支撑形式的优势，综合应用，扬长避短，以达到最佳的支撑效果。在进行支撑体系的平面布置时，需注意：

（1）支撑布置不应妨碍主体工程施工。除主体结构与支护结构相结合的体系外，支护结构与主体结构的施工期通常应错开，为了不影响主体结构施工，支撑轴线应避开主体工程的柱网轴线，减小支撑系统对主体结构施工造成影响，尤其是支撑立柱。上下各层水平支撑轴线应布置在同一竖向平面内。

（2）相邻支撑之间的水平距离应满足土方工程的施工要求，通常不宜小于4m，当采用机械挖土时，不宜小于8m。

（3）基坑平面形状有向内凸出的阳角时，应在阳角的两个方向上设置支撑点。因为基坑阳角处内力比较复杂，是应力集中的部位。基坑在平面设计时应尽量避免出现阳角，实在不可避免时，需做特别加强支护，在两个方向上都设置支撑点。

（4）沿围檩长度方向水平支撑点的间距，对于钢围檩不宜大于4m，对于钢筋混凝土围檩不宜大于9m。当相邻支撑之间的水平距离较大时，应在支撑端部与围檩节点处设置八字撑以减小支撑点间距，八字撑宜左右对称，长度不宜大于9m。

（5）钢支撑通常情况下宜采用受力简单、明确的相互正交、均匀布置的对撑形式。对于长条形基坑宜采用单向布置的对撑，在基坑四角设置角撑以支撑短边。

(6) 基坑平面形状较为复杂时可采用钢筋混凝土支撑，根据基坑形状上的特点采用相应的对撑、角撑、环形支撑等形式，形成平面框架，还可形成支撑平面上较大的空间以便于挖土施工。对于圆弧状拱形支撑，拱脚处需做加强处理。

(7) 立柱一般应设置在纵横向支撑的交点处或平面框架式支撑的节点处，并应避开主体工程梁、柱及承重墙的位置。立柱的间距应根据支撑构件的稳定和竖向荷载的大小确定，但不宜超过15m。立柱下端应支承于具有足够强度和刚度的基础之上，若设计部门同意可将格构型钢立柱支承于主体结构的桩基础上。

B 支撑系统换撑的平面布置

对于坑内支撑系统而言，当支护墙体仅用于临时围护时，在主体结构地下室底板完成后进行地下室外墙和地下室楼板施工时，需逐步拆除位于底板或已施工好的楼板以上、待施工楼板之下的那一道支撑，以利于楼板和地下室外墙的混凝土工程、钢筋工程及模板工程的施工。此时，由于基坑土体尚未回填，在拆除支撑时，为保证支护墙体的安全，需要进行换撑，将支撑反力由待拆除的支撑系统转至换撑上，方可拆除该道支撑。

对于换撑的平面布置而言，底板换撑与中楼板换撑方式一般是不同的，其主要原因在于中楼板换撑后需要考虑到其下外墙板的防水施工，而底板则不需考虑。

(1) 底板换撑。当地下室底板施工完成后，即可进行底板换撑的施工。由于底板一般都是整体式的大体积混凝土，具有比较高的强度和刚度，特别是在其平面内，可以认为其刚度无穷大，所以，底板换撑常采用整板式，即在地下室底板侧面与支护墙体之间先回填土并夯实，至离底板顶面200mm左右，浇筑一层混凝土。将支护墙体受到的力通过此道混凝土板带传至底板，达到换撑的作用和目的。

(2) 中楼板换撑。中楼板换撑施工可在地下室中楼板施工完成后进行。如果地下室中楼板是在整个地下室平面内满布的，则可将支护墙体通过中楼板换撑支顶于中楼板上，因为中楼板虽然厚度并不是很大，但在其平面内可以认为其刚度无穷大，这样基坑支护墙体四周所承受的荷载便可通过中楼板和中楼板换撑得到支承并相互抵消。

如果设计单位同意地下室外墙防水可以不必在外侧施工，则中楼板换撑同样可以采取整板式，即先回填土至中楼板底标高并夯实，然后浇筑混凝土板带，采取与底板换撑同样的方式。但一般情况下，地下室外墙混凝土施工完成后，还需要在外侧进行防水工程施工，这样就不能采取整板式换撑，而需采取板式开孔或梁式换撑了，以便操作工人下到换撑以下进行外墙外侧防水施工。

板式开孔中楼板换撑即在中楼板标高处搭设模板，浇筑一道混凝土板带，将支护墙体支顶于中楼板上。与整板式不同的是，在这种板带上每隔一定距离留设一个孔作为操作工人的上下通道，以便工人进行下部外墙防水施工，如图8-5a所示。梁式换撑即在中楼板标高处每隔一段距离浇筑一根混凝土小梁，将支护墙体支顶于中楼板上。小梁的高度一般与中楼板一样，宽度根据所需承担的反力确定，常取20~300mm。一般梁式换撑多应用于支护墙体为灌注桩排桩墙时，此时每根桩便用一根小梁支顶，小梁的间距即为桩中心距，如图8-5b所示。

无论板式开孔还是梁式换撑，都是通过楼板将基坑四周的支护反力相互抵消，达到维持平衡的目的。但是实际工程中，常常有中楼板在楼层平面内不满布的情况，或者局部缺少，或者较大范围内无中楼板，这时如果不采取措施而仍将换撑布置于中楼板标高处的墙

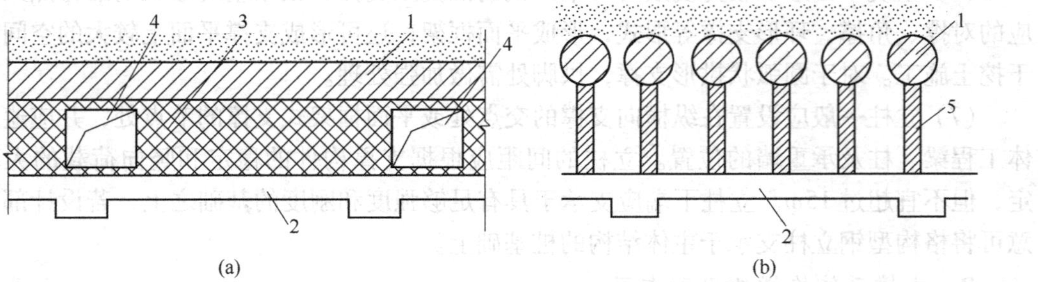

图8-5 中楼板换撑平面布置图
(a) 板式开孔；(b) 梁式换撑
1—支护墙体；2—地下室外墙；3—开孔板带；4—开孔；5—小梁

体上，则处在缺少楼板位置上的墙体便可能由于无楼板支顶而在支护反力作用下破坏，不仅起不到换撑的作用，反而可能引起结构破坏，甚至导致支护破坏。因此，需在楼板缺少部位采取辅助支撑措施，将换撑传来的支护反力有效传递而最终抵消、平衡。

对于楼板缺少部分，可采取辅助措施，比如加设辅助混凝土支撑或钢支撑，对于较小面积的缺板可直接采用补板方式，如图8-6所示。

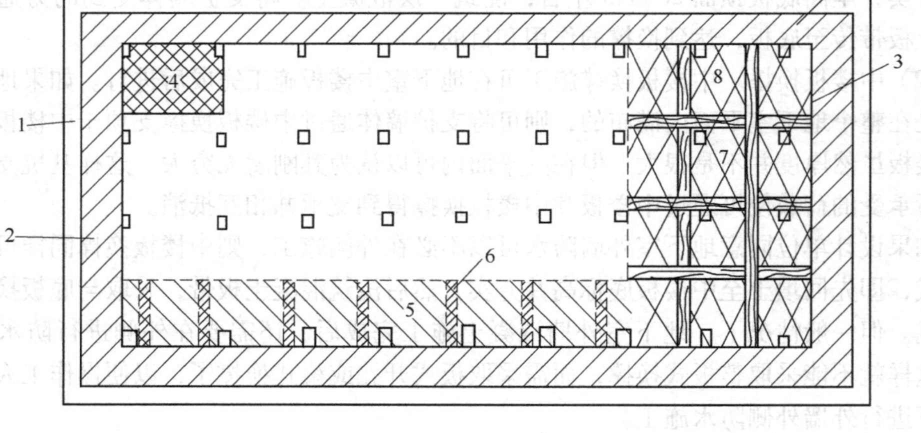

图8-6 中楼板缺少处辅助支撑平面布置图
1—支护墙体；2—换撑（板式带孔或梁式）；3—地下室外墙；4—局部缺楼板可在中楼板施工时与中楼板一起浇筑（无钢筋），待基坑回填后再凿除；5—长条形大面积缺板可采用辅助钢或钢筋混凝土支撑（单向）支顶至地下室外墙，待基坑回填后拆除；6—单向钢或钢筋混凝土辅助支撑；7—大面积缺板可采用井格形钢或钢筋混凝土梁系进行支顶，待基坑回填后拆除；8—钢或钢筋混凝土井格形梁系辅助支撑

当采用钢或钢筋混凝土辅助支撑时，其构件设计需视支护反力的大小而定。在辅助支撑支顶于地下室外墙板处需保证外墙板不会在支顶力作用下局部破坏，必要时可采取加设临时围檩等措施，以确保施工安全。

8.2.3.2 剖面布置

在竖向平面内，水平支撑的层数应根据基坑开挖深度、土方工程施工方法、支护结构特点、主体结构情况以及工程经验，由支护结构的计算工况确定。

水平支撑的层数首先要满足支护体系强度、稳定性及变形控制的要求，经计算确定。在进行支撑体系剖面布置时，其支撑点的位置在满足整个支护结构体系要求的基础上，还应根据工程具体情况，满足施工上的要求。

A　支撑体系剖面布置原则

根据基坑开挖深度、支护墙体形式及基坑周围环境对开挖变形的控制要求，支撑体系在剖面上可设置一道支撑、两道支撑、多道支撑形式或斜撑体系等。

（1）一道支撑。对于基坑开挖深度不大，比如软弱土质基坑开挖深度不超过 6～8m，土质较好地区开挖深度不超过 8～10m 的情况下，基坑周围环境对支护变形的要求不是很严格时，经计算，常采用一道支撑的形式。

根据支撑点的位置不同，一道支撑可采用支撑于支护墙体顶部或支撑于支护墙体中部的形式，如图 8－7 所示。

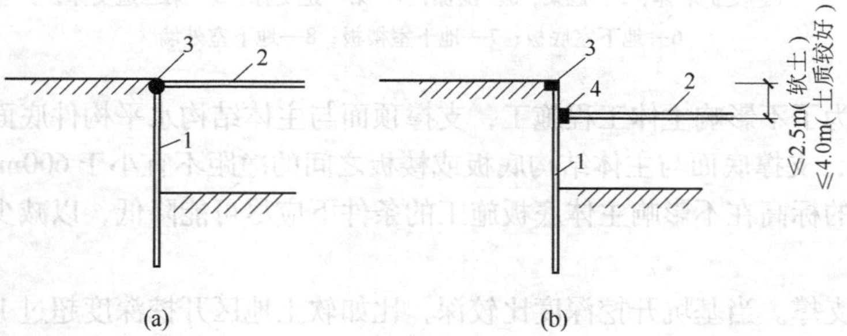

图 8－7　一道支撑的剖面布置图
（a）支撑于支护墙体顶部；（b）支撑于支护墙体中部
1—支护墙体；2—支撑；3—冠梁；4—围檩

当支护墙体采用地下连续墙、钢筋混凝土板桩或灌注桩等钢筋混凝土材料时，通常在墙顶设置一道钢筋混凝土冠梁，这时如果支撑点位于墙顶，则应利用冠梁作为支撑的围檩。如果支撑材料采用钢筋混凝土，还可在施工时与冠梁整浇成一体，以加强整个支护体系的整体性。当支护墙体采用钢板桩或 H 型钢木挡板或支撑点位于支护墙体的中部时，需在支撑点另行设置围檩。

当支撑点位于支护墙体中部时，其标高亦应控制，不宜过低，以减少支撑上部悬臂段长度，防止产生过大变形而对周围环境产生不利影响。一般在软土地区其标高不宜低于坑表面以下 2.5m，土质较好地区不宜低于 4.0m。

（2）两道支撑。当基坑开挖深度较深，比如软土地区基坑开挖深度约为 8～10m，土质较好地区开挖深度约为 10～12m 时，经设计计算，常采用两道支撑的形式，如图 8－8 所示。

两道支撑中第一道支撑的布置原则可参见一道支撑的布置原则，另外还需注意：

1）在竖向平面内两道支撑之间的净距不宜小于 3m，当采用机械下坑挖土及运输时不宜小于 4m。

2）设定的水平支撑标高不得妨碍主体工程施工。一般支撑位置与主体结构楼板、底板等的位置不宜相隔太远，以保证利用主体结构进行换撑时支护墙体的受力状态不产生过

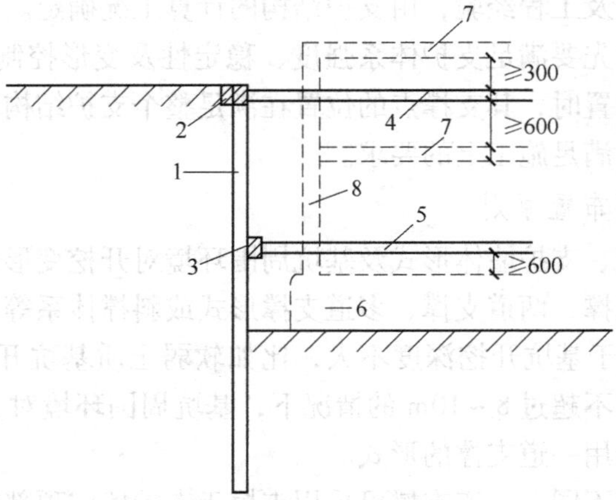

图 8－8　两道支撑的剖面布置图

1—支护墙体；2—冠梁；3—围檩；4—第一道支撑；5—第二道支撑；

6—地下室底板；7—地下室楼板；8—地下室外墙

大的变化。但为了不影响主体工程施工，支撑顶面与主体结构水平构件底面之间的净距不宜小于 300mm，支撑底面与主体结构底板或楼板之间的净距不宜小于 600mm。

下道支撑的标高在不影响主体底板施工的条件下应尽可能降低，以减少支护墙体向坑内的位移。

（3）多道支撑。当基坑开挖深度比较深，比如软土地区开挖深度超过 10m，土质较好地区挖深超过 12m，或基坑周围环境对支护体系的变形有较高要求时，经设计计算，常采用三道或三道以上支撑形式，如图 8－9 所示。

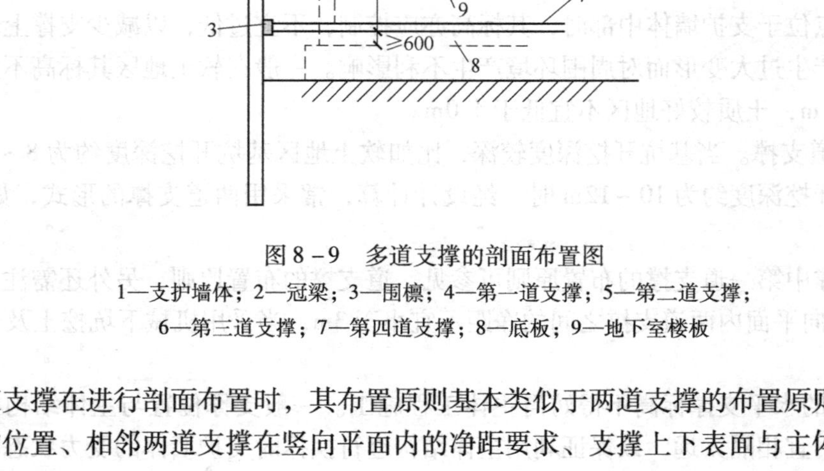

图 8－9　多道支撑的剖面布置图

1—支护墙体；2—冠梁；3—围檩；4—第一道支撑；5—第二道支撑；

6—第三道支撑；7—第四道支撑；8—底板；9—地下室楼板

多道支撑在进行剖面布置时，其布置原则基本类似于两道支撑的布置原则，包括第一道支撑的位置、相邻两道支撑在竖向平面内的净距要求、支撑上下表面与主体底板、楼板的净距要求以及最下一道支撑的位置要求等。

（4）斜撑体系。对于平面尺寸较大的基坑，当符合下列条件时，可采用竖向斜撑体系（如图 8－10 所示）。

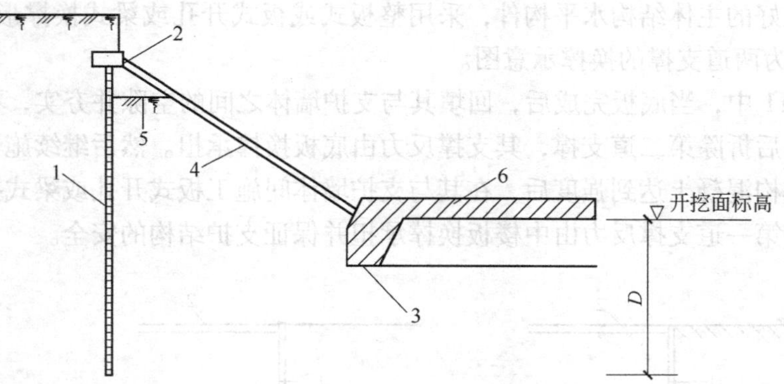

图 8－10　竖向斜撑体系图

1—围护墙；2—围檩；3—斜撑基础；4—斜撑；5—土堤；6—压杆或底板

1）软土地区基坑开挖深度不大于 7m 时。采用竖向斜撑体系时，引起基坑变形的原因很多，施工也往往难以做到均匀、同步、对称，而这些情况所导致的支护墙体的变形量又相对较大，因此在软土地区斜撑体系宜用于开挖深度不超过 7m，且环境条件要求相对不十分严格的基坑。

2）场地的岩土工程条件能满足基坑内预留土堤在斜撑安装和受力前的边坡稳定时。采用竖向斜撑体系的基坑，在基坑中部的土方开挖后和斜撑未形成前，基坑变形取决于支护墙体内侧预留的土堤对墙体所提供的被动抗力，因此保持土堤边坡的稳定至关重要，必须通过计算确定可靠的安全储备。根据工程经验，当坑内降水开挖时，所留边坡不宜大于 1∶2；不降水开挖或降水效果不好时，不应大于 1∶2.5。

3）斜撑基础具备可靠的水平和垂直承载力时。斜撑对基础的作用力由垂直和水平两个方向上的分力构成。垂直分力由基础底面的地基土承受，为减少基础的竖向位移，基底反力的最大值不宜大于地基承载力的 70%，水平分力通常由基础压杆与基坑另一侧的斜撑水平分力相平衡，当两侧的斜撑不能同步作用时，应验算基础与土的剪力传递。当主体工程采用群桩基础时，可以用加厚的混凝土垫层（＞200mm）代替压杆传递水平力，结构主体底板完成后也可用于斜撑基础。

另外，当斜撑长度大于 15m 时，宜在斜撑中部设置立柱；竖向斜撑宜均匀对称布置，水平间距不宜大于 6m；斜撑坡度不宜大于 1∶2，并与基坑内土堤的稳定边坡相一致；斜撑基础与支护墙体之间的水平距离应根据土坡的稳定要求和支护墙体的位移控制要求以及方便斜撑的安装等予以确定，根据以往经验，其最小距离不宜小于 1.5 倍的支护墙体入土深度；斜撑宜采用型钢或组合型钢截面。

B　支撑体系换撑的剖面布置

基坑开挖至基底后，要进行地下室主体结构的施工，包括底板、地下室结构墙体和楼板等。随着施工标高的不断提高，坑内水平支撑系统便会对主体结构的施工造成不便，此时便需拆除该道支撑，同时为了保证支护安全，还需采取换撑措施。对于换撑的剖面布置，一般是利用已施工好的主体结构底板或地下室楼板进行支顶。支撑的剖面布置要求在支撑点选定时不宜与主体结构水平构件相隔太远，以保证换撑时支护墙体的受力状态不产生过大的变化，因此，随着地下室主体结构的不断向上施工，至需拆除的支撑时便可利用就近的已施工好的主体结构水平构件，采用整板式或板式开孔或梁式换撑形式进行换撑。图8－11 所示为两道支撑的换撑示意图。

在图 8－11 中，当底板完成后，回填其与支护墙体之间的空隙并夯实，在顶部施工整板式换撑，然后拆除第二道支撑，其支撑反力由底板换撑承担。然后继续施工地下室墙体和楼板，待结构混凝土达到强度后，在其与支护墙体间施工板式开孔或梁式换撑，拆除第一道支撑，将第一道支撑反力由中楼板换撑承担并保证支护结构的安全。

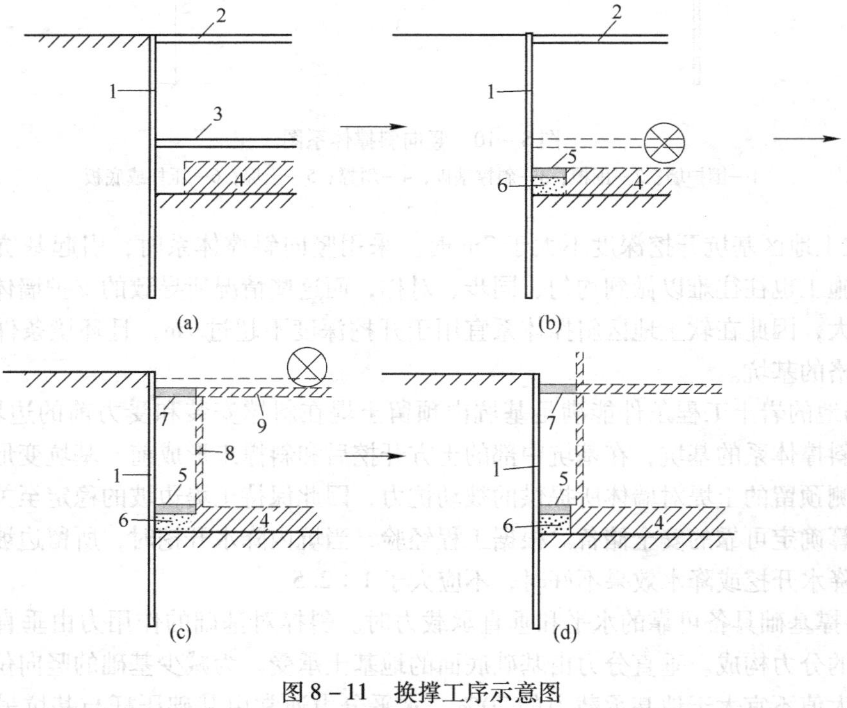

图 8－11 换撑工序示意图

（a）施工底板；（b）施工底板换撑，拆除第二道支撑；（c）地下室墙、楼板施工，施工中楼板换撑；（d）拆除第一道支撑

1—支护墙体；2—第一道支撑；3—第二道支撑；4—底板；5—底板换撑；6—回填土夯实；7—中楼板换撑；8—地下室外墙；9—地下室楼板

8.2.4 支撑节点的构造设计

（1）钢支撑的长度拼接节点。钢结构支撑构件的拼接应满足截面等强度的要求。常用的连接方法有焊接和螺栓连接。螺栓连接施工方便，但整体性不如焊接，为减少节点变形，宜采用高强螺栓。在基坑工程中，由于焊接条件较差，焊缝质量不易保证，构件的接长通常采用螺栓连接。钢支撑长度的拼接如图 8－12 和图 8－13 所示。

（2）两个方向的钢支撑连接节点。纵横向支撑采用重叠连接，虽然施工安装方便，但支撑结构整体性差，应尽量避免采用。当纵横向支撑采用重叠连接时，则相应的围檩在基

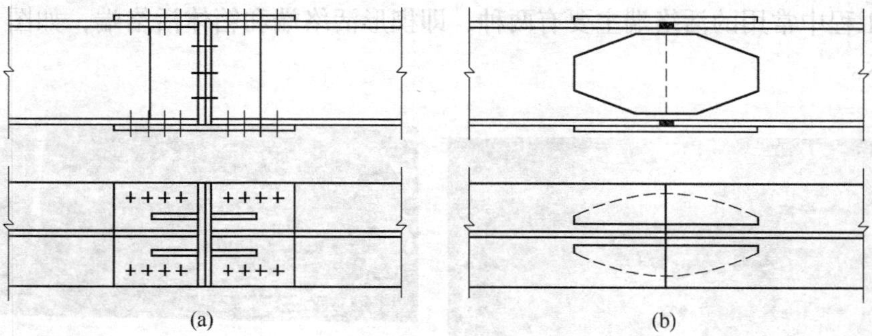

图 8－12 型钢支撑的长度拼接示意图

(a) 螺栓连接；(b) 焊接

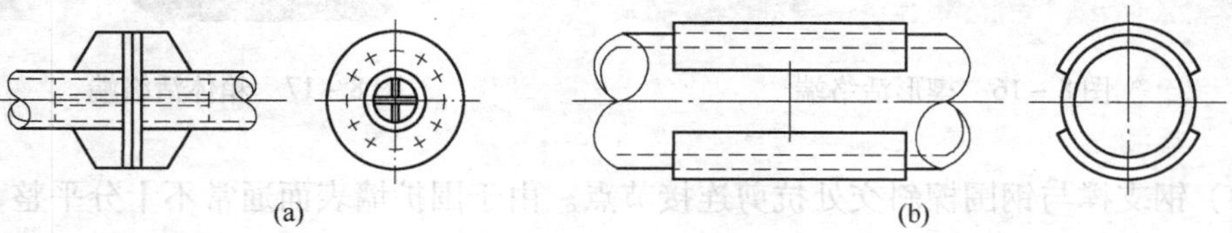

图 8－13 钢管支撑的长度拼接示意图

(a) 螺栓连接；(b) 焊接

坑转角处不在同一平面相交，此时应在转角处的围檩端部采取加强的构造措施，以防止两个方向上围檩的端部产生悬臂受力状态。

纵横向支撑应尽可能设置在同一标高上，采用定型的十字节点连接，如图 8－14、图 8－15 所示。这种连接方式整体性好，节点可靠。节点可以采用特制的“十”字接头或“井”字接头，纵横钢管都与“十”字或“井”字接头连接，使纵横钢管处于同一平面内。

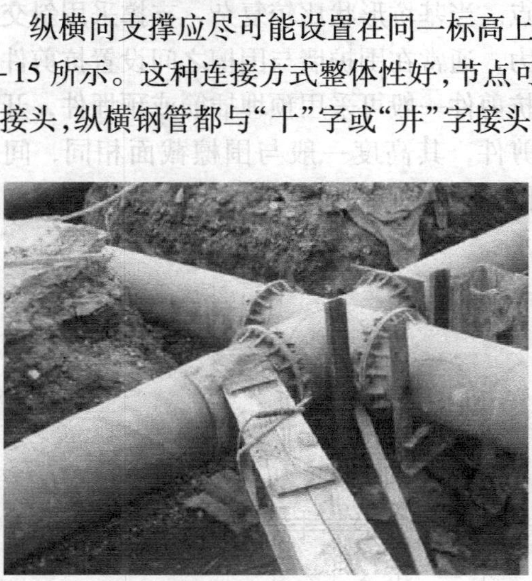

图 8－14 “十”字接头图

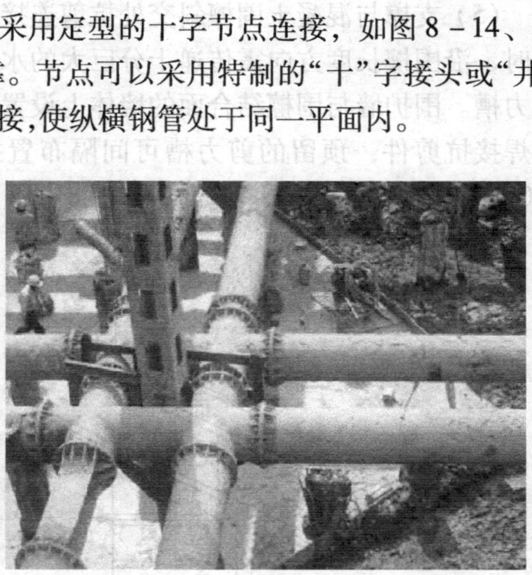

图 8－15 “井”字接头图

（3）钢支撑端部预应力活络头构造节点。由于预应力施加的需要，钢支撑的端部一般均设置活络端，等预应力施加完毕后再固定活络端，且一般配以琵琶撑。除了在钢支撑端部设置活络端外，还可以在支撑中部设置螺旋千斤顶。由于支撑加工和生产厂家的不同，目前基坑工程中常用的活络端主要有两种，即楔形活络端和箱体活络端，如图 8－16、图 8－17 所示。

图 8－16 楔形活络端

图 8－17 箱体活络端

（4）钢支撑与钢围檩斜交处抗剪连接节点。由于围护墙表面通常不十分平整，尤其是钻孔灌注桩墙体，为使钢围檩与围护墙接合紧密，防止钢围檩截面产生扭曲，在钢围檩与围护墙之间采用细石混凝土填实，如二者间的缝宽较大，为防止所填充的混凝土脱落，缝内宜放置钢筋网。当支撑与围檩斜交时，为传递沿围檩方向的水平分力，在围檩与围护墙之间需设置剪力传递装置。对于地下连续墙，可通过预埋钢板的方式实现，对于钻孔灌注桩，可通过钢围檩的抗剪焊接件连接。

（5）支撑与混凝土围檩斜交处抗剪连接节点。当基坑形状比较复杂，支撑采用斜交布置时，沿围檩长度方向需传递十分巨大的水平力，通常在围护墙与围檩之间设置抗剪件和剪力槽。围护墙与围檩结合面的墙体上设置的抗剪件一般可采用预埋插筋或预埋件，开挖后焊接抗剪件，预留的剪力槽可间隔布置抗剪件，其高度一般与围檩截面相同，间距 150～200mm，槽深 50～70mm，如图 8－18 和图 8－19 所示。

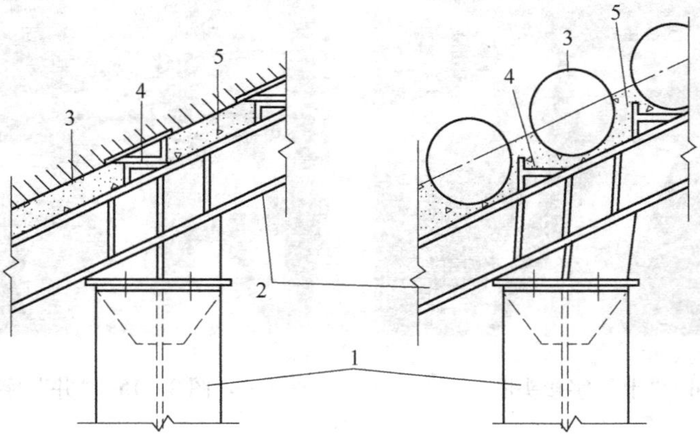

图 8－18 钢支撑与围檩斜交时的连接示意图
1—钢支撑；2—钢腰梁；3—围护墙；4—剪力块；5—填嵌混凝土

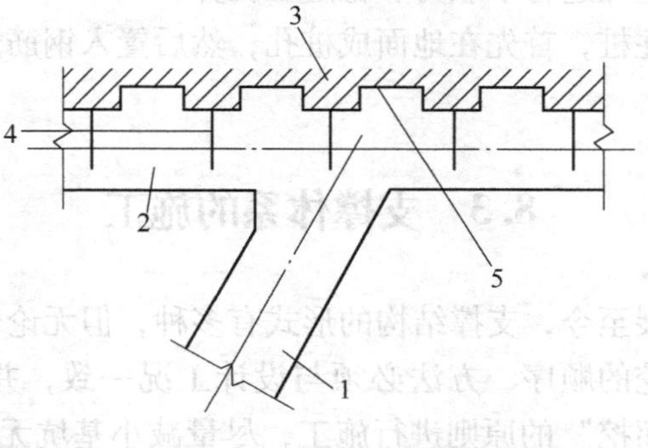

图 8-19 地下连续墙预留剪力槽、插筋与围檩连接示意图

1—支撑；2—腰梁；3—地下连续墙；4—预留受剪钢筋；5—预留剪力槽

8.2.5 立柱的设计

钢立柱的形式是多种多样的，它既要承受较大的荷载，同时断面又不宜过大，因此，构件必须具有足够的强度和刚度。钢立柱必须具备一个具有相应承载能力的桩基础。根据支撑荷载的大小，立柱一般可采用角钢格构式钢柱、H 型钢柱或钢管混凝土立柱，立柱桩常采用灌注桩，也可采用钢管桩。基坑围护结构立柱桩可以利用主体结构工程桩，在无法利用工程桩的部位应加设临时立柱桩。

立柱一般应按照轴心受压构件进行设计计算，同时还应考虑所采用的立柱结构构件与水平支撑的连接构造要求以及与底板连接位置的止水构造要求。

角钢格构柱由于构造简单、便于加工且承载能力较大，因而成为应用最广的钢立柱形式。最常用的型钢格构柱是采用 4 根角钢拼接而成的缀板格构柱，典型的型钢格构柱如图 8-20 所示。

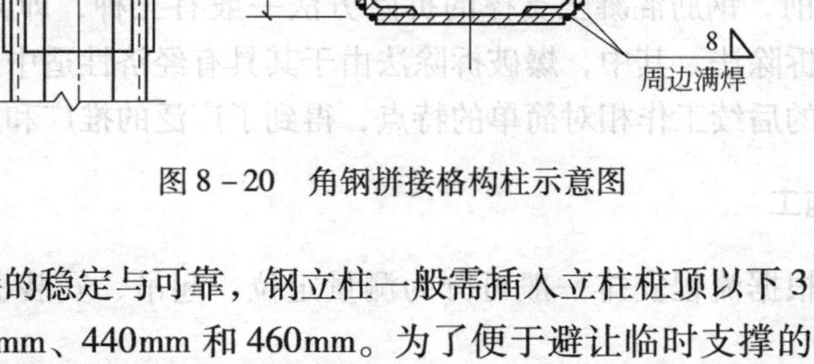

图 8-20 角钢拼接格构柱示意图

为满足下部连接的稳定与可靠，钢立柱一般需插入立柱桩顶以下 3~4m。最常用的钢立柱断面边长为 420mm、440mm 和 460mm。为了便于避让临时支撑的钢筋，钢立柱拼接采用从上至下平行、对称分布的钢缀板，而不采用交叉、斜向分布的钢缀条连接。一般情况下，钢立柱的垂直度偏差不宜大于 1/200，立柱长细比不宜大于 25。在基坑施工阶段，

应根据每一施工工况对立柱进行承载力和稳定性验算。

立柱桩通常采用灌注桩，首先在地面成桩孔，然后置入钢筋笼和钢立柱，最后浇筑混凝土形成桩基。

8.3 支撑体系的施工

深基坑施工技术发展至今，支撑结构的形式有多种，但无论何种支撑，其总体施工原则都是相同的，土方开挖的顺序、方法必须与设计工况一致，并遵循“先撑后挖、限时支撑、分层开挖、严禁超挖”的原则进行施工，尽量减小基坑无支撑暴露的时间和空间。支撑拆除时，必须遵循“先换撑、后拆除”的原则进行施工。

8.3.1 钢筋混凝土支撑的施工

钢筋混凝土支撑应首先进行施工分区和流程的划分，支撑的分区一般结合土方开挖方案，按照盆式开挖、分区、分块、对称的原则确定。钢筋混凝土支撑的施工有多项分部工程组成，根据施工的先后顺序，一般可分为施工测量、钢筋工程、模板工程以及混凝土工程。

（1）施工测量的工作主要有平面坐标系内轴线控制网的布设和场区高程控制网的布设。支撑的水平轴线偏差应控制在30mm之内，支撑系统的中心标高误差也应控制在30mm之内。

（2）钢筋工程的重点是粗钢筋的定位、连接和钢筋的下料、绑扎，确保钢筋工程质量满足相关规范要求。

（3）模板工程的目标为支撑混凝土表面颜色基本一致，无蜂窝麻面、露筋、夹渣、锈斑和明显气泡存在。结构阳角部位无缺棱掉角，梁柱、墙梁的接头平滑方正，模板拼缝基本无明显痕迹。表面平整，线条顺直，几何尺寸准确，外观尺寸允许偏差在规范允许范围内。钢筋混凝土支撑底模一般采用土模法施工，即在挖好的原状土面上浇捣10cm左右素混凝土垫层。

（4）混凝土工程的施工目标为确保混凝土质量优良，确保混凝土的设计强度，特别是控制混凝土有害裂缝的发生。确保混凝土密实、表面平整、线顺直、几何尺寸准确，色泽一致，无明显气泡，模板接缝痕迹整齐且有规律性，结构阳角方正顺直。

（5）钢筋混凝土支撑拆除时，应严格按设计工况进行支撑拆除，遵循“先换撑、后拆除”的原则。目前，钢筋混凝土支撑的拆除方法一般有三种，即人工拆除法、静态膨胀剂拆除法和爆破拆除法。其中，爆破拆除法由于其具有经济性适中而且施工速度快、效率高以及爆破之后的后续工作相对简单的特点，得到了广泛的推广和应用。

8.3.2 钢支撑的施工

钢支撑的施工根据流程安排一般可分为测量定位、起吊、安装、施加预应力以及拆撑等。

（1）钢支撑施工前应做好测量定位工作，测量定位工作基本上与混凝土支撑的施工相一致，包含平面坐标系内轴线控制网的布设和场区高程控制网的布设两方面的工作。

（2）钢支撑一般均做成标准节段，在安装时根据支撑长度再辅以非标准节段。非标准节段通常在工地切割加工。节段间连接多为法兰高强螺栓连接，也有采用焊接方式连接的。

（3）钢支撑安放到位后，吊机将液压千斤顶放入活络端顶压位置，按设计要求逐级施加预应力。为了确保支撑的安全性，预应力应分阶段施加。支撑应力的复加应以监测数据检查为主，以人工检查为辅。复加位置应主要针对正在施加预应力的支撑之上的一道支撑及暴露时间过长的支撑。复加应力时应注意每一幅连续墙上的支撑应同时复加，复加应力的值应控制在预加应力值的110%之内，防止单组支撑复加应力影响到其周围支撑。

预应力复加通常按预应力施加的方式，通过在活络头上使用液压油泵进行顶升，采用支撑轴力施加的方式进行复加。目前，已有专用的预应力复加装置，一般有螺杆式及液压式两种动态轴力复加装置。采用专用预应力复加装置后，可以实现对钢支撑动态监控及动态复加，确保了支撑受力及基坑的安全性。

（4）钢支撑拆除通常用起重机并辅以人工进行，按照设计的施工流程拆除基坑内的钢支撑，支撑拆除前，应先解除预应力。

8.4 工程实例分析

8.4.1 工程概况

武汉香格里拉大酒店位于武汉市汉口建设大道与高雄路交叉口处，西南侧与中国武汉服装进出口中心相邻，东南侧隔9m的道路与惠西小区相对。该基坑工程呈长方形，地下两层，占地面积12880m^2，基坑支撑采用ϕ1000@1200mm的钻孔灌注桩作围护桩，外面为ϕ1200mm旋喷桩挡水帷幕，帷幕至强风化泥质砂岩，设两道钢筋混凝土支撑共同作用的基坑支护体系。其平面及剖面图详见图8-21。

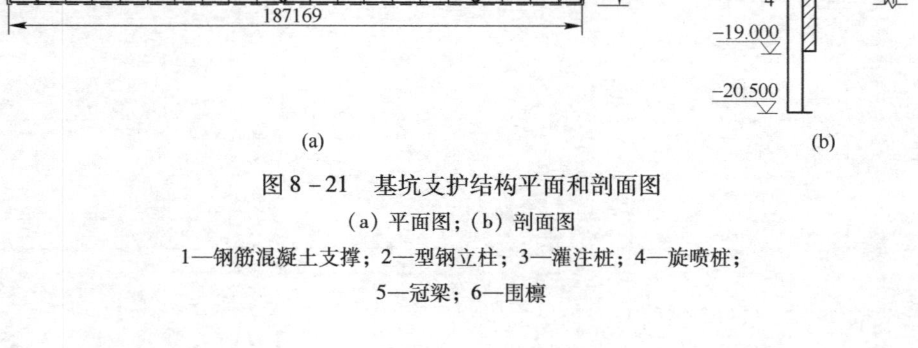

图8-21　基坑支护结构平面和剖面图

（a）平面图；（b）剖面图

1—钢筋混凝土支撑；2—型钢立柱；3—灌注桩；4—旋喷桩；

5—冠梁；6—围檩

8.4.2　基坑支护体系的设计

根据实际施工情况，采取分层开挖加设支撑，地下室施工过程中再进行换撑。设计考虑5种工况。

工况1：挖土至第一道支撑底，即挖到 -3.3m；

工况2：上道支撑完成，挖至下道支撑底，即挖至 -7.3m；

工况3：下道支撑完成，挖至设计坑底标高，即挖至 -10.1m；

工况4：底板完工，换撑，拆除下道支撑；

工况5：地下室楼板浇筑完成，换撑、拆除上道支撑。

8.4.3　支护桩及钢筋混凝土支撑的施工

（1）支护桩工程的施工。本工程的支护墙分为钻孔灌注桩和旋喷桩两种。其施工工艺分别为：钻孔灌注桩采用“四翼钻头、全面钻进、泥浆护壁”，泵吸反循环成孔和水下灌注混凝土成桩；高压喷射注浆采用“三重管”旋喷工艺，引孔和高压喷射分别作业。

（2）基坑土方开挖与支撑施工。本工程基坑地下室土方工程总开挖面积约12000m^2，分三层完成。平面上则分三个施工段流水作业，地下室施工缝及支撑拆除也按此分段。待第一层土方挖完后进行冠梁和水平支撑的施工，第二层挖土与支撑也如此。待开挖底层土方时，因坑内有两层纵横交错的水平支撑和型钢立柱，作业高度受到限制，分别在大门处铺设坡道通至 -7.3m，上面铺设路基箱，采用小型铲挖掘机及自卸汽车，均下坑作业。

在钢筋混凝土支撑施工时，控制好土方开挖时间与钢筋混凝土支撑强度的关系，以确保支撑体系的安全性。

思考与练习题

8-1　简述支撑体系的分类、优缺点及其适用范围。

8-2　简述支撑体系的设计内容、设计原则和设计方法。

8-3　钢筋混凝土支撑和钢支撑的主要特点分别有哪些？

8-4　简述支撑体系的平面和剖面布置原则。

8-5　支撑体系的换撑方法主要有哪些？

8-6　斜撑的适用条件有哪些？

8-7　简述支撑节点的结构形式。

8-8　简述钢筋混凝土支撑和钢支撑的施工流程。

9 逆作法

9.1 概述

基坑工程支护总体方案主要包括顺作法和逆作法两种基本形式，它们具有各自鲜明的特点。在同一个基坑工程中，顺作法和逆作法也可以在不同的基坑区域组合使用，从而在特定条件下满足工程的技术经济要求。

所谓顺作法，就是先施工基坑周边的围护结构，然后自上而下分层开挖，并依次设置水平支撑或锚杆系统，开挖至坑底后，再由下而上施工主体地下结构基础底板、竖向墙柱构件及水平楼板构件，并按一定的顺序拆除水平支撑系统，进而完成地下结构施工的过程。顺作法是基坑工程的传统开挖施工方法，施工工艺成熟，但工期较长，支护费用较高，基坑变形也较大。

相对于顺作法，逆作法则是利用先施工完成的地下连续墙作为深基坑开挖时挡土、止水的围护墙，利用地下结构各层的楼盖、柱、墙等作为围护墙的强大支撑体系，由地面起分层向下逐层施工，直至底板完成，同时在地面结构完成之后，同时向上逐层施工上部结构。

1933 年日本首次提出了逆作法的概念，并于 1935 年应用于东京都千代田区第一生命保险相互会社本社的大厦建设中。经过 70 余年的研究和工程实践，目前逆作法已广泛应用于高层和超高层建筑的多层地下室、大型地厂商场、地下车库、地铁、隧道、大型污水处理池等结构。虽然在逆作法的施工工艺和相关理论方面都取得了一定成果，应用也越来越广泛，但目前仍将其作为一种特殊的施工方法，当工程有特殊要求或用传统施工方法满足不了要求而又十分不经济的情况下才应用。

日本、美国和英国在逆作法的设计理论和施工工艺方面做了大量的研究工作，逆作法现已在日本、美国、英国、法国、德国、加纳等国和台湾地区都有应用。据统计，在日本 1994 年新建的高层建筑中，地下结构有 18.2% 采用逆作法施工。美国芝加哥水塔广场大厦共 75 层，高 203m，4 层地下室，用 18m 深地下连续墙和 144 根大直径灌注桩作为中间支承柱，用逆作法进行施工，当该工程地下室结构全部完成时，主楼上部结构已施工至 32 层。日本的读卖新闻社大楼地上 9 层，地下 6 层，采用逆作法施工，总工期只用 22 个月，与日本采用传统施工方法施工的类似工程相比，缩短工期 6 个月。英国伦敦 Aldersgate Street Basement 工程地上 8 层，地下 7 层，基坑深 21 ~ 22m，用逆作法施工，采用厚 1m、深 30m 的地下连续墙和压入型钢中间支承柱。美国波士顿邮政广场地下停车场为地下 7 层车库，基坑深 23.2m，采用逆作法施工，地下连续墙厚 900mm，长 25.6m。法国巴黎的拉弗埃特百货大楼的 5 层地下室也采用了逆作法施工，总工期缩短了 1/3。

我国于 1955 年在哈尔滨地下人防工程中首次提出采用逆作法施工工艺，此后就开始了对逆作法的研究和探索，而且从20世纪80年代开始，北京、天津、上海、广州、深圳、福州、海口、抚顺、沈阳、哈尔滨等城市都应用过逆作法施工工艺。上海基础工程科研楼是我国第一个按封闭式逆作法施工的工程。该工程平面尺寸为39.85m×13.8m，地上5层，地下2层，地下室外墙为厚600mm、深13.5~15.5m的地下连续墙，中间支承柱为长28m、ϕ900mm的钻孔灌注桩，插入ϕ400mm的钢管。天津华联商厦改建工程地上6~8层，地下2层，周围环境保护要求较高。逆作法施工中使用了厚600mm、深15.4m的地下连续墙，中间支承柱为ϕ500mm、长19.4m的254根灌注桩。上海地铁1号线陕西北路、常熟路、黄陂南路三个地铁车站也采用了逆作法施工。福州世界金龙大厦地上33层，地下3层，挖土深度12.65m，逆作法施工中使用了800mm厚的地下连续墙和70根ϕ400mm的钢管桩做中间支承柱。上海恒积大厦地上22层，地下4层，挖土深度14m，逆作法施工中使用了800mm厚的地下连续墙和ϕ900mm的钻孔灌注桩。其他如上海电信大楼、上海的明天广场、海口国际金融大厦、深圳庐山大厦、沈阳华美科技大厦，以及上海延安东路黄浦江越江隧道1号风塔地下室、上海合流污水治理4.1标主泵房地下直径63m的沉井工程、郑州火车站广场地下人防工程等都成功应用了逆作法。

进入21世纪以来，逆作法在很多的基坑工程中得到了广泛的应用，取得了较好的经济效益和社会效益，得到了工程界越来越多的重视，并逐渐成为一项很有发展前途和推广价值的深基坑支护技术。

9.2 逆作法工艺与分类

9.2.1 逆作法工艺

逆作法施工时，先沿建筑物地下室轴线或周围施工地下连续墙，同时在建筑物内部的有关位置浇筑或打下中间支承柱，作为施工期间地下室底板封底之前承受上部结构自重和施工荷载的支承。然后挖土至地下室一层顶板底标高或地下室二层顶板顶标高，浇筑地下一层顶板，作为地下连续墙刚度很大的水平支撑，随后按上述方法逐层向下挖土和浇筑地下室各层的顶板，同时各层结构中的中柱或隔墙也逐层向下施工，直至地下室底板封底，完成地下室结构的施工。与此同时，地下室一层的顶板结构浇筑完成也为上部结构的施工创造了条件，所以在地下结构逐层向下施工的同时，可同时自地面开始向上逐层施工上部结构，形成地面上、下同时施工的局面。但在地下室底板封底并达到设计强度之前，上部结构允许施工的高度要经计算确定，因为它取决于地下室底板封底前地下连续墙及中间支承柱可能承受的荷载及沉降的允许值。逆作法的施工流程如图9-1所示。

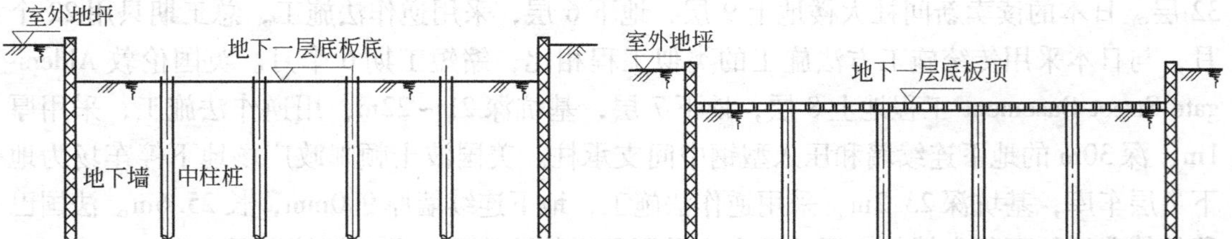

(a) (b)

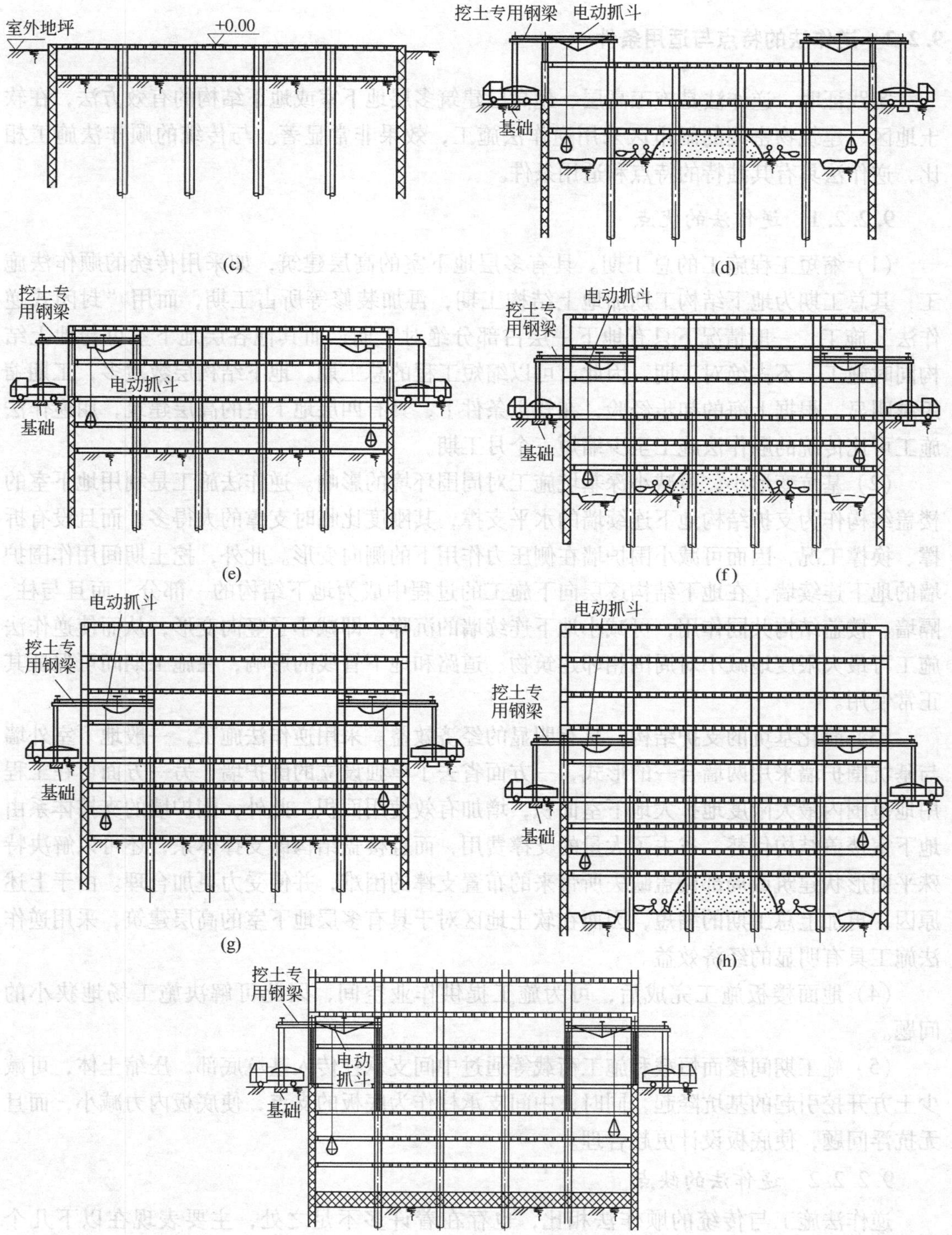

图9－1 逆作法施工流程图

（a）开挖地下一层土方；（b）浇筑地下一层楼盖；（c）浇筑 ±0.00 标高处楼盖；（d）施工上部一层结构，同时开挖地下二层土方；（e）施工上部二层结构，同时浇筑地下二层楼盖；（f）施工上部三层结构，同时开挖地下三层土方；（g）施工上部四层结构，同时浇筑地下三层楼盖；（h）施工上部五层结构，同时开挖地下四层土方；（i）浇筑地下室底板

9.2.2 逆作法的特点与适用条件

实践证明，逆作法是施工高层、超高层建筑多层地下室或地下结构的有效方法，在软土地区、建筑物密集的闹市区采用逆作法施工，效果非常显著。与传统的顺作法施工相比，逆作法具有其独特的特点和适用条件。

9.2.2.1 *逆作法的优点*

(1) 缩短工程施工的总工期。具有多层地下室的高层建筑，如采用传统的顺作法施工，其总工期为地下结构工期加地上结构工期，再加装修等所占工期，而用“封闭式逆作法”施工，一般情况下只有地下一层占部分绝对工期，而其他各层地下室可与地上结构同时施工，不占绝对工期，因此，可以缩短工程的总工期。地下结构层数愈多，工期缩短越明显。根据上海的初步经验，在软土条件下，具有四层地下室的高层建筑，用逆作法施工可比传统的顺作法施工至少缩短三个月工期。

(2) 基坑变形小，可减小深基坑施工对周围环境的影响。逆作法施工是利用地下室的楼盖结构作为支护结构地下连续墙的水平支撑，其刚度比临时支撑的大得多，而且没有拆撑、换撑工况，因而可减小围护墙在侧压力作用下的侧向变形。此外，挖土期间用作围护墙的地下连续墙，在地下结构逐层向下施工的过程中成为地下结构的一部分，而且与柱、隔墙、楼盖结构共同作用，可减小地下连续墙的沉降，即减小了竖向变形，从而使逆作法施工可最大限度地减小对周围相邻建筑物、道路和地下管线的影响，在施工期间可保证其正常使用。

(3) 简化基坑的支护结构，具有明显的经济效益。采用逆作法施工，一般地下室外墙与基坑围护墙采用两墙合一的形式，一方面省去了单独设立的围护墙，另一方面可在工程用地范围内最大限度地扩大地下室面积，增加有效使用面积。此外，围护墙的支撑体系由地下室楼盖结构代替，省去了大量的支撑费用，而且楼盖结构即支撑体系，还可以解决特殊平面形状建筑或局部楼盖缺失所带来的布置支撑的困难，并使受力更加合理。由于上述原因，再加上总工期的缩短，因而在软土地区对于具有多层地下室的高层建筑，采用逆作法施工具有明显的经济效益。

(4) 地面楼板施工完成后，可为施工提供作业空间，因此可解决施工场地狭小的问题。

(5) 施工期间楼面恒载和施工荷载等通过中间支承柱传入基坑底部，压缩土体，可减少土方开挖引起的基坑隆起，同时，中间支承柱作为底板的支点，使底板内力减小，而且无抗浮问题，使底板设计更趋合理。

9.2.2.2 *逆作法的缺点*

逆作法施工与传统的顺作法相比，也存在着许多不足之处，主要表现在以下几个方面：

(1) 由于挖土是在顶部封闭状态下进行的，而且基坑中还分布有一定数量的中间支承柱和降水用井点管，使挖土的难度增大，在目前尚缺少小型、灵活、高效的挖土机械的情况下，多采用人工开挖和运输，虽然费用不高，但机械化程度较低。

(2) 逆作法用地下室楼盖作水平支撑，但支撑位置受地下室层高的限制，无法调整，如遇较大层高的地下室，有时需另设临时水平支撑或加大围护墙的断面及配筋。

（3）逆作法施工需设中间支承柱作为地下室楼盖的中间支承点，承受结构自重和施工荷载。在软土地区由于单桩承载力低，数量少，从而使底板封底之前上部结构允许施工的高度受限制，不能有效地缩短总工期，如加设临时钢立柱则会提高施工费用。

（4）地下连续墙、中间支承柱与底板和楼盖的连接节点需进行特殊处理。在设计方面尚需研究减小地下连续墙和底板差异沉降的方法。

（5）在地下封闭的基坑内施工，安全上要求使用低于36V的低电压，为此则需要特殊机械。有时还需增设一些垂直运输土方和材料的专用设备，还需增设地下施工需要的通风、照明设备。

（6）地下室顶板楼盖作为施工场地，有时施工荷载会超过工程的使用荷载，此时地下室顶板结构需进行加固。

9.2.2.3 逆作法的适用条件

根据逆作法的特点，具有以下特征和技术经济要求的工程可考虑采用逆作法施工。

（1）地下三层及大于三层的深度较大的地下工程；

（2）拟建建（构）筑物周围环境十分复杂，环境保护要求高的工程；

（3）工期要求紧或缩短工期能带来巨大经济效益的工程；

（4）地下室构造复杂，面积较大，一般支护结构难以适应的工程。

9.2.3 逆作法的分类

逆作法是每开挖一定深度的土体后，即支设模板浇筑永久的结构梁板，用以代替常规顺作法的临时支撑，以平衡作用在围护墙上的土压力，因此，当开挖结束时，地下结构即已施工完成。这种地下结构的施工方式是自上而下浇筑，同常规顺作法开挖到坑底后再自下而上浇筑地下结构的施工方法不同。

根据地下一层的顶板结构是封闭的还是敞开的，逆作法可分为封闭式逆作法和敞开式逆作法两种。封闭式逆作法在地下一层的顶板结构完成后，上部结构和地下结构可以同时进行施工，有利于缩短总工期，因此，对于工期紧或缩短工期提前投入使用能带来巨大经济效益的工程，应优先选用封闭式逆作法。敞开式逆作法中上部结构和地下结构不能同时进行施工，只是地下结构自上而下地逆向逐层施工。这种逆作法由于地下一层的顶板未封闭，因而不能使上部结构与地下结构同时施工，总工期不能缩短，但地下结构的施工条件，由于开敞挖土、无须通风照明等，略优于封闭式逆作法。这种逆作法适用于工期不紧、地下室纵横墙较多的工程。

除此之外，还有一种逆作法，称为半逆作法或局部逆作法，其施工特点是：开挖基坑时，先放坡开挖基坑中心部位的土体，靠近围护墙处留土以平衡坑外的土压力，待基坑中心部位开挖至坑底后，由下而上顺作施工基坑中心部位的地下结构至地下一层顶，然后同时浇筑留土处和基坑中心部位地下一层的顶板，用作围护墙的水平支撑，进而进行周边地下结构的逆作施工，上部结构亦可同时施工。该方法适用于土质较好或土质虽不太好但预降水效果好、基坑面积大而地下室深度不很大的工程，尤其对中心筒体、外框架结构的地下部分施工较为适用。

9.3 逆作法的设计

逆作法不仅是一种施工方法，而且还是主体工程地下结构与围护结构相结合的设计方法，因此，具有多层地下室的高层建筑用逆作法施工时，其工程结构的受力与施工工况直接相关。在进行工程结构设计时，应考虑施工工艺和施工工况，按施工和使用时的荷载和计算模式分别进行计算，具体包括地下连续墙的设计、中间支承柱或中柱桩的设计以及墙、柱、梁、板的节头构造处理等。

9.3.1 逆作法的总体设计

在逆作法工程的设计中，设计方法与施工方法应充分结合，首先应根据施工的具体要求进行逆作法的总体设计，其总体设计内容包括以下两个方面：

(1) 逆作法的流程设计。其是指对逆作法施工的时间顺序和空间顺序进行设计。

(2) 逆作法的结构整体分析。根据逆作法的施工流程，分析结构在不同施工阶段的受力及变形机理，进行总体概念设计。

9.3.1.1 *逆作法的流程设计*

逆作法的施工流程设计应考虑以下几个方面：

(1) 工程的具体条件和要求。工程中采用逆作法的原因很多，如环境保护要求较高，常规的顺作开挖施工变形较大，采用逆作法以达到保护环境的目的，此外上部结构不一定要求同时施工；工期紧张要求采用逆作法，上部结构必须与地下结构同时施工，而且对上部结构还有一定的层数要求；从降低造价的经济性角度要求采用逆作法等。不同的要求对应的逆作法施工流程通常是不同的。

(2) 主体结构形式。主体工程的结构形式对逆作法的适应性是不同的，如超高层建筑竖向受力构件的重要性决定了其主楼不适合采用逆作法，而往往只在其裙房采用逆作法，其地下结构往往是逆作结合顺作的施工流程；而如地铁和地下车库等单建式地下结构由于埋深较大，通常需要在逆作法施工中增加临时支撑等措施。因此，应在满足主体结构设计要求的前提下，进行逆作法流程的设计。

(3) 施工的可操作性。逆作法流程的设计应保证每一设计工况阶段施工的可操作性。逆作法的设计应与施工方法充分结合，充分考虑到逆作法的施工问题，如土方开挖和进料、混凝土构件的逆向施工、施工的操作空间、临时构件与永久受力构件的施工转换等问题。

9.3.1.2 *逆作法的结构整体分析*

逆作法是一个分步的施工过程，结构的主要受力构件兼有临时结构和永久结构的双重功能，其结构形式、刚度、支撑条件和荷载情况随开挖过程不断变化，结构受力不仅与施工方法、开挖步骤和施工措施关系密切，而且荷载效应存在继承性。在逆作法中，地下结构外墙同时作为基坑围护挡土墙，地下结构各层楼板结构同时作为水平支撑，地下结构的部分竖向构件同时作为底板浇筑前的竖向支撑构件。这三部分构件的共同作用完成了地下结构的逆作法施工。

地下结构外墙作为施工阶段的挡土结构主要承受横向荷载，同时也承受水平构件传来的竖向荷载，横向荷载通过水平楼板结构承担，而竖向荷载在结构内部的竖向构件和外墙之间分配。在基础底板施工后，由于底板的调整分配作用，竖向荷载在外墙和桩基之间进行分配。

地下结构水平构件作为支撑的设计，应充分考虑水平支撑在基坑开挖过程中的受力特点。在满足主体结构要求的同时，选择合理的结构形式；在保证竖向承载的同时，满足水平方向的承载能力。由于地下结构水平构件支撑的刚度远大于临时支撑，逆作法的基坑变形较小，所以宜采用静止土压力设计计算支撑的水平构件。

逆作法中竖向构件的设计应在主体结构竖向构件设计的基础上，满足在基础底板完成前上部结构的施工层数要求。由于基础底板尚未形成前，竖向构件均为单独受荷，所以应提高该阶段竖向受力构件的安全度。同时应注意在逆作法的基坑开挖和形成结构的过程中，由于垂直荷载的增加和土体卸载的影响，将会造成边墙和内部“一柱一桩”等竖向构件沉降的差异，由此而产生的对结构体系的影响比顺作法严重得多。竖向支撑系统过大的差异沉降不仅会在水平构件中产生较大的附加应力，而且会给节点连接带来困难，设计中应给予充分考虑。

在对逆作法主体地下结构与围护结构的结合进行整体分析的同时，应对逆作法中的施工问题给予充分考虑。

9.3.2 地下连续墙的设计

在逆作法施工中，地下连续墙在基坑开挖阶段用作支护结构的围护墙，在使用阶段作为永久性的承重结构外墙，这种做法一般称为两墙合一结构。

两墙合一结构的地下连续墙设计，除应满足支护结构围护墙的设计要求外，还要着重解决三个问题：

（1）使地下连续墙做到与有桩基的主体结构在垂直荷载作用下，变形协调一致，沉降基本同步，差异沉降小；

（2）地下连续墙墙段间的接头，在水平和垂直荷载作用下整体性好，变形小，抗渗性能好，而且构造简单，费用低，施工方便；

（3）地下连续墙与地下室楼盖结构和底板的接头刚度好，抗剪性能好，而且构造简单，施工方便。

9.3.2.1 地下连续墙作为围护墙的设计

在施工阶段，地下连续墙用作支护结构的围护墙，所以地下连续墙首先要按围护墙的要求进行设计，其设计和验算的主要内容如下：

（1）基坑底部土体的抗隆起稳定性、抗渗流或抗管涌稳定性验算；

（2）围护墙结构的抗倾覆稳定性验算；

（3）围护墙结构和地基的整体抗滑动稳定性验算；

（4）围护墙结构的内力和变形计算；

（5）围护墙的截面强度和节点构造设计与计算；

（6）基坑外地表变形和土体移动的验算。

围护墙的侧压力荷载包括土压力、水压力和地面附加荷载引起的侧压力，而且水、土压力一般宜按水土分算的原则进行计算，即水、土侧压力等于土压力和水压力之和，有工程经验时，也可按水土合算的原则计算水、土侧压力。

9.3.2.2 地下连续墙作为承重墙的设计

地下连续墙作为地下结构的承重墙，按一般的结构计算方法，根据上部传下的荷载进行内力分析和截面计算时，要解决的关键问题之一是无桩的地下连续墙与有桩的地下室底板的变形协调和基本的同步沉降。变形协调问题在我国还是正在深入研究探讨的问题，目前采用的设计方法是根据群桩设计理论，把地下连续墙模拟折算成工程桩的方法，即把地下连续墙的垂直承载能力通过等量代换计算方法，将地下连续墙模拟折算成若干根工程桩，布置在基础底板的周边上，将桩、土、底板三位一体视为共同结构的复合基础，利用有关的计算机程序，来计算底板的内力、桩端轴力以及总体沉降。

在进行地下连续墙和工程桩的等量代换时，可参考混凝土灌注桩设计规范计算地下连续墙的壁侧摩阻力和端阻力。

研究和工程实测表明，地下连续墙的壁侧摩阻力不仅取决于土层性质，还与端阻力之间存在着互相影响的关系，即端阻力的大小影响壁侧摩阻力的发挥和分布。一般在加荷初期，荷载大部分由壁侧摩阻力承担，传递到墙底的荷载很小，当壁侧摩阻力达到极限后，墙顶荷载再增加则主要由端阻力承担。当壁侧摩阻力达到极限时，端阻力约占荷载的20%～40%。一般壁侧摩阻力全部发挥需要的位移较小，而端阻力全部发挥则需要较大的位移。

在逆作法施工过程中，随着挖土的加深、墙体位移以及土压力的变化，壁侧摩阻力亦有所降低。

在逆作法施工过程中，实际存在地下连续墙、工程桩、地下室结构和上部结构的共同作用问题，应通过复合结构的沉降计算来控制施工进度。通过对上海一些采用逆作法施工的工程进行实测，发现在施工初期复合结构的中心沉降较大，周边沉降较小，地下连续墙的沉降小于中间工程桩的沉降，而随着地下室结构及上部结构施工的进行及结构刚度的增大，地下连续墙和中间工程桩的沉降均随之增大，但差异沉降变化不大。

9.3.3 中间支承柱的设计

中间支承柱或中柱桩是逆作法施工中，在底板未封底受力之前，与地下连续墙共同承受地下结构、上部结构自重和施工荷载的承重构件，其布置、数量和结构形式都对逆作法施工有很大的影响。

9.3.3.1 中间支承柱的结构形式

目前，常用的中间支承柱的结构形式主要有以下几种：

(1) 直接利用地下室的结构柱作为中间支承柱；

(2) 底端插入灌注桩的型钢（工字钢、H型钢、钢管等）；

(3) 钢管混凝土中间支承柱；

(4) 钻孔灌注桩作中间支承柱。

在地下室开挖时，中间支承柱作为临时承重柱，随后作为地下结构工程柱的一部分浇筑在工程柱内，同时中间支承柱要与楼盖梁连接。由于柱已形成，梁要与柱连接，其节点有一定的复杂性，所以，在选择中间支承柱的结构形式时，一方面要考虑使其具有较高的承载能力，且施工方便，另一方面又要便于与梁板连接。

中间支承柱采用底端插入灌注桩的型钢或钢管混凝土较多，这是因为型钢或钢管与楼盖梁等钢筋的连接较方便，而且承载能力也较高。

在型钢中，由于工字钢 x、y 两个方向的回转半径相差较大，相应的长细比相差也较大，有时要加大断面，材料用量增加，因而不宜采用。H 型钢和钢管具有良好的截面特性，当荷载不是很大时采用较为适宜。

在钢管中灌筑混凝土形成的钢管混凝土具有较高的承载能力，且经济性较好，因此，在我国已有的逆作法施工的工程中已成功应用。

中间支承柱采用灌注桩时，土方开挖后，人工进行修凿，再绑扎钢筋，后包成结构柱，此法国外基本不用，而国内应用较多，主要原因是国内 H 型钢货源偏紧，而且插入 H 型钢施工精度要求较高，而灌注桩在我国有成熟的施工经验，施工质量有保证，而且费用也较低。

9.3.3.2 中间支承柱的设计计算

A 中间支承柱的设计计算原则

（1）支撑地下结构的临时立柱的设计和布置应按照主体工程地下结构的布置以及地下结构施工时地上结构的建设要求和受荷大小等综合考虑。

（2）当临时立柱、立柱桩结合地下结构柱和工程桩布置时，临时立柱、立柱桩的轴线定位和承载能力应与主体工程地下结构的柱和工程桩的轴线定位和承载能力相一致。一般宜采用一根结构柱位置布置一根临时立柱和立柱桩形式，必要时也可采用多根临时立柱和立柱桩形式。立柱桩应尽量利用工程桩，以减少临时立柱和新增立柱桩。

（3）地下结构柱一般宜在地下结构底板完成并达到设计要求后施工，临时立柱应在结构柱完成并达到设计要求后方能拆除。当临时立柱结合地下结构柱予以利用并留置在结构柱内时，临时立柱的形式与断面设计应与地下结构梁板和柱的断面与配筋相协调，并确保结构整体受力与节点连接的可靠性。

（4）地下结构梁板兼作施工用临时平台或栈桥时，其临时立柱与立柱桩的设计均应考虑承受施工荷载的作用。临时立柱和立柱桩应分别按承载能力极限状态和正常使用极限状态验算其竖向承载力和沉降量，并满足主体工程地下结构的受力、变形和稳定性要求。临时立柱和立柱桩在替换为地下结构柱之前，临时立柱间和临时立柱与基坑围护结构间的差异沉降不宜大于 20mm，且不宜大于 1/400 柱距。

B 计算荷载的确定

敞开式逆作法和封闭式逆作法的计算荷载是不同的。敞开式逆作法计算地下结构的自重应视楼盖结构的浇筑方式而定。如果为便于挖土和有利于通风、照明，则可先浇筑楼盖梁，待底板封底后再逐层浇筑楼板，此种情况下的结构自重和施工荷载都较小。如果楼盖梁、板同时浇筑，则结构自重包括楼板的重量。如地下室顶板不作施工场地使用时，恒载和施工荷载可按现有规范规定；如地下室顶板用作施工场地时，施工荷载则应按实际情况计算。

采用封闭式逆作法时，恒载按实际情况计算，施工荷载则视施工内容、材料加工以及材料和设备的堆放情况等按实计算。

C 计算简图

当采用封闭式逆作法施工时，利用地下室的楼盖结构作支护结构的水平支撑。水平支撑的刚度可假定为无限大，假定中间支承柱无水平位移。如果中间支承柱是等跨均匀布置的，则地下结构上的荷载在中间支承柱上不产生弯矩，因此，上部结构荷载传递到最下层中间支承柱上的弯矩较小，中间支承柱可近似按轴心受压柱简化计算，如图 9－2 所示。

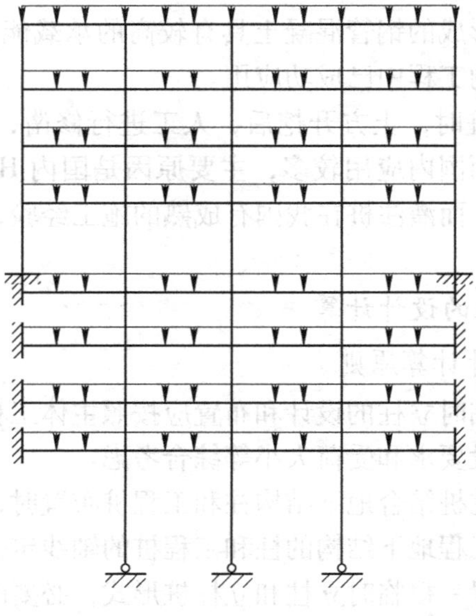

图 9－2 中间支承柱的计算简图

进行逆作法施工时，当下层土方已开挖，上一层的中间支承柱一般在楼盖混凝土浇筑的同时也浇筑成复合柱，其承载能力增大很多，故仅需验算最底一层的中间支承柱的承载能力。

最底层的中间支承柱，上端固定在楼盖中，由于楼盖的刚度很大，因此，可视为固结，下端插入工程桩内，由于工程桩周围土体的刚度较小，下端假定为可转动的，因而将下端视为铰接。

9.3.4 节点构造设计

逆作法施工与传统的顺作法施工的主要区别在于地下结构是自上而下施工的，由于施工工艺的变化，相应的结构节点构造也发生了较大变化。

逆作法施工的结构节点设计应该满足以下要求：

(1) 既要满足结构永久受荷状态下的设计要求，又要满足施工状态下的受荷要求，即节点设计既要符合结构设计规范的要求，又要满足施工工况受荷条件下的受力要求。

(2) 节点形式和构造必须在工艺上满足现有的工艺手段及施工能力，即设计的节点是可行的、可操作的，在满足受力的前提下越简单越好。

(3) 不要影响建筑物的使用功能，如不能占用过大空间等。

9.3.4.1 地下连续墙与梁的连接节点

地下室楼盖是地下连续墙的可靠支撑，在结构设计中楼盖梁与地下连续墙多按固定连接考虑，因此该节点的可靠性十分重要，必须设法确保梁端受力钢筋的锚固或连接、梁断面的抗弯和抗剪强度等设计要求。

常用的墙与梁的连接节点形式有：

（1）预埋连接钢筋法。在施工地下连续墙时，在墙内于楼盖梁的标高处预埋连接钢筋并加以弯折，以便下插地下连续墙钢筋笼和浇筑地下连续墙。待基坑挖土至楼盖梁标高处时，将预埋连接钢筋再反弯扳直到位，与梁内受力钢筋加以焊接。

此法的优点是构造简单、施工简便。但缺点是直径大于20mm的钢筋扳直到位较困难，如用火烘后再扳直，会影响钢筋的物理力学性能；在扳直预埋连接钢筋（尤其是直径较大时）的过程中，如不慎会损伤连接钢筋根部四周的混凝土，将削弱地下连续墙的承载能力；如扳出的连接钢筋不直，或角度不准，则连接就比较困难，或产生初始应力。

此法是最简单的方法，当预埋连接钢筋的直径不大时可考虑采用。

（2）预埋连接钢板法。在施工地下连续墙时，在墙内于楼盖梁的标高处预埋钢板，钢板与墙内受力钢筋焊接，待挖土至楼盖梁标高处时，先绑扎楼盖梁钢筋，将梁内受力钢筋与墙内预埋钢板焊接，形成接头，如图9-3a所示。

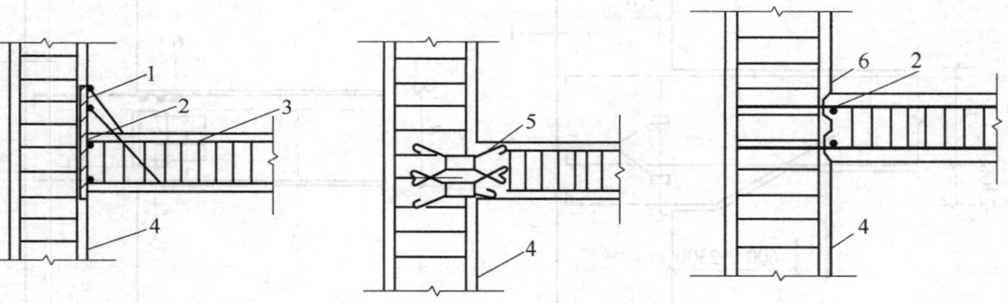

图9-3　地下连续墙与梁的连接节点示意图

1—预埋钢板；2—电焊接头；3—梁钢筋；4—地下连续墙；5—预埋剪力连接件；6—带剪力槽的钢板

此法的优点是施工方便，接头受力性能较好。但电焊质量要求高，技术性强，现场焊接量大，有时会影响进度。

（3）预埋剪力连接件法。剪力连接钢筋在楼盖梁标高处预埋于地下连续墙内，并加以弯折。待挖土至楼盖梁标高处时加以反弯，使之露出墙面，然后浇筑于楼盖梁内，如图9-3b所示。

此法的优点是接头抗剪性能好，施工方便。缺点是大直径钢筋弯折和反弯较困难。如用火烘后弯折，会影响钢筋的物理力学性能。对抗弯构件尚需增配抗弯的预埋钢筋，这些钢筋在施工过程中也需弯折。

（4）齿形连接接头法。在地下连续墙钢筋骨架上，于楼盖梁标高处固定带剪力槽的钢板和预埋连接钢筋，挖出来后，将预埋连接钢筋与楼盖梁内受力钢筋焊接，梁混凝土浇筑后形成齿槽接头，如图9-3c所示。

此法的优点是接头抗剪性能好，连接钢筋施工质量可保证，因此，接头的抗剪、抗弯性能良好。缺点是带剪力槽钢板的位置要求预埋得很准确，施工难度较大，现场焊接工作量也较大。

（5）锥螺纹钢筋连接接头法。在地下连续墙外侧钢筋外面设8mm×900mm×100mm

的钢锚板，在地下连续墙内侧面处设锥螺纹钢筋连接接头，另在连接接头中部设钢牛腿。挖土至该标高后用锥螺纹与梁内受力钢筋连接。

此法施工简单，锥螺纹钢筋接头施工速度快，且不受气候影响，钢牛腿能较好地承受梁端传来的剪力；此法的缺点是锥螺纹钢筋接头定位要求较高，需采取措施将其固定正确与牢固。

9.3.4.2　地下连续墙与底板的连接节点

地下连续墙与地下室底板也要进行连接，连接要满足以下两个要求：

(1) 连接要使地下室底板与地下连续墙连成整体，与设计假定的刚性节点一致；

(2) 连接要使地下室底板与地下连续墙间连接紧密，达到防水的要求。

为了保证连接质量，沿地下连续墙四周将地下室底板进行加强处理，加配一些钢筋。在底板与地下连续墙接触面处设止水条，增强防水能力。有时可在连接处设剪力键，以增强抗剪能力，如图9－4所示。

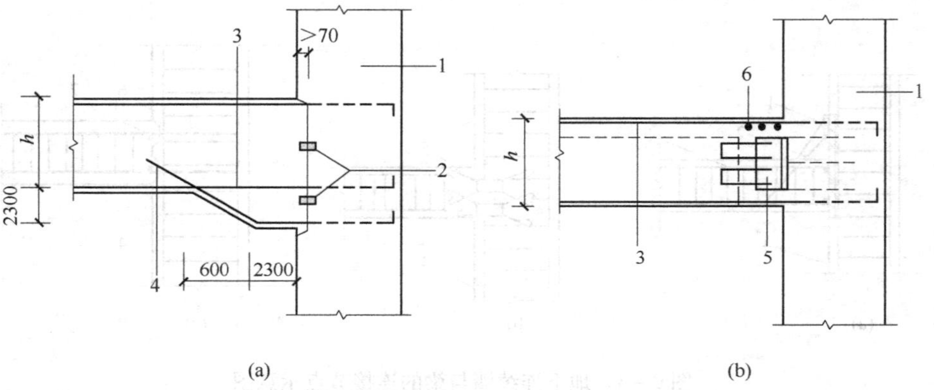

图9－4　地下连续墙与底板的连接节点示意图

1—地下连续墙；2—止水条；3—电焊连接或锥螺纹与套筒挤压连接；4—地下室底板；5—剪力键；6—底板钢筋

9.3.4.3　中间支承柱与梁的连接节点

中间支承柱与梁的连接节点的设计，主要是解决梁钢筋如何穿过中间支承柱或与中间支承柱连接，保证在复合柱完成后，节点质量和内力分布与设计计算简图一致。该节点的构造取决于中间支承柱的结构形式。

A　H型钢中间支承柱与梁的连接节点

H型钢中间支承柱与梁钢筋的连接主要有钻孔钢筋通过法和传力钢板法。

(1) 钻孔钢筋通过法。此法是在梁钢筋通过中间支承柱处，于中间支承柱H型钢上钻孔，将梁钢筋穿过，如图9－5所示。此法的优点是节点简单，柱梁接头混凝土浇筑质量好。缺点是在H型钢上钻孔削弱了截面，使承载力降低。因此，在施工中不能同时钻多个孔，而且梁钢筋穿过定位后应立即双面满焊将钻孔封闭。

(2) 传力钢板法。传力钢板法即在楼盖梁受力钢筋接触中间支承柱H型钢的翼缘处，焊上传力钢板，再将梁受力钢筋焊在传力钢板上，从而达到传力的作用，如图9－6所示。传力钢板可以水平焊接，也可以竖向焊接。水平传力钢板与中间支承柱焊接时，钢板或角钢下面的焊缝施焊较困难，而且浇筑接头混凝土时，钢板下面混凝土的浇筑质量亦难保证，需在钢板上钻出气孔；当中间支承柱断面尺寸不大时，水平置放的传力钢板可能会与柱的竖向钢筋相碰。采用竖向传力钢板则可避免上述问题，焊接难度比水平传力钢板小，节点混凝土质量也易于保证，缺点是当配筋较多时，材料消耗较多。

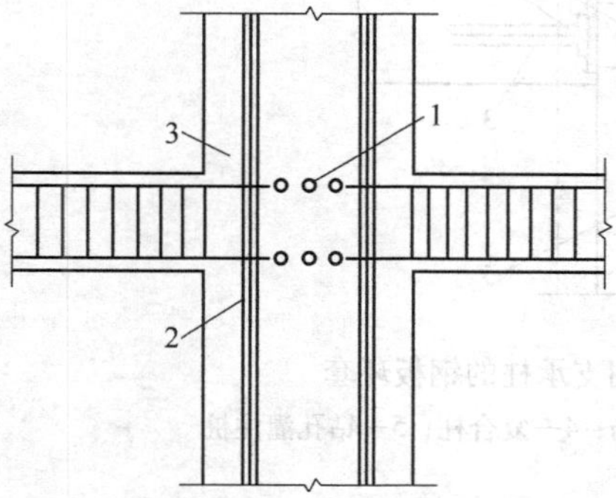

图 9－5　钻孔钢筋通过法

1—钻孔；2—H 型钢；3—复合柱

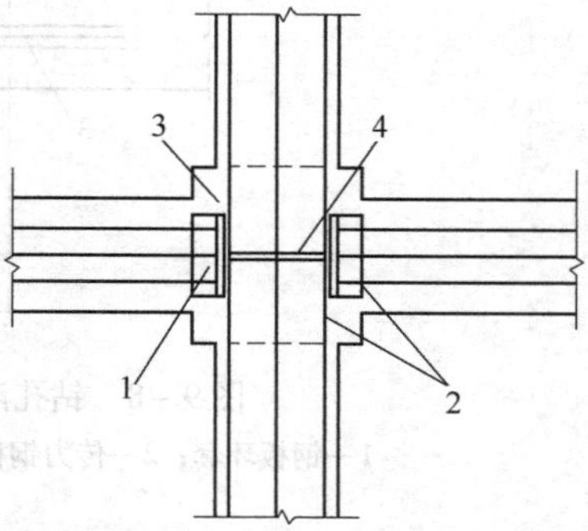

图 9－6　H 型钢中间支承柱的传力钢板

1—竖向传力钢板；2—梁钢筋；3—复合柱；4—H 型钢中间支承柱

B　钢管或钢管混凝土中间支承柱与梁的连接节点

钢管中间支承柱与梁受力钢筋的连接，同 H 型钢中间支承柱，可用钻孔钢筋通过法和传力钢板法，且以后者为主，如图 9－7 所示。

钢管混凝土中柱桩与梁受力钢筋的连接可用传力钢板法，将传力钢板焊在钢管混凝土的钢管壁上，梁受力钢筋则焊在传力钢板上。

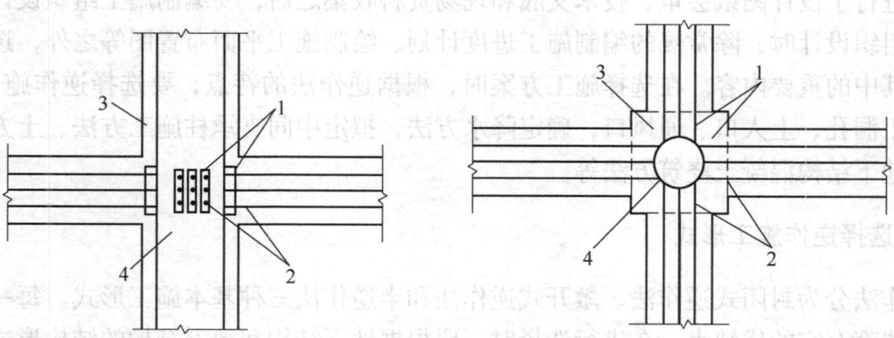

图 9－7　钢管中间支承柱的传力钢板

1—竖向传力钢板；2—梁受力钢筋；3—复合柱；4—钢管中柱桩

C　钻孔灌注桩中间支承柱与梁的连接节点

为便于钻孔灌注桩与梁受力钢筋的连接，在施工钻孔灌注桩时，在地下室各楼盖梁的标高处预先设置一由 20mm 厚钢板焊成的钢板环套，当地下室挖土至地下室楼盖梁底时，再焊接传力钢板和锚筋，利用锚筋与地下室楼盖梁钢筋进行可靠连接，如图 9－8 所示。

上述节点设计都分为两个工艺步骤：首先在地下连续墙和中间支承柱上预埋钢筋、焊

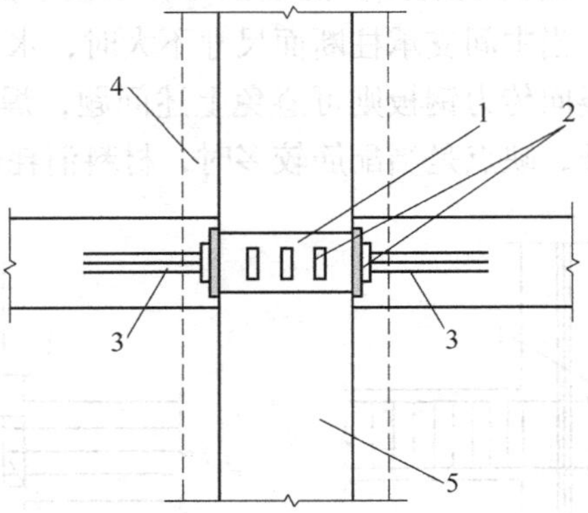

图9-8 钻孔灌注桩中间支承柱的钢板环套
1—钢板环套；2—传力钢板；3—锚筋；4—复合柱；5—钻孔灌注桩

接传力钢板和钢板环套等，使中间支承柱、地下连续墙与楼盖梁进行连接，以满足逆作法施工时各工况的荷载要求，保证其强度和刚度；然后再将中间支承柱和地下连续墙形成复合柱和复合墙，以满足结构在永久状态下受荷的要求，即满足结构设计的要求。

由于地下室的结构形式不同，墙、柱与梁、板的节点形式也不同，要在满足施工和设计的原则下，灵活加以处理。

9.4 逆作法的施工

9.4.1 选择施工方案

在进行了设计图纸会审、技术交底和现场资料收集之后，要编制施工组织设计。在编制施工组织设计时，除常规的编制施工进度计划、绘制施工平面布置图等之外，选择施工方案是其中的重要内容。在选择施工方案时，根据逆作法的特点，要选择逆作施工形式，布置施工洞孔、上人口、通风口，确定降水方法，拟定中间支承柱施工方法、土方开挖方法以及地下结构混凝土浇筑方法等。

9.4.2 选择逆作施工形式

逆作法分为封闭式逆作法、敞开式逆作法和半逆作法三种基本施工形式。每一种形式的逆作法都有它的优缺点，在进行选择时，要根据地下结构和地上结构的结构形式、工期要求、经济性、安全性等综合考虑后选定。

从理论上讲，封闭式逆作法由于地上、地下同时交叉施工，可以大幅度缩短工期，但由于地下工程在封闭状态下施工，给施工带来诸多不便，通风、照明要求高，中间支承柱承受的荷载大，因而中间支承柱的数量相对增多，断面也较大，从而增加了工程成本。因此，对于工期要求短或经过综合经济比较经济效益显著的工程，在技术可行的条件下应优先选用封闭式逆作法。当地下室结构复杂、工期要求不紧、技术力量相对不足时，应考虑敞开式逆作法或半逆作法，半逆作法多用于地下结构面积较大的工程。

9.4.3 施工孔洞布置

封闭式逆作法施工需要布置一定数量的施工孔洞，以便出土、人员出入和进行通风。主要有出土口、上人口和通风口。

(1) 出土口。出土口是开挖土方的外运、施工机械和设备的吊入及吊出，以及模板、钢筋混凝土等的运输通道，开挖初期也用于施工人员的出入。

出土口的布置位置应选择在结构简单且开间尺寸较大处、靠近道路便于出土处、有利于土方开挖后开拓工作面处，以及便于完工后进行封堵处等。要根据地下结构形式、周围运输道路情况等研究确定。

(2) 上人口。在地下室开挖初期，一般都利用出土口同时用作上人口，当挖土工作面扩大之后，宜设置上人口，一般一个出土口宜对应设置一个上人口。

(3) 通风孔。地下室在封闭状态下开挖土方时，不能形成自然通风，需要进行机械通风。通风口分为送风口和排风口两种，一般情况下，出土口就作为排风口，在地下室楼板上另预留孔洞作为通风管道入口。随着地下挖土工作面的推进，当露出送风口时，及时安装大功率轴流风机，启动风机向地下施工操作面送风，清新空气由各送风口流入，经地下施工操作面后从排风口流出，形成空气流通，保证施工作业面的安全。

一般情况下，逆作法施工中的通风设计和施工应注意以下几点：

(1) 送风口的间距一般不宜大于10m；

(2) 在封闭状态下挖土，尤其是目前我国多以人工挖土为主，劳动力比较密集，其换气量要大于一般隧道和公共建筑的换气量；

(3) 送风口应使风吹向施工操作面，送风口距离施工操作面的距离一般不宜大于10m，否则应接长风管；

(4) 单件风管的重量不宜太大，要便于人力拆装；

(5) 取风口距排风口（出土口）的距离应大于20m，且高出地面2m左右，保证送入新鲜空气；

(6) 为便于已完工楼板上的施工操作，在满足通风需要的前提下，宜尽量减少预留通风孔洞的数量。

9.4.4 中间支承柱的施工

底板以上的中间支承柱的柱身多为钢管混凝土柱或H型钢柱，断面小而承载能力大，而且也便于与地下室的梁、柱、墙、板等连接。

由于中间支承柱上部多为钢柱，下部为混凝土柱，所以多用灌注桩方法进行施工，成孔方法视土质和地下水位而定。

在泥浆护壁下用反循环或正循环潜水电钻钻孔时，顶部要放护筒。钻孔后吊放钢管、型钢，钢管和型钢的位置要十分准确，否则与上部柱子不在同一垂线上对受力不利。当钢管或型钢定位后，利用导管浇筑混凝土，钢管的内径要比导管接头处的直径大50~100mm。用钢管内的导管浇筑混凝土时，超压力不可能将混凝土压上很高，所以钢管底端埋入混凝土不能很深，一般为1m左右。为使钢管下部与现浇混凝土柱较好地结合，可在钢管下端加焊竖向分布的钢筋。混凝土柱的顶端一般高出底板面30mm左右，高出部分在浇筑底板时将其凿除，以保证底板与中间支承柱联成一体。混凝土浇筑完毕吊出导管。由于钢管外面不浇筑混凝土，钻孔上段中的泥浆需进行固化处理。以便在清除开挖的土方时，防止泥浆到处流淌，恶化施工环境。

中间支承柱也可用套管式灌注桩成孔方法施工，它是边下套管边用抓斗挖孔。由于有钢套管护壁，可用串筒浇筑混凝土，也可用导管法浇筑，要边浇筑混凝土边上拔钢套管。支承柱上部用H型钢或钢管，下部浇筑成扩大的桩头。混凝土柱浇至底板标高处，套管与H型钢间的空隙用砂或土填满，以增加上部钢柱的稳定性。

中间支承柱还有用挖孔桩施工方法进行施工的，侧模拆除后应立即填砂。如果中间支承柱使用预制打入桩时，则要求打入桩的位置十分准确，以使其处于地下结构柱、墙的位置，且要便于与水平结构的连接。

9.4.5 土方开挖

在逆作法施工过程中，挖土是一个重要的组成部分。在封闭式逆作法中，挖土在封闭环境中进行，有一定的难度，施工周期要控制在合理范围之内，不能拖得过长。在逆作法的挖土过程中，随着挖土的进展和地下、地上结构的浇筑，作用在周边地下连续墙和中间支承柱上的荷载越来越大。挖土周期过长，不但会因软土的时间效应增大围护墙的变形，还可能会造成地下连续墙和中间支承柱间的差异沉降，甚至威胁工程结构的安全和周围环境的保护。

在确定出土口后，要在出土口上设置提升取土设备，用来提升地下挖土，并将其装车外运。

挖土要在地下室各层楼板浇筑完成后，在地下室楼板底下逐层挖土。各层的地下挖土，先从出土口处开始，形成初始挖土工作面后，再向四周扩展，采用"开矿式"逐皮逐层推进，挖出的土方运至出土口处提升外运。

挖土可用小型机械或人力开挖。小型高效的机械开挖效率高，进度快，有利于缩短挖土周期。但缺点是在地下封闭环境中挖土，又存在工程桩和深井管，各种障碍较多，难以高效率地挖土，遇有工程桩和深井管时需先凿桩和临时解除井管，然后才能挖土。机械在坑内的运行会扰动坑底的原土，如降水效果不好，会使坑底土松软泥泞，影响楼盖的支模浇筑。柴油挖土机在施工过程中会产生废气污染，从而加重了通风设备的负担。

人工挖土机动灵活，挖土和运土便于绕开工程桩和深井管等障碍物，对坑底土的扰动较小。随着挖土工作面的扩大，可以投入大量人力挖土，施工进度可以控制。

9.4.6 地下结构的施工

根据逆作法的施工特点，地下结构不论是哪种结构形式都是由上而下分层浇筑的。地下结构的浇筑方法有两种，即利用土模浇筑和采用支模方式浇筑。

（1）利用土模浇筑梁板。对于地面梁板或地下各层梁板，挖土至其设计标高后，将土面整平夯实，浇筑一层厚约100mm的C10素混凝土，然后刷一层隔离层，即成楼板模板。对于梁模板，如土质好可用土胎模，按梁断面挖出槽沟即可，如土质较差可用模板搭设或用砖砌筑梁模板。所浇筑的素混凝土层，待下层挖土时一同挖去。

（2）利用支模方式浇筑梁板。用此法施工时，先挖去地下结构一层高的土层，然后按常规方法搭设梁板模板，浇筑梁板混凝土，再向下延伸竖向结构。为此，需要解决两个问题：一个是设法减少梁板支撑的沉降和结构的变形；另一个是解决竖向构件的上、下连接和混凝土浇筑。

为了减少楼板支撑的沉降和结构变形，施工时需对土层采取措施进行临时加固。加固方法主要有两种，一种是浇筑一层素混凝土，以提高土层的承载能力和减少沉降，待墙、梁浇筑完毕，开挖下层土方时随土一同挖去；另一种加固方法是铺设砂垫层，上铺枕木以扩大支承面积，这样上层柱子或墙板的钢筋可插入砂垫层，以便与下层后浇筑结构的钢筋连接。

至于竖向结构混凝土的浇筑方法，由于混凝土是从顶部的侧面入仓，为便于浇筑和保证连接处的密实性，除对竖向钢筋的间距进行适当调整外，竖向结构顶部的模板宜做成喇叭形。

由于上、下层竖向结构的结合面在上层构件的底部，再加上地面土的沉降和刚浇筑混凝土的收缩，在结合面处易出现缝隙，这对于受压构件是不利的。为此，宜在结合面处的模板上预留若干压浆孔，需要时可用压力灌浆消除缝隙，保证竖向结构连接处的密实性。

9.5　工程实例分析

9.5.1　工程概况

廖创兴金融中心大厦位于上海市黄浦区南京西路与新昌路交叉口，主楼37层，高170.1m，裙房3层，如图9－9所示。占地面积约5151m^2，地下室5层，基坑平均开挖深度为22.4m，局部深达28.4m。上部结构为现浇钢筋混凝土框架、韧性钢结构和混凝土楼板结构，基础形式为桩筏基础，工程桩为钻孔灌注桩，立柱桩采用钢管立柱和格构柱，围护结构为地下连续墙，墙厚1000mm，深度为35m。

基坑南侧为南京西路，边线距离道路规划红线5m，地下管线有电缆、上水、电话和煤气等管线，最近距离约11m，该侧距离运营中的2号线地铁隧道约13m；北侧为3层仓库，距离约7.5m；西侧新昌路有煤气和污水等管线，最近距离约11m；东侧为万象商都，地下1层，基础埋深5.5m，地上7层，建于1995年，距本工程地下室内边线约8.5m。

图9－9　廖创兴金融中心大厦效果图

9.5.2　总体方案

为保护地铁、加快工期、节约造价，经反复论证，设计采用逆作法施工。根据施工方案，地下室外墙采用1m厚地下连续墙，采用结构梁板作基坑施工阶段的水平支撑，采用 $\phi550\times16$mm 的钢管和 $\phi850$mm 深 75m 的工程桩作为逆作阶段地下室结构梁板的竖向支承柱。在完成地下连续墙、工程桩及逆作的一柱一桩后，自上而下挖第一层土方施工 B0 楼板，挖第二层土方施工 B1 楼板，依次至底板施工，完成地下室的结构楼板施工。底板施工自 B5 层开始，依次逐层往上施工地下室各层墙、柱直至 B0，完成地下基坑及结构的施工。

9.5.3　梁柱结构的节点设计

地下室分别采用有梁板和无梁板两种结构形式，结构柱截面主要为 1200mm × 1200mm；将承托地下室结构的 $\phi550$mm 圆钢管柱内置在结构柱内，浇筑为一个整体作为永久钢管混凝土柱共同受力，一定程度上可降低柱的配筋率及截面。

（1）钢管与有梁板的节点设计。地下室结构有梁板的主梁截面主要为 600mm × 750mm，协调设计将原主梁改为双梁结构，即分成 2 根 300mm × 750mm 的梁，双梁内侧净距 550mm，双梁主筋分别紧贴 $\phi550$mm 钢管柱贯通，可使梁柱节点处主梁钢筋不被钢管隔断，确保主筋贯通，保证了负弯矩的传递和规范要求。双梁与柱节点采取结构加强措施，在钢管上焊接 $2\phi22$mm 抗剪环及 $8\phi22$mm 倒角钢筋，施工时弯折入梁柱加强节点内，如图 9－10 所示，以加强钢管与梁柱节点处混凝土的握裹力，保证逆作施工阶段和永久使用阶段梁弯矩和剪力的有效传递，工艺操作方便，安全可靠，有效降低了节点区的施工难度。

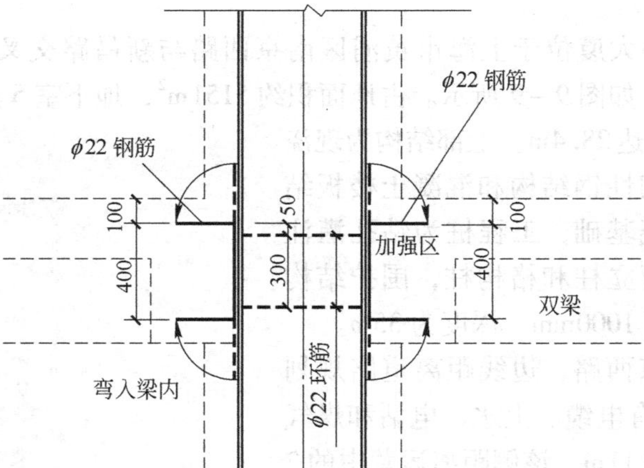

图 9－10　双梁节点图

（2）钢管与无梁楼板柱帽的节点设计。无梁楼板厚 380mm，柱帽为 3000mm × 3000mm × 600mm，钢管周围焊接加强钢板及 $2\phi22$mm 抗剪环，柱帽上层钢筋部位钢管上焊接接驳器，如图 9－11 所示，结构施工时，下层钢筋弯锚入混凝土柱内，确保柱帽与钢管柱处力的传递。通常柱帽配钢筋直径较小，采用接驳器连接，施工操作方便，质量易于保证。

（3）增强钢管与柱混凝土的连接措施。通常的劲性柱采用栓钉增强与混凝土连接，但逆作中钢管柱与桩混凝土同步施工，采用栓钉，则后续钢管桩表面混凝土的清理难度加大，也易造成栓钉的损坏。通过反复研究，决定在钢管通长方向上焊接 $\phi12$mm 的拉结锚

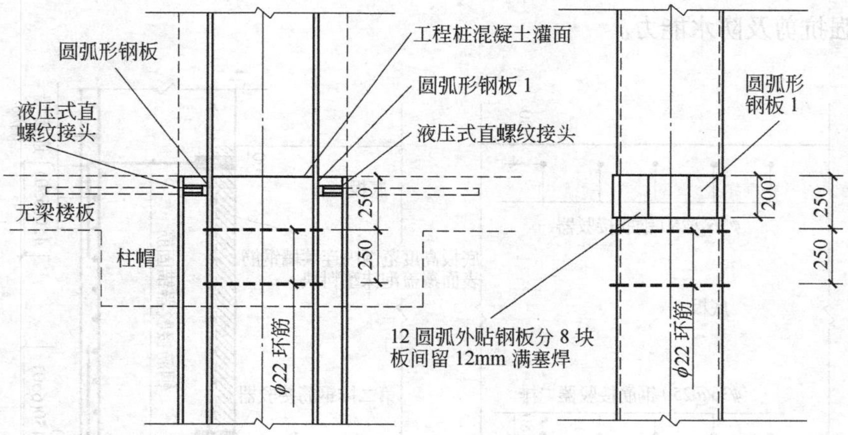

图 9-11 无梁楼板节点图

筋，一端 10d 长度与钢管满焊，另一端点焊，开挖后清除钢管外围原桩的混凝土浮浆，柱钢筋绑扎时，拉开点焊，使锚筋张开 45°角，也能有效增强混凝土与钢管间的连接，如图 9-12 所示。

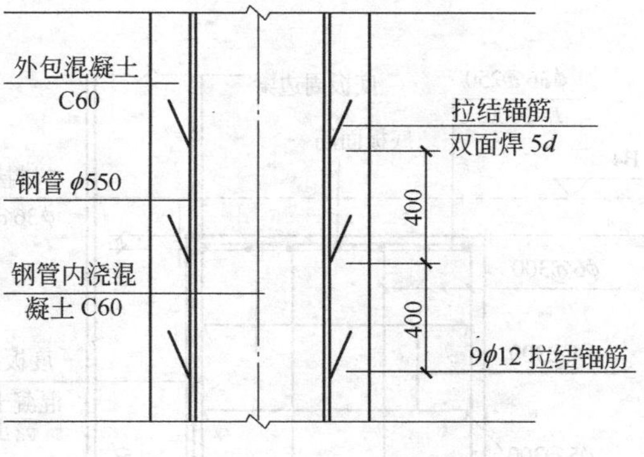

图 9-12 钢管柱拉结锚筋图

9.5.4 梁板与地下连续墙连接节点的设计

逆作施工阶段地下室周边结构梁板是搁置在地下连续墙上的，地下连续墙与结构梁板连接的节点必须能够承担梁板的弯矩、剪力及外侧土压力，因此，梁板钢筋与地下连续墙的连接是节点设计考虑的关键。通常情况下，若受力和配筋较小，宜在地下连续墙内预埋小直径的钢筋，后续剥开地下连续墙混凝土保护层将钢筋扳入梁内，这种方法施工方便、预埋精度要求低；若受力较大则需采用接驳器，该法受力性能可靠，但是预埋精度难以控制，易造成偏位堵塞。

(1) 底板与地下连续墙的连接节点设计。底板受力复杂，需考虑接驳器连接。设计时考虑底板外圈设置周边梁，底板钢筋和预埋接驳器接出的钢筋锚入周边梁，如图 9-13 和图 9-14 所示。通过周边梁传递底板与地墙的力，避免了底板钢筋直接与预埋的接驳器连接，降低了施工难度，有利于质量的控制。在底板与地下连续墙接缝处预留剪力槽和止水条，以增强抗剪及防水能力。

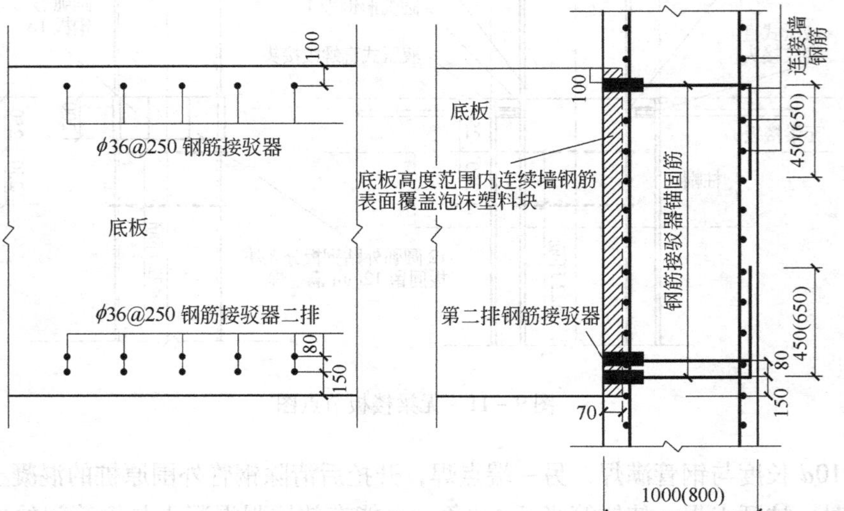

图 9－13　底板钢筋接驳示意图

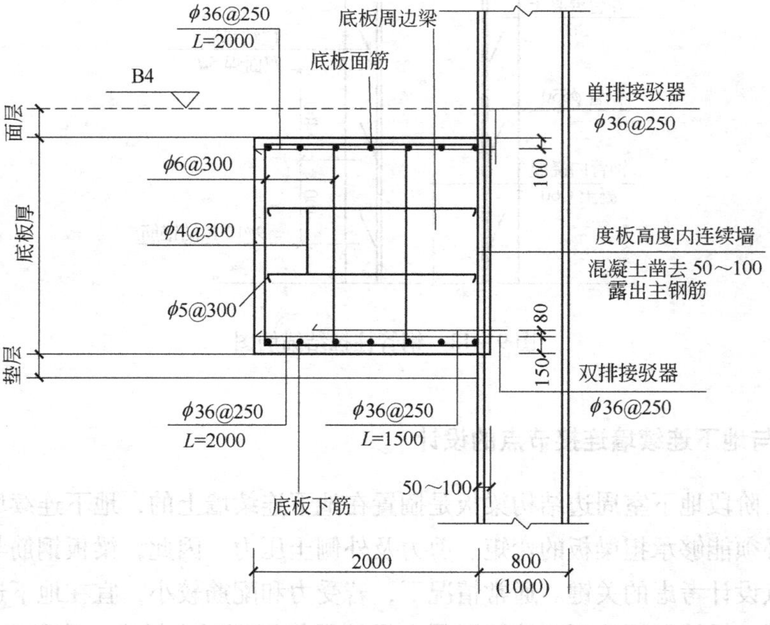

图 9－14　底板周边梁剖面图

（2）楼板与地下连续墙的连接节点设计。地下室各层楼板与地下连续墙间的剪力和弯矩较小，在各层结构外边设置周边梁，在地下连续墙内预留 ϕ12@200mm 双排筋，待梁板结构施工时清除保护层，露出钢筋，扳入周边梁内，接焊钢筋形成封闭箍筋。该法施工简便易行，取得了良好的效果。

9.5.5 柱、墙逆作施工技术

逆作法中结构柱、墙混凝土逆浇是施工中的一个难点，易造成柱顶梁底处柱混凝土产生收缩裂缝，若处理不当，对结构质量造成很大的影响。本工程在施工中留设浇筑孔，采用混凝土超灌、侧向振捣及预埋注浆管后注浆等技术，圆满解决了柱混凝土逆浇质量控制的难题。

（1）柱底模的施工。在每层楼板施工时，结构柱施工缝设置在梁底，下部采用钢筋网片上铺钢丝网作为底模，施工方便。柱筋在下侧根据规范要求错位预留。

（2）柱混凝土逆浇的施工。在梁板施工时，柱侧留设4个可以轮流灌注的灌浆孔，其余的孔位下振捣棒振捣。为确保混凝土密实，配以柱模外挂式振捣器材进行模外振捣。梁板下柱混凝土浇捣时采取斜柱帽，如图9－15所示，利用混凝土返浆达到柱新老混凝土间的连接密实，并加强柱顶振捣，在施工缝中埋设注浆管，若混凝土产生收缩裂缝，则进行后注浆补强处理。

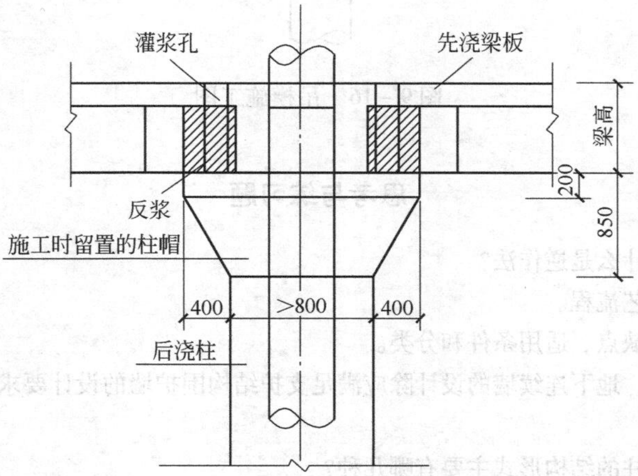

图9－15 柱混凝土逆浇示意图

（3）剪力墙混凝土逆浇的施工。剪力墙在梁底设置施工缝，在楼板施工时预留插筋，浇筑混凝土时设置喇叭口返浆保证施工缝处混凝土连接密实。在施工缝中埋设注浆管，若混凝土产生收缩裂缝，则进行后注浆补强处理，反口在施工后凿除。

9.5.6 无排吊模施工技术

逆作施工结构楼板，模板排架直接搭设在土方开挖面上，通常开挖面到楼板底的距离不足1m，导致模板排架在下层土方开挖前难以拆除。以往的逆作项目均是边挖土边拆模，往往导致土方开挖进度缓慢、排架模板损耗量大、材料运输困难，而且安全难以得到保证。

根据逆作法的特点，本工程在无梁楼板结构部位采用逆作无排吊模施工技术，成功解决了施工难题。部分无梁楼板部位的土方开挖根据结构楼板底面的形状，开挖至结构板及柱帽底面下250mm，然后浇筑100mm混凝土垫层，直接在逆作垫层上铺设木方和模板，利用对拉螺丝将木方、模板连接。螺栓与混凝土楼板连接。如图9－16所示。在楼板混凝土达到强度后，无需拆除模板，直接进行土方开挖，让模板体系吊在板底，待下一层土方开挖完成后，模板整体吊放至下一层垫层面，作为下层结构楼板的模板体系，减少了模板及钢管的搬运，施工也非常便利。

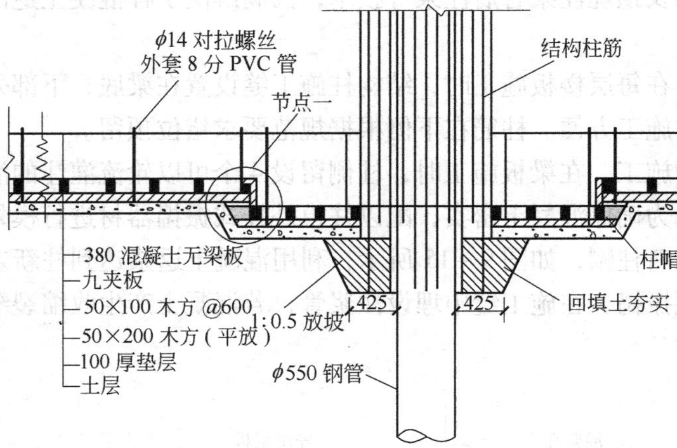

图9－16 吊模施工图

思考与练习题

9－1 什么是顺作法，什么是逆作法？

9－2 简述逆作法的工艺流程。

9－3 简述逆作法的优缺点、适用条件和分类。

9－4 在逆作法施工中，地下连续墙的设计除应满足支护结构围护墙的设计要求外，还要着重解决哪三个方面的问题？

9－5 常用的中间支承柱的结构形式主要有哪几种？

9－6 常用的地下连续墙与梁的连接节点形式有哪些？

10 地下水的控制

10.1 概 述

基坑工程施工中经常会遇到地表和地下水的大量侵入，造成地基浸泡，使地基承载力降低，或出现管涌、流砂、坑底隆起、坑外地层过度变形等现象，从而导致坑壁失稳破坏，影响周围建筑物的正常使用和安全。在地下水位较高的地区开挖基坑时，为保证基坑施工环境，防止与地下水相关的危害发生，必须对基坑地下水进行控制。

进行基坑开挖施工，无论是放坡开挖还是采用支护体系的垂直开挖，如果施工区域地下水位较高，都将涉及地下水的控制问题。当开挖施工的开挖面低于地下水位时，土体含水层被切断，地下水便会从坑外或坑底源源不断地渗入基坑内。另外在基坑开挖期间，由于降雨或其他原因，地表水也会流入基坑并在基坑内造成滞留水。如果未采取基坑降水措施或未及时排走流入坑内的地下水和地表水，不仅会使施工条件恶化，而且会造成边坡塌方和地基承载力下降，形成安全隐患。从基坑开挖施工的安全角度出发，对于采用支护体系的垂直开挖，坑内被动区土体由于含水量增加导致土体强度参数降低，对控制支护体系的稳定性、强度和变形都是不利的；对于放坡开挖，地下水控制方法不当则会增加边坡失稳和产生流砂等灾害的可能性。从施工角度出发，在地下水位以下开挖土方，坑内滞留水不仅增加了土方开挖施工的难度，影响工程进度，而且还会使地下主体结构施工难以顺利进行。在水的浸泡下，地基土强度大大降低，对控制基坑坑底变形极为不利。因此，为保证顺利进行深基坑工程开挖和地下主体结构的施工以及地基土的强度不遭受损失，当地下水位高于基坑开挖面时，必须采取措施降低地下水位；当基坑内有滞留水时，需采取措施排除坑内积水，使基坑处于干燥状态，以利于施工。此外，基坑周围应根据邻近建筑物、管线等的分布情况及重要等级采取适当的截水、回灌措施。

通过必要的技术手段对基坑地下水进行控制，其作用主要表现在以下几个方面：

（1）防止基坑坡面和基底的渗水，保持坑底干燥，便利施工。

（2）增加边坡和坑底的稳定性，防止边坡土或基底的土层颗粒流失。这是因为基坑开挖至地下水位以下时，周围地下水会向坑内渗流，从而产生渗流力，对边坡和基底稳定产生不利影响，此时采用井点降水的方法可以把基坑周围的地下水位降到开挖面以下，不仅保持坑底干燥，便利施工，而且消除了渗流力的影响，防止流砂产生，增加了边坡和基底的稳定性。

（3）减少土体含水量，有效提高土体物理力学性能指标。对于放坡开挖而言，可提高边坡稳定性；对于支护开挖，可增加被动区土抗力，减少主动区土体侧压力，从而提高支护体系的稳定性和强度，减少支护体系的变形。

（4）提高土体固结程度，增大地基抗剪强度。降低地下水位，减少土体含水量从而提高土体固结程度；减少土中孔隙水压力，增加土中有效应力，相应的土体抗剪强度也可得到提高。降低地下水位也是一种有效的地基加固方法。

10.2 降水方法及其选用

基坑地下水控制应满足支护结构设计要求，应根据场地及周边工程地质条件、水文地质条件和环境条件，并结合基坑支护和基础施工方案综合分析确定。基坑工程中控制地下水位的方法主要有降低地下水位和隔离地下水两大类。降低地下水位的方法又包括集水井降水和井点降水两种。隔离地下水的方法包括地下连续墙、连续排桩、止水帷幕、坑底水平封底等。

在采取降水措施时，应根据工程的实际情况，并考虑以下因素综合确定：

(1) 地下水位的标高及基底标高。一般要求地下水位应降到基底标高以下0.5~1.5m。

(2) 土层性质。土层性质包括土的种类和渗透系数。

(3) 基坑开挖施工的形式。基坑开挖时采用放坡开挖还是支护开挖。

(4) 开挖面积大小。

(5) 周围环境的情况。这是指在降水影响范围内有无建筑物或地下管线以及它们对地基沉降的敏感程度和重要性等。

人工降低地下水位的方法，按照其降水机理的不同，分为重力式降水和强制式降水。重力式降水即排水沟及集水井排降水，强制式降水的方法即井点降水。

根据工程特点及地质条件，在深基坑开挖施工降水设计时，可根据表10-1对降水方法进行选择。需要指出的是，降水方法的选择不是绝对的，在满足技术条件的基础上，还要视费用、工期、已有设备及施工经验等多种因素综合考虑，以最终选择出最有效、经济、合理、省时的降水方法，以保障深基坑开挖施工的顺利进行。

表10-1 基坑降水方法与适用条件

降水方法	适用土层	水文、地质特征	降水深度/m	渗透系数/$m \cdot d^{-1}$	降低水位深度/m
明沟排水	填土、粉土、砂土、黏性土	土层滞水，水量不大的潜水	<6	<20	<5
轻型井点	填土、粉土、砂土、粉质黏土、黏性土	土层滞水，水量不大的潜水	6~7	0.1~20	3~6
喷射井点	填土、粉土、砂土、粉质黏土、黏性土、淤泥质粉质黏土	土层滞水，水量不大的潜水	8~20	0.1~20	8~20
电渗井点	淤泥质粉质黏土、淤泥质黏土	土层滞水，水量不大的潜水	6~7	<0.1	根据选定的井点确定
管井井点	粉土、砂土、碎石土、可溶岩、破碎带	含水丰富的潜水、承压水、裂隙水	3~5	20~200	3~5
深井井点	砂土、砂砾岩、粉质黏土、砂质粉土	水量不大的潜水，深部有承压水	>15	10~250	>10

10.2.1 重力式降水

排水沟和集水井降水属于重力式降水，是现场普遍应用的一种人工降低地下水位、排除明水、保障施工的方法，如图 10 - 1 所示。它施工方便，设备简单，并可应用于除细砂外的各种土质的施工场合。

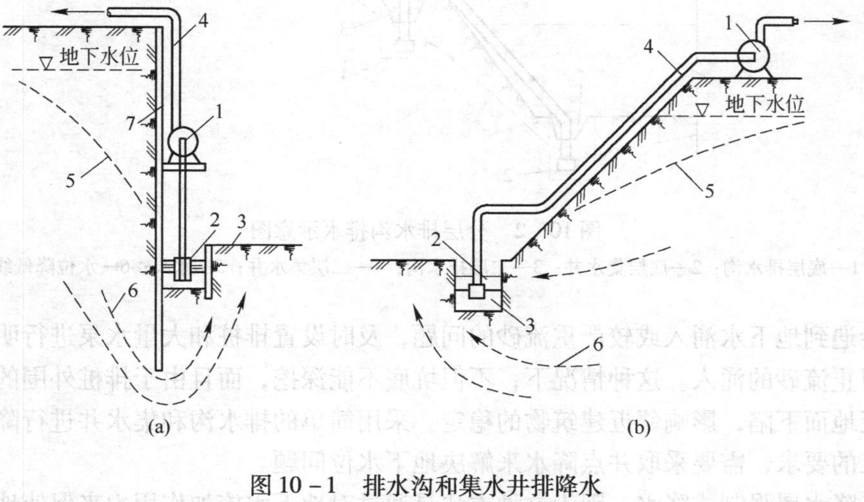

图 10 - 1　排水沟和集水井排降水
（a）直坡边沟；（b）斜坡边沟
1—水泵；2—排水沟；3—集水井；4—压力水管；5—降落曲线；6—水流曲线；7—板桩

（1）排水沟。施工时，在开挖基坑的周围一侧或两侧，或者在基坑中心设置排水沟。水沟截面要考虑基坑排水量及对邻近建筑物的影响来确定，一般排水沟深度为 0.4 ~ 0.6m，最小 0.3m，宽等于或大于 0.4m，水沟的边坡为 1 : 1 ~ 1 : 0.5，边沟应具有 0.2% ~0.5% 的最小纵向坡度，使水流不致阻滞而淤塞。为保证沟内流水通畅，避免携砂带泥，排水沟的底部及侧壁可根据工程具体情况及土质条件采用素土、砖砌或混凝土等形式。

（2）集水井。沿排水沟纵向每隔 30 ~ 40m 可设一个集水井，使地下水汇流于集水井内，便于用水泵将水排出基坑。挖土时，集水井应低于排水边沟 1m 左右并深于抽水泵进水阀的高度。集水井井壁直径一般为 0.6 ~ 0.8m，井壁用竹木或砌干砖、水泥管、挡土板等作临时简易加固。井底反滤层铺 0.3m 厚的碎石和卵石。

排水沟和集水井应随挖土逐渐加深，以保持水流通畅。

（3）分层排水沟和集水井排降水。对于基坑深度较大，地下水位较高以及多层土中上部有透水性较强的土，或上下层土体虽为相同的均质土，但上部地下水较丰富的情况，为避免上层地下水冲刷下层土体边坡造成塌方，并降低边坡高度和水泵的扬程，可采用分层排降水的方式。即在基坑边坡上设置 2 ~ 3 层排水沟和集水井，分层排除上部土体中的地下水，如图 10 - 2 所示。运用此方法的缺点是土方量增加，因为上层的排水沟使开挖面积增大。

10.2.2 强制式降水

当高层建筑的基础或地下建（构）筑物在地下水位以下的含水层中施工时，基坑开

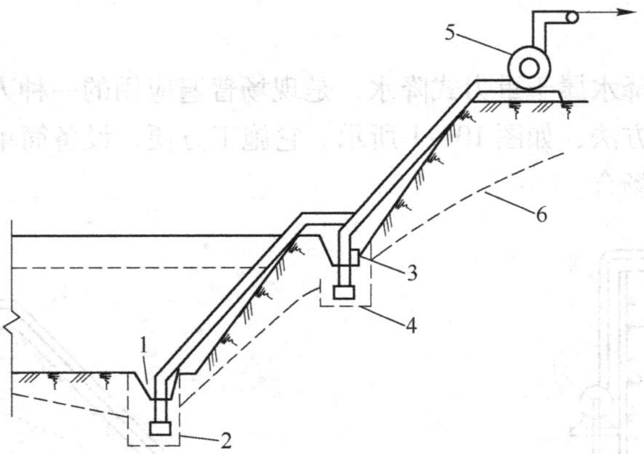

图 10－2　分层排水沟排水示意图

1—底层排水沟；2—底层集水井；3—二层排水沟；4—二层集水井；5—水泵；6—水位降低线

挖常常会遇到地下水涌入或较严重流砂的问题，及时设置排桩和大量水泵进行明排水也不能有效阻止流砂的涌入。这种情况下，不但坑底不能深挖，而且由于排桩外围的泥土被掏空，附近地面下陷，影响邻近建筑物的稳定。采用简单的排水沟和集水井进行降水已不能满足施工的要求，需要采取井点降水来解决地下水位问题。

井点降水属强制式降水，因为这种方法是通过对地下水施加作用力来促使地下水的排走，从而达到降低地下水位的目的。根据井点布置方式、施加作用力方式以及抽水设备的不同，井点降水可分为轻型井点、喷射井点、电渗井点、管井井点和深井井点等。

10.2.2.1　轻型井点降水

轻型井点降水系真空作用抽水，如图 10－3 所示。轻型井点由井点管、过滤器、集水总管、支管、阀门等组成管路系统，并由抽水设备启动，在井点系统中形成真空，并在井点周围一定范围形成一个真空区，真空区通过砂井扩展到一定范围。在真空力作用下，井点附近的地下水通过砂井，经过滤器被强制吸入井点系统内抽走，使井点附近的地下水降

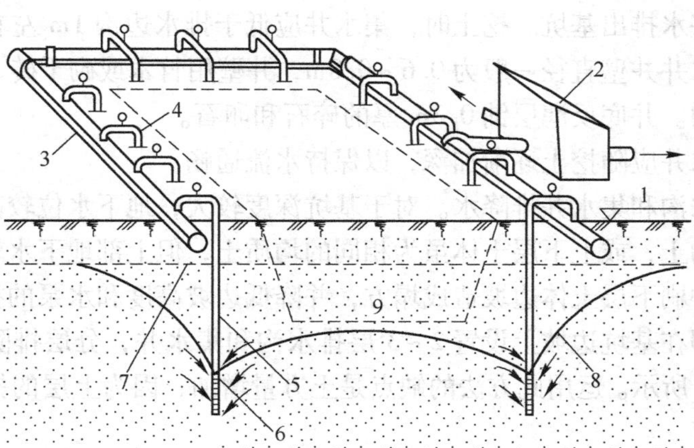

图 10－3　轻型井点降水示意图

1—地面；2—水泵房；3—总管；4—弯联管；5—井点管；6—滤管；

7—原地下水位；8—降后地下水位；9—基坑

低。在作业过程中，井点附近的地下水位与真空区外的地下水位之间存在一个水头差，在该水头差作用下，真空区外侧的地下水是以重力方式流动的，所以常把轻型井点降水称为真空强制抽水法，更确切地说，应该是真空－重力抽水法。只有在这两个力的作用下，基坑地下水才会降低，并形成一定范围的降水漏斗。

井管长度一般为5～7m，用ϕ38～55mm的钢管。井点管的下端装有滤管，滤管直径常与井点管直径相同，长度为1.0～1.7m，管壁上钻有ϕ12～18mm的星棋状排列滤孔。管壁外包两层滤网，内层为细滤网，采用30～50孔/cm的黄铜丝布或生丝布，外层为粗滤网，采用8～10孔/cm的铁丝布或尼龙丝布。常用的滤网类型有方织网、斜织网和平织网。一般在细砂中采用平织网，中砂中采用斜织网，粗砂和砾石中则采用方织网。为避免滤孔淤塞，在管壁与滤网间用铁丝绕成螺旋形隔开，滤网外面再围一层8号粗铁丝保护网。滤管下端放一个锥形铸铁头，以利于井管插埋。井点管的上端用弯管接头与总管相连。

连接管用胶皮管、塑料透明管或钢管弯头制成，直径为38～55mm。每个连接管均装设阀门，以便检修井点。集水总管一般用ϕ100～127mm的钢管分节连接，每节约长4m，其上装有与井点管相连接的短接头，间距为0.8m、1.2m或1.6m。

轻型井点降水系统的抽水设备目前常用的有真空泵型、射流泵型以及隔膜泵型配套抽水装置。井点系统平面布置由基坑的平面形状、大小、要求降深、地下水流向和地基岩性等因素决定。当降水基坑为窄条形时，采用单排或双排井点线形布置在基坑一侧或两侧；当降水基坑为矩形、圆形、三角形或不规则形状时，常采用环形封闭式或U形井点布置。

当降水深度在6m以内时，采用单级井点降水，当降水深度较大时，可采用下卧降水设备或多级井点降水。一般情况下，降水深度不大于8m时，以下卧降水设备为好，即先挖土1～2m再布置井点；降水深度为8～12m时采用二级井点降水，大于12m时可采用多级井点降水。

为保证轻型井点降水成功，在进行井点布置时还需注意以下事项：

(1) 应尽可能将建筑物、构筑物的主要部分纳入井点系统范围，确保主体工程的顺利进行；

(2) 尽可能压缩井点降水范围，总管设在基坑外围或沟槽外侧，井点则朝向坑内；

(3) 总管线型随基坑形状布置，但尽可能沿直线、折线铺设，不应弯弯曲曲，否则安装困难且易漏气；

(4) 总管平台宽度一般为1～1.5m，平面布置要充分考虑排水的出路，一般离基坑越远越好，以防回水；

(5) 井点系统集水总管的高程最好布设在接近地下水位处，或略高于天然地下水位以上200mm左右；

(6) 井点泵（离心泵）轴心高度应尽可能与集水总管在同一高程上，要防止地面雨水径流，坑四周采用围堰阻水；

(7) 在同一井点系统中，无论线状还是环形布置中的各根井管长度须相同，使各井管下滤管顶部能在同一高程上，以防高差过大，影响降水效果；

(8) 井点泵系统、集水总管都应设置在比较可靠的地点或平台上，一般井点泵装置地点要用垫木或夯实整平。

轻型井点降水一般适用于粉细砂、粉土、粉质黏土等渗透系数较小的弱含水层降水，降水深度单层小于6m，双层小于12m。采用轻型井点降水，其井点间距小，能有效地拦截地下水流入基坑内，尽可能地减小残滞水层厚度，对保持边坡和桩间土的稳定较有利，因此降水效果好。其缺点是占用场地大、设备多、投资大，特别是对于狭窄建筑场地的深基坑工程，其占地和费用一般使业主和施工单位难以接受；在较长时间的降水过程中，对供电、抽水设备的要求高，维护管理复杂等。

10.2.2.2 喷射井点降水

当基坑开挖所需降水深度超过6m时，一级的轻型井点就难以达到预期的降水效果了，这时如果场地许可，可以采用二级甚至多级轻型井点以增加降水深度，达到设计要求。但是这样不但会增加基坑土方施工工程量和降水设备用量并延长工期，而且还会扩大井点降水的影响范围，对环境保护不利。此时，可考虑采用喷射井点。

根据工作流体的不同，以压力水作为工作流体的为喷水井点；以压缩空气作为工作流体的则是喷气井点，两者的工作原理是相同的。

喷射井点系统主要由喷射井点、高压水泵（或空气压缩机）和管路系统组成，如图10-4所示。喷射井管由内管和外管组成，在内管的下端装有喷射扬水器，其与滤管相连。当喷射井点工作时，由地面高压离心水泵供应的高压工作水经过内外管之间的环形空间直达底端，在此处工作流体由特制内管的两侧进水孔至喷嘴喷出，在喷嘴处由于断面突然收缩变小，使工作流体具有极高的流速，从而在喷口附近形成负压，将地下水经过滤管吸入。吸入的地下水在混合室与工作水混合，然后进入扩散室，在强大压力的作用下把地下水同工作水一同扬升出地面，经排水管道系统排至集水池或水箱，一部分用低压泵排

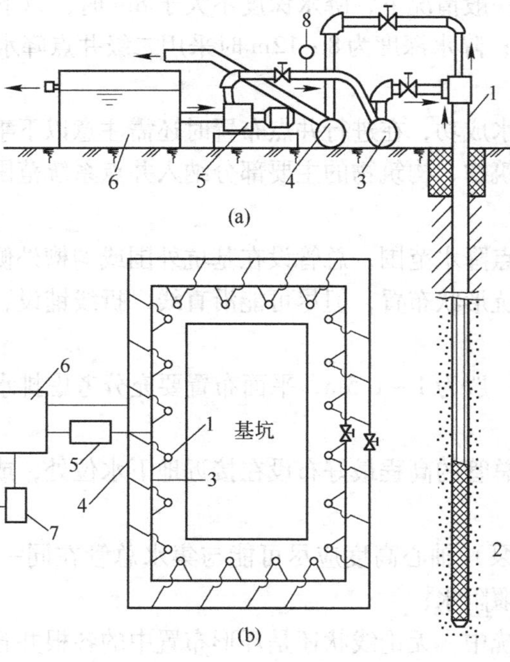

图10-4 喷射井点降水示意图

(a) 喷射井点设备简图；(b) 喷射井点平面布置图

1—喷射井管；2—滤管；3—供水总管；4—排水总管；5—高压离心水泵；6—水池；7—排水泵；8—压力表

走，另一部分供高压水泵压入井管外管内作为工作水流。如此循环作业，将地下水不断从井点管中抽走，使地下水逐渐下降，从而达到设计要求的降水深度。

为防止因停电、机械故障或操作不当而突然停止工作时的倒流现象，在滤管的芯管下端设一逆止球阀，喷射井点正常工作时，喷射器产生真空，芯管内出现负压，钢珠浮起，地下水从阀座中间的孔进入井管。当井管故障真空消失时，钢珠下沉堵住阀座孔，阻止工作水进入土层。

高压水泵一般可采用流量为 50~80m^3/h、压力为 0.7~0.8MPa 的多级高压水泵，每套约能带动 20~30 根井管。

喷射井点用作深层降水，应用在粉土、极细砂和粉砂中，在较粗的砂粒中，由于出水量较大，循环水流就显得不经济，这时宜采用深井泵。一般一级喷射井点可降低地下水位 8~20m，甚至 20m 以上。

喷射井点在设计时其管路布置和高程布置与轻型井点基本相同。基坑面积较大时，采用环形布置，基坑宽度小于 10m 时采用单排线形布置，大于 10m 时采用双排布置。喷射井管间距一般为 2~3.5m。当采用环形布置时，进出口（道路）处的井点间距可扩大为 5~7m。

10.2.2.3 电渗井点降水

在黏性土和粉质黏土中进行基坑开挖施工时，由于土体的渗透系数较小，为加速土中水向井点管中流入，提高降水施工的效果，除了应用真空产生抽吸作用以外，还可加用电渗。

所谓电渗井点，一般与轻型井点或喷射井点配合使用，是利用轻型井点或者喷射井点管本身作为阴极，以金属棒（钢筋、钢管、铝棒等）作为阳极。通入直流电（采用直流发电机或直流电焊机）后，带有负电荷的土粒即向阳极移动（即电泳作用），而带有正电荷的水则向阴极方向移动集中，产生电渗现象。在电渗与井点管内的真空双重作用下，强制黏土中的水由井点管快速排出，井点管连续抽水，从而使地下水位逐渐降低。

对于渗透系数较小（小于 0.1m/d）的饱和黏土，特别是淤泥或淤泥质黏土，单纯利用井点系统的真空产生的抽吸作用可能较难将水从土体中抽出排走，利用黏土的电渗现象和电泳作用，一方面可加速土体固结，增加土体强度，另一方面还可以达到较好的降水效果。

电渗井点的工作原理如图 10-5 所示。

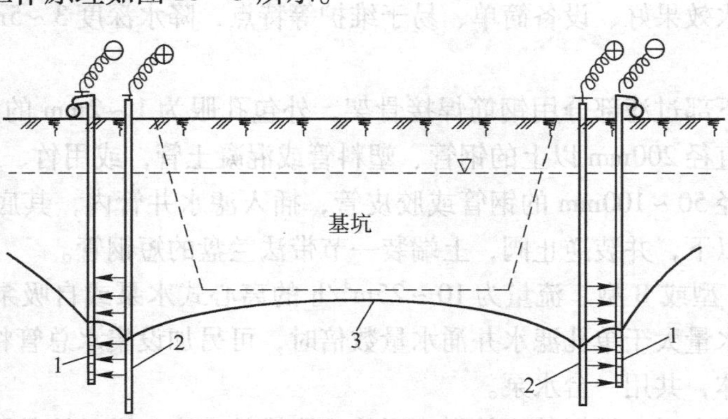

图 10-5 电渗井点降水原理图
1—井点管；2—金属棒；3—地下水降落曲线

电渗井点在应用过程中，要注意以下几点：

(1) 电渗井点埋设程序一般是先埋设轻型井点或喷射井点管，预留出布置电渗井点阳极的位置，待轻型井点降水不能满足降水要求时，再埋设电渗阳极，以改善降水性能。电渗井点阴极埋设与轻型井点、喷射井点相同，阳极埋设可用75mm旋叶式电钻钻孔埋设，钻进时加水和高压空气循环排泥，阳极就位后，利用下一钻孔排出泥浆倒灌填孔，使阳极与土接触良好，减少电阻，以利于电渗。如深度不大，也可用锤击法打入。钢筋埋设必须垂直，严禁与相邻阴极相碰，以免造成短路，损坏设备。

(2) 阳极用 $\phi50\sim70$mm 的钢管或 $\phi20\sim25$mm 的钢筋或铝棒，埋设在井点管内侧1.2~1.5m处，并呈平行交错排列。阴极和阳极的数量应相等，必要时阳极数量可多于阴极数量。

(3) 井点管与金属棒间的距离，即阴、阳极之间的距离，当采用轻型井点时，为0.8~1.0m，当采用喷射井点时，为1.2~1.5m。用75mm旋叶式电钻钻孔埋设，阳极外露在地面上约200~400mm，入土深度比井点管深500mm，以保证水位能降到要求的深度。

(4) 阴、阳极分别用BX型铜芯橡皮线、扁钢、$\phi10$mm 钢筋或电线连成通路，接到直流发电机或直流电焊机的相应电极上。

(5) 通电时，工作电压不宜大于60V。土中通电的电流密度宜为0.5~1.0A/m^2。为避免大部分电流从土体表面通过，降低电渗效果，通电前应清除井点管与金属棒间地面上的导电物质，使地面保持干燥，如涂一层沥青绝缘效果更好。

(6) 通电时，为消除由于电解作用产生的气体积聚于电极附近，使土体电阻增大而增加电能的消耗，宜采用间隔通电法。每通电24h，停电2~3h。

(7) 在降水过程中，应对电压、电流密度、耗电量及预设观测孔水位等进行测量记录。

10.2.2.4 管井井点降水

对于渗透系数为20~200m/d且地下水丰富的土层、砂层，当用明排水易造成土颗粒大量流失，引起边坡塌方，用轻型井点难以满足排降水的要求时，可采用管井井点降水。

管井井点就是沿基坑周边每隔一定距离设置一个管井，或在坑内降水时每一定范围设置一个管井，每个管井单独用一台水泵不断抽取管井内的水来降低地下水位。管井井点具有排水量大、排水效果好、设备简单、易于维护等特点，降水深度3~5m，可代替多组轻型井点的作用。

滤水井管的下部过滤部分用钢筋焊接骨架，外包孔眼为1~2mm的滤网，长2~3m，上部井管部分用直径200mm以上的钢管、塑料管或混凝土管，或用竹、木制成的管。

吸水管用直径50~100mm的钢管或胶皮管，插入滤水井管内，其底端应沉到管井吸水时的最低水位以下，并装逆止阀，上端装一节带法兰盘的短钢管。

水泵采用BA型或B型、流量为10~25m^3/h的离心式水泵或自吸泵。每个井管装置一台，当水泵排水量大于单孔滤水井涌水量数倍时，可另加设集水总管将相邻的相应数量的吸水管连成一体，共用一台水泵。

采用基坑外降水时，根据基坑的平面形状或沟槽的宽度，沿基坑外围四周呈环形或沿基坑、沟槽两侧或单侧呈直线形布置。井中心距基坑或沟槽边壁的距离根据管井成孔所用钻机的钻孔方法而定，当用冲击式钻机并用泥浆护壁时为0.5~1.5m，用套管法时不小于3m。根据需降水的范围和深度以及土层的渗透系数确定管井的埋设深度和间距，埋设深度可为5~10m，间距为10~50m，降水深度可达5m。

当基坑开挖面积较大或者为了防止降低地下水对周围环境的不利影响而采用坑内降水时，可根据所需降水深度、单井涌水量以及抽水影响半径等确定管井井点间距，再以此间距在坑内呈棋盘状布置，如图10-6所示。管井间距一般为10~15m，同时应不小于$\sqrt{2}R$，以保证基坑内全范围地下水位降低。

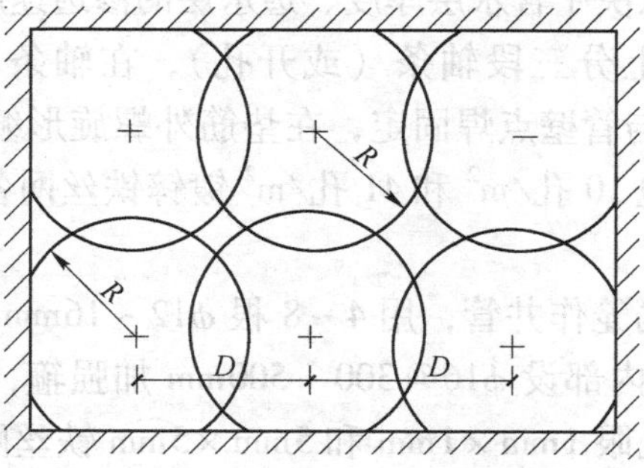

图10-6　管井井点降水布置图

R—抽水影响半径；*D*—井点间距

通常每个滤水管井单独使用一台水泵，水泵的设置标高应尽可能设在最小吸程处(一般5~7m)，高度不够时，水泵可设在基坑内。当水泵排水量大于单孔滤水管井涌水量的数倍时，可另设集水总管，把相邻的一定数量的吸水管连成一体，共用一台水泵。

管井的埋设可采用泥浆护壁钻孔法或套管法。当采用泥浆护壁钻孔法时，钻孔直径比滤水管井外径大200mm以上，管井下沉前应清洗滤井，冲除沉渣，可采用灌入稀泥浆用吸水泵抽出置换或用空压机洗井法，将沉渣清出井外并保持滤网畅通，然后将滤水管插入，用圆木堵住管口，管井与土壁之间用3~15mm粒径砾石填充作为过滤层。地面下0.5m范围内用黏土填充夯实。

管井使用时，应经试抽水，检查出水是否正常，有无淤塞现象，如发现异常，应检修好后方可转入正常使用。在抽水过程中，应经常对抽水机械的电动机、传动轴、电流、电压等进行检查，并对井内水位下降和流量进行观测和记录。

管井使用完毕后，可使用起重设备将管井管口套紧徐徐拔出，滤水管拔出后可洗净再用。所留孔洞应用砂砾填实，上部500mm用黏性土填充夯实。

10.2.2.5 深井井点降水

对于渗透系数较大、涌水量大、降水较深的砂类土，以及用其他井点降水不易解决的深层降水，可采用深井井点降水系统。深井井点降水是在深基坑的周围埋置深于基底的井管，使地下水通过设置在井管内的潜水泵将地下水抽出，使地下水位低于坑底。该方法具有排水量大，降水深（可达50m），不受吸程限制，排水效果好，井距大，对平面布置的干扰小，可用于各种情况，不受土层限制，成孔（打井）用人工或机械均可，较易于解决，井点制作、降水设备及操作工艺、维护均较简单，施工速度快，如果井点管采用钢管、塑料管，可以整根拔出重复使用，同时也存在一次性投资大，成孔质量要求严格，降水完毕后井管拔出较困难等缺点。深井井点降水适用于渗透系数较大、土质为砂类土、地下水丰富、降水深、面积大、时间长的工程。如果在有流砂和重复挖填土方区域使用，效果更佳。

深井井点降水系统由深井、井管和潜水泵等组成。井管由滤水管、吸水管和沉砂管三部分组成，可用钢管、塑料管或混凝土管制成，管径一般为300mm，内径应比潜水泵外径大50mm。

在降水过程中，含水层中的水通过滤水管滤网将土、砂颗粒过滤在外边，使地下清水流入管内。滤水管的长度取决于含水层厚度、透水层的渗透速度以及降水速度的快慢，一般为3~9m。通常在钢管上分三段轴条（或开孔），在轴条（或开孔）后的管壁上焊ϕ46mm垫筋，要求顺直，与管壁点焊固定，在垫筋外螺旋形缠绕12号铁丝，间距1mm，与垫筋用锡焊焊牢，或外包10孔/m^2和41孔/m^2镀锌铁丝网各两层或尼龙网。上下管之间用对焊连接。

简易深井也可采用钢筋笼作井管，用4~8根ϕ12~16mm钢筋作主筋，外设ϕ6~12@150~250mm箍筋，并在内部设ϕ16@300~500mm加强箍，主筋与箍筋、加强箍之间点焊连接形成骨架，外包孔眼1mm×1mm和5mm×5mm铁丝网，也可在主筋外缠8号铁丝，间距2~3mm，与主筋点焊固定，外包1.18mm（14目）尼龙网，或沿钢筋骨架周边绑设竹片或细竹竿，外包草帘、草席各一层，用12号铁丝扎紧。每节长8m，考虑接头，纵筋应长于井笼300mm，钢筋笼直径比井孔每边小200mm。

当土质较好，深度在15m内，也可采用外径380~600mm、壁厚50~60mm、长1.2~1.5m的无砂混凝土管作滤水管，或在外再包两层棕树皮作滤网。

吸水管连接滤水管，起挡土、贮水作用，采用与滤水管同直径的钢管制成。

在降水过程中，沉砂管的作用是沉淀那些通过滤网的少量砂粒，一般采用与滤水管同直径的钢管，下端用钢板封底。

根据扬程和流量要求，水泵可采用QY-25型或QJ50-52型油浸式潜水泵或深井泵，应用潜水泵应注意电缆要可靠，深井泵的电机应有阻逆装置。水泵每井一台，带吸水铸铁管或胶管，并配上一个控制井内水位的自动开关，在井口安装阀门以便调节流量的大小，阀门用夹板固定。每个基坑井点群应有两台备用泵。

对于采用坑外降水的方法，根据基坑的平面形状或沟槽宽度以及所需降水的深度，深井井点沿基坑四周呈环形或沿基坑、沟槽两侧呈直线形布置，井点一般沿基坑周围离开边坡上缘0.5~1.5m，井距一般为30m左右。

当采用坑内降水时，同样可按图10-6所示的方式布置，并根据单井涌水量、降水深度以及抽水影响半径等确定井距，在坑内呈棋盘形点状布置。一般井距为10~30m，相当于埋深。井点宜深入到透水层6~9m，通常还应比所应降水深度深6~8m，需要注意的是，当采用坑内降水，深井降水深度较深，而坑外附近又有需要保护的建筑物或地下管线时，应使坑内降落后的水位位于基底以下0.5~2m，但不低于基坑周边挡水帷幕底标高，一般应使降落后的水位在挡水帷幕底标高以上2m左右，必要时可加深坑外挡水帷幕的插入深度，以防止坑外水向坑内涌入而造成坑外土体沉降，如图10-7所示。

深井井点在施工过程中，应注意以下几点：

(1) 深井的成孔方法可采用冲击钻孔、回转钻孔、潜水电钻钻孔或水冲法成孔，用泥

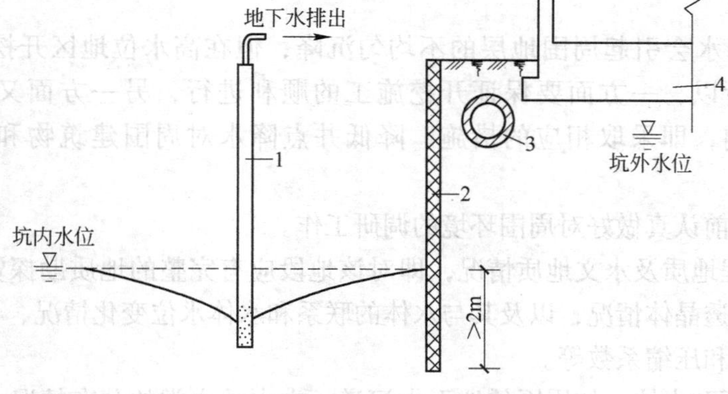

图 10－7 坑内降水与挡水帷幕

1—深井井管；2—挡水帷幕；3—坑外地下管线；4—坑外建筑基础

壁或自成泥浆护壁，孔口设置护筒以防孔口塌方，并在一侧设排泥沟和泥浆坑。

(2) 深井井孔的孔径应比井管直径大 300mm 以上，当不设沉砂管时应考虑底部可能沉积的沉渣高度而适当加深井的深度。成孔后应立即安装井管，以防塌孔。

(3) 井管沉放前应清孔，一般用压缩空气洗井或用吊筒反复上下取出泥渣洗井，井管应安放垂直，过滤部分应放在含水层范围内。在井管与土壁间填充粒径大于滤网孔径的砂滤料。填滤料要一次连续完成，从底填到井口下 1m 左右，上部采用不含砂石的黏土封口。

(4) 在深井内安放水泵前应清洗滤井，冲除沉渣。安放潜水泵时用绳吊入滤水层部位，并安放平稳，电缆等应绝缘可靠，并配置保护开关。

(5) 抽水系统安装完毕后应进行试抽，一切满足要求后再转入正常工作。

(6) 井管使用完毕后，用起重设备将井管口套住徐徐拔出，滤水管拔出洗净后可再用，拔出所留的孔洞用砂砾填实。

10.3 基坑降水对周围环境的影响及其防范措施

10.3.1 基坑降水对周围环境的影响

井点管埋设完成后开始抽水时，井内水位开始下降，周围含水层的水不断流向滤管。在无承压水等环境条件下，经过一段时间之后，在井点周围形成漏斗状的弯曲水面，即所谓降水漏斗。这个漏斗状水面渐趋稳定，一般需要几天到几周的时间。降水漏斗范围内的地下水位下降以后，就必然会造成地面固结沉降，由于漏斗形的降水面不是平面，因而所产生的沉降也不是均匀的。在实际工程中，由于井点管滤管滤网和砂滤层结构不良，把土层中的黏土颗粒、粉土颗粒甚至细砂同地下水一同抽出地面的情况是经常发生的，这种现象会使地面产生的不均匀沉降加剧，造成附近建筑物及地下管线不同程度的损坏。因此，在建筑物和地下管线密集的地区进行降水施工时，必须采取措施提高降水质量，以减少或消除周围的地面沉降。

10.3.2 防范基坑降水不利影响的措施

由于井点降水会引起周围地层的不均匀沉降，但在高水位地区开挖深基坑又离不开降水措施，所以，一方面要保证开挖施工的顺利进行，另一方面又要防范对周围环境的不利影响，即采取相应的措施，降低井点降水对周围建筑物和地下管线造成的不利影响。

(1) 在降水前认真做好对周围环境的调研工作。

1) 查清工程地质及水文地质情况，即对该地段应有完整的地质勘探资料，包括地层分布、透水层和透晶体情况，以及其与水体的联系和水体水位变化情况、各层土的渗透系数、土的孔隙比和压缩系数等。

2) 查清地下贮水体，如周围的地下古河道、古水池之类的分布情况，防止出现井点和地下贮水体相通的情况。

3) 查清上下水管线、煤气管道、电话、电信电缆、输电线等各种管线的分布和类型、埋设的年代和对差异沉降的承受能力，考虑是否需要预先采取加固措施等。

4) 查清周围地面和地下建筑物的情况，包括这些建筑物的基础形式、上部结构形式、在降水区中的位置和对差异沉降的承受能力。降水前要查清这些建筑物的历年沉降情况和目前损坏的程度，是否需要预先采取加固措施等。

(2) 合理使用井点降水，尽可能减少对周围环境的影响。

降水必然会形成降水漏斗，从而造成周围地面的沉降，但只要合理使用井点，可以把这类影响控制在周围环境可以承受的范围之内。

1) 防范抽水带走土层中的细颗粒。在降水时要随时注意抽出的地下水是否有混浊现象。如抽出的水带走细颗粒，不但会增加周围地面的沉降，而且还会使井管堵塞、井点失效。为此，首先应根据周围土层的情况选用合适的滤网，同时应重视埋设井管时的成孔和回填砂滤料的质量。

2) 适当放缓降水漏斗线的坡度。在同样的降水深度前提下，降水漏斗线的坡度越平缓，影响范围越大，而所产生的不均匀沉降就越小，因而降水影响区内的地下管线和建筑物受损害的程度也就越小。根据地质勘探报告，把滤管布置在水平向连续分布的砂性土中可获得较平缓的降水漏斗曲线，从而降低对周围环境的影响。

3) 井点应连续运转，尽量避免间歇和反复抽水。轻型井点和喷射井点在原则上应埋在砂性土层内。对砂性土层，除松砂以外，降水所引起的沉降量是很小的，然而如果降水间歇或反复抽水，现场和室内试验均表明，每次降水都会产生沉降，每次降水的沉降量随着反复次数的增加而减少，逐渐趋于零，但总的沉降量可以累积到一个相当可观的程度，因此，应尽可能避免反复抽水。

4) 防范开挖基坑时产生基底以下承压水而造成流砂，致使坑周产生大量地面沉陷。

5) 如果降水区域周围有湖、河、浜等导贮水体时，应考虑在井点与贮水体间设置挡土帷幕，以防井点与贮水体相通，抽出大量地下水而水位不下降，反而带出许多土颗粒，甚至产生流砂现象，阻碍深基坑工程的开挖施工。

6) 在对地面沉降控制有严格要求的地区开挖深基坑时，可采用坑内降水的方法，即在围护结构内部设置井点，疏干坑内地下水，以利开挖施工，同时，需利用支护墙体本身或另设挡土帷幕切断坑外地下水的涌入。要求挡水墙具有足够的入土深度，一般需较井点滤管下端深2m左右。这样既不妨碍开挖施工，又可大大减轻对周围环境的影响，收到良好的效果。

7）对不适宜采用井点降水的土层，不要盲目使用井点降水。特别是无夹砂层的黏性土层，其渗透系数很小，这种土层基本是不透水的，在此类土层中采用轻型井点和喷射井点往往是无效的，反而可能会造成土颗粒的流失，效果适得其反。由于无夹砂层，故不会产生流砂现象，如果为保证开挖稳定性，可采用放缓边坡坡度或加深支护墙体入土深度的方法解决。

（3）降水场地外侧设置挡水帷幕，缩小降水影响范围。在降水场地外侧有条件的情况下设置一圈挡水帷幕，切断降水漏斗曲线的外侧延伸部分，缩小降水影响范围，从而把降水对周围环境的影响降低到最低程度，一般挡水帷幕底标高应低于降落后的水位2m以上，如图10－8所示。

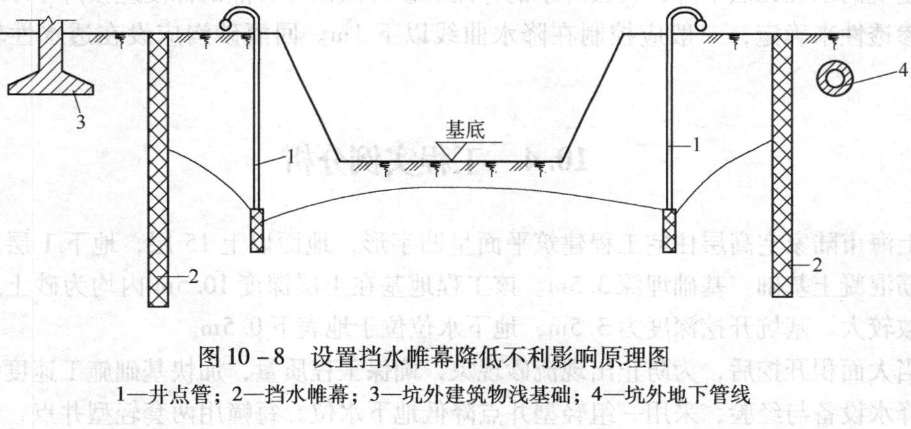

图10－8　设置挡水帷幕降低不利影响原理图
1—井点管；2—挡水帷幕；3—坑外建筑物浅基础；4—坑外地下管线

常用的挡水帷幕有以下几种：

1）深层水泥搅拌桩。深层水泥搅拌桩采用相互搭接的施工方法，由于搅拌桩体的渗透系数不大于10^{-4}m/d，所以可以形成连续的挡水墙，即可在坑内降水时布置板桩、灌注桩等支护墙体作为挡土帷幕，也可以直接作为侧向挡水帷幕。当采用深层水泥搅拌桩格栅型坝体作为重力式支护时，还可起到既挡土又挡水的作用。

2）砂浆防渗板桩。将一排设有注浆管的工字形钢桩打入所需隔水帷幕的位置，然后边拔桩边注入水泥浆，形成一圈水泥砂浆隔水帷幕。施工可采用20～30号工字钢，工程质量的关键是确保工字形钢桩的垂直度和注浆的密实度。

3）树根桩隔水帷幕。采用桩径ϕ200～300mm的树根桩，不用钢筋笼，在桩孔投入碎石后，再压入纯水泥浆成桩，桩与桩之间互相搭接，一般搭接50～100mm，由此形成一道隔水帷幕。施工可采用一般的工程地质钻机，采用跳打的工艺流程，以防穿孔。工程质量的关键是确保桩体有良好的垂直度及桩间搭接，不能有塌孔和缩颈等现象，必要时可在跳打先成桩的施工中采用钢套管成孔，而后边拔套管边注浆。

4）直接利用可以挡水的挡土结构作为挡水帷幕，如钢板桩、地下连续墙等。

（4）降水场地外缘设置回灌水系统。降水对周围环境的不利影响主要是由于漏斗形降水曲线引起周围建筑物和地下管线基础的不均匀沉降造成的，所以，在降水场地外缘设置回灌水系统，以保持需保护部位的地下水位，从而消除所产生的危害。

回灌水系统包括回灌井点和砂沟、砂井回灌两种形式。

1）回灌井点技术。回灌井点就是在降水井点和要保护的区域之间打一排回灌井点，在利用降水井点降水的同时，利用回灌井点向土层内灌入一定数量的水，形成一道水幕，从而减少降水以外区域的地下水流失，使地下水位基本不变，以达到保护环境的目的。

2）砂沟、砂井回灌水。在降水井点与被保护区域之间设置砂井作为回灌井，沿砂井布置一道砂沟，然后将井点抽出来的水适时适量地排入砂沟，再经砂井回灌到地下，从而保证被保护区域地下水位的基本稳定，达到保护环境的目的，实践证明效果良好。

需要说明的是，采用回灌技术时，要防止降水和回灌两井相通，即回灌井点、回灌砂井或回灌砂沟与降水井点的距离一般不宜小于6m，以防降水井点仅抽吸回灌井点的水，而使基坑内水位无法下降，失去降水的作用。砂井或回灌井点的深度应按降水水位曲线和土层渗透性来确定，一般应控制在降水曲线以下1m。回灌砂沟应设在透水性较好的土层内。

10.4 工程实例分析

上海市陆家宅高层住宅工程建筑平面呈凹字形，地面以上15层，地下1层。采用箱形钢筋混凝土基础，基础埋深3.5m。该工程地基在土层深度10.5m内均为砂土层，其渗透系数较大。基坑开挖深度为3.5m，地下水位位于地表下0.5m。

当大面积开挖后，为防止出现流砂现象，确保工程质量，加快基础施工速度，根据现有的降水设备与经验，采用一组轻型井点降低地下水位。每幢用两套轻型井点，经设计计算，井点管长度取6m，间距为1.6m，每幢为90根，每套轻型井点为45根，总管长度140m，井点管距基坑边壁为1m。

为了确保降水效果采取以下措施：

(1) 基坑开挖前先用轻型井点抽水一周，并控制真空度在54.4kPa左右。

(2) 确保冲孔质量，即冲孔要求直径不小于300mm，而且孔洞垂直，深度大于井点管长度500mm左右。放井点管于孔中央，并在四周对称均匀地灌砂。砂要采用均匀的粗砂，平均粒径为0.63mm，平均每孔在600~700kg，以形成良好的滤层。

(3) 控制每台轻型井点管数，即一台真空泵配备井点管不超过45根，以保证真空泵的抽吸能力。

为了确保开挖的效果，必须把基坑内的雨水及地表水排出，在基坑四周挖一条300mm×300mm的明沟，在基坑的一端设一个ϕ800mm深1.4m的集水井，用无砂混凝土作井壁，使基坑内的雨水、表面水流入排水沟，再由排水沟引向集水井，然后用一台潜水泵把集水井内的水抽出，排到工地的排水沟。

通过上述措施，在基础施工段保证了真空泵井点管的水长流，且无堵塞、失效现象发生，基坑相当干燥，便于工人进行操作。井点平面及剖面布置如图10-9所示。

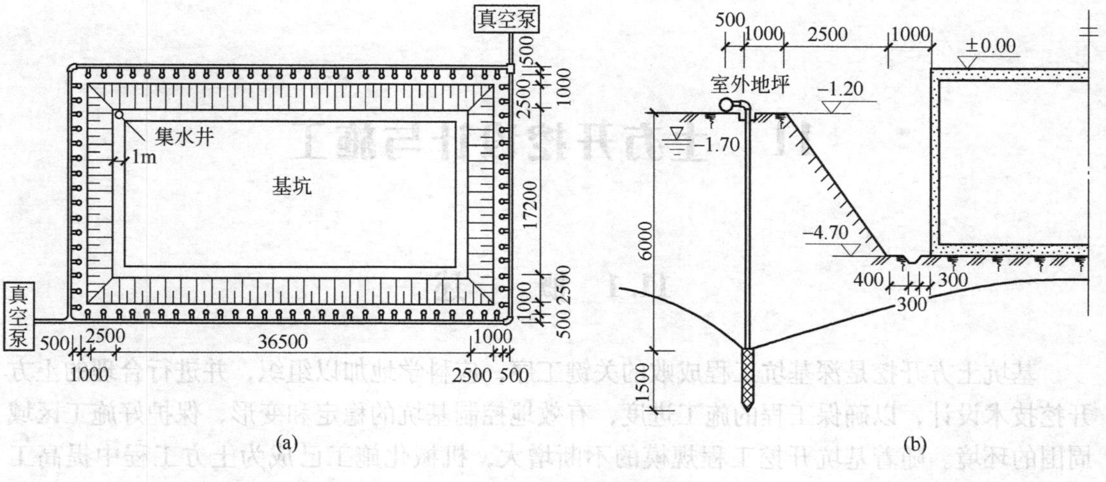

图 10 – 9　井点布置平面与剖面图

(a) 平面图；(b) 剖面图

思考与练习题

10 – 1　基坑工程中，进行地下水控制的意义和作用是什么？

10 – 2　常用的基坑工程降水方法有哪些，适用条件如何？

10 – 3　简述井点降水的分类，并说明各种井点降水方法的工作原理。

10 – 4　基坑降水对周围环境会产生哪些不利影响，应采取哪些措施进行防范？

11 土方开挖设计与施工

11.1 概　　述

基坑土方开挖是深基坑工程成败的关键工序，应科学地加以组织，并进行合理的土方开挖技术设计，以确保工程的施工进度，有效地控制基坑的稳定和变形，保护好施工区域周围的环境。随着基坑开挖工程规模的不断增大，机械化施工已成为土方工程中提高工效、缩短工期的必要手段。

基坑土方开挖应在全面掌握现场场地土层条件、基坑支护设计方案、环境保护要求以及工期目标等条件后，进行合理的施工组织设计，应综合考虑土方开挖、基坑降水以及基坑监测等各分项工程的施工流程和相互影响等，周密安排施工工序。土方开挖专项方案制订时应首先明确开挖原则，根据基坑工程的特点选择合理的开挖方式，然后进行土方开挖的竖向分层和平面分块。

同样类型的基坑，采用相同的设计方法和支护结构，由于土方开挖的方法、顺序不同，围护墙的位移和对环境影响的程度就会存在较大的差异。“及时支撑、先撑后挖、分层开挖、严禁超挖”是近十几年来大量深基坑工程设计与施工的实践经验总结，也是基坑开挖应遵循的一条原则。在大面积深基坑工程中，基坑开挖过程中的“时空效应”十分明显。开挖深度相同的基坑工程，其开挖面积越大，周边越长，围护墙的位移也越大，对环境的影响也就越大；而且基坑开挖时支撑架设或浇筑的时间越长，基础底板形成得越晚，维护墙的位移也越大。可见缩短基坑暴露的空间和时间对于控制围护墙的位移至关重要，因此，对大面积基坑工程，应采取分区、分块、抽条开挖和分段安装支撑的施工方法。

基坑工程中土方开挖方式的确定应结合基坑规模、开挖深度、平面形状以及支护设计方案综合确定。按照基坑分块开挖的顺序不同，基坑开挖的方式可以分为分段（块）退挖、岛式开挖和盆式开挖等几种。在无内支撑或设置单道支撑的基坑工程中，常根据出土路线采用分段（块）退挖的方式。在有内支撑的基坑工程中，应根据支撑布置形式选择合理的开挖方式。通常情况下，采用圆环形支撑体系的基坑宜采用岛式开挖，采用对撑体系或临时支撑与结构梁板相结合的基坑宜采用盆式开挖。基坑开挖方式的不同对周边环境的影响也会有所不同，岛式开挖有利于控制基坑开挖过程中的中部土体隆起变形，盆式开挖则能够利用周边的被动区留土在一定程度上减小围护墙的侧向变形。

基坑应分层进行土方开挖，分层位置应结合支护体系的特点确定，如多级放坡的分级位置，土钉、锚杆、内支撑或结构梁板的标高位置等，必要时还可以在以上分层的基础上进一步细分。对于平面面积较大的基坑工程，土方开挖还应分段、分块进行，土方分块时应考虑主体结构分缝和后浇带的位置、现场施工组织等因素，土方分块开挖宜间隔、对称进行，开挖到位的区块应及时进行支撑（锚杆）施工或形成垫层，减少基坑周边围护结构的无支撑暴露长度。

11.2 土方开挖的基本原则

根据基坑支护设计的不同，基坑土方开挖可分为无内支撑基坑开挖和有内支撑基坑开挖。无内支撑基坑是指在基坑开挖深度范围内不设置内部支撑的基坑，包括采用放坡开挖的基坑，采用水泥土重力式围护墙、土钉支护、土层锚杆支护、钢板桩拉锚支护、板式悬臂支护的基坑。有内支撑基坑是指在基坑开挖深度范围内设置一道或多道内部临时支撑以及用水平结构代替内部临时支撑的基坑。

按照基坑开挖方法的不同，基坑土方开挖可分为明挖法和暗挖法，无内支撑基坑开挖一般采用明挖法；有内支撑基坑开挖一般采用明挖法、暗挖法、明挖法与暗挖法相结合三种方法。基坑内部有临时支撑或水平结构梁代替临时支撑的土方开挖一般采用明挖法；基坑内部水平结构梁板代替临时支撑的土方开挖一般采用暗挖法，盖挖法施工中的土方开挖属于暗挖法的一种；明挖法与暗挖法相结合是指在基坑内部一部分区域采用明挖，另一部分区域采用暗挖法的一种挖土方式。

11.2.1 基坑土方开挖的总体要求

基坑开挖前应根据工程地质和水文地质资料、结构和支护设计文件、环境保护要求、施工场地条件、基坑平面形状、基坑开挖深度等，遵循“分层、分段、分块、对称、平衡、限时”和“先撑后挖、限时支撑、严禁超挖”的原则编制土方开挖施工方案。土方开挖施工方案应履行审批手续，并按照有关规定进行专家评审论证。

基坑工程中坑内栈桥道路和栈桥平台应根据施工要求及荷载情况进行专项设计，施工过程中应严格按照设计要求对施工栈桥的荷载进行控制。挖土机械的停放和行走路线布置、挖土顺序、土方驳运、材料堆放等应避免引起对工程桩、支护结构、降水设施、监测设施和周围环境的不利影响，施工时应按照设计要求控制基坑周边区域的堆载。

基坑开挖过程中，支护结构应达到设计要求的强度，挖土施工工况应满足设计要求。采用钢筋混凝土支撑或以水平结构代替内支撑时，混凝土达到设计要求的强度后，才能进行下层土方的开挖。采用钢支撑时，钢支撑施工完毕并施加预应力后，才能进行下层土方的开挖。基坑开挖应采用分层开挖或台阶式开挖的方式，软土地区分层厚度一般不大于4m，分层坡度不应大于1:1.5。基坑挖土机械及土方运输车辆直接进入坑内进行施工作业时，应采取措施保证坡道稳定。坡道宽度应保证车辆正常行驶，软土地区坡道坡度不应大于1:8。

机械挖土应挖至坑底以上20～30cm，余下土方应采用人工修底方式挖除，减少坑底土方的扰动。机械挖土过程中应有防止工程桩侧向受力的措施，坑底以上工程桩应根据分层挖土过程分段凿除。基坑开挖至设计标高后应及时进行垫层施工。电梯井、集水井等局部深坑的开挖，应根据深坑现场实际情况合理确定开挖顺序和开挖方法。

基坑开挖应对支护结构和周边环境进行动态监测，实行信息化施工。

11.2.2 无内支撑的基坑土方开挖原则

场地条件允许时，可采用放坡开挖方式。为确保基坑施工安全，一级放坡开挖的基坑应按照要求验算边坡稳定性，开挖深度一般不超过4.0m；多级放坡开挖的基坑，应同时验算各级边坡的稳定性和多级边坡的整体稳定性，开挖深度一般不超过7.0m。采用一级或多级放坡开挖时，放坡坡度一般不大于1∶1.5；采用多级放坡时，放坡平台宽度应严格控制，不得小于1.5m，在正常情况下，放坡平台宽度一般不小于3.0m。

放坡坡脚位于地下水位以下时，应采取降水或止水的措施。放坡坡顶、放坡平台和放坡坡脚位置应采取集水明排措施，保证排水系统畅通。基坑土质较差或施工周期较长时，放坡面及放坡平台表面应采取护坡措施。护坡可采用钢丝网水泥砂浆、钢丝网细石混凝土、钢丝网喷射混凝土等方式。

采用土钉支护或土层锚杆支护的基坑，应提供成孔使用的工作面宽度，其开挖应与土钉或土层锚杆施工相协调，开挖和支护施工应交替作业。对于面积较大的基坑，可采用岛式开挖的方式，先挖除距基坑边8～10m的土方，中部岛状土体应满足边坡稳定性要求。基坑边土方开挖应分层分段进行，每层开挖深度在满足土钉或土层锚杆施工工作面要求的前提下，应尽量减少，每层分段长度一般不大于30m。每层每段开挖后应限时进行土钉或土层锚杆的施工。

采用水泥土重力式围护墙或板式悬臂支护的基坑，基坑总体开挖方案可根据基坑大小和环境条件，采用分层、分块的开挖方式。对于面积较大的基坑，基坑中部土方应先行开挖，然后再挖基坑周边的土方。

采用钢板桩拉锚支护的基坑，应先开挖基坑边2～3m的土方，并进行拉锚施工，大面积开挖应在拉锚支护施工完毕且预应力施加符合设计要求后进行，大面积基坑开挖应遵循分层、分块开挖的方法。

11.2.3 有内支撑的基坑土方开挖原则

有内支撑的基坑开挖方法和开挖顺序应尽量减少基坑无支撑暴露时间，应先开挖周边环境要求较低一侧的土方，再开挖环境要求较高一侧的土方，应根据基坑平面特点采用分块、对称开挖的方法，限时完成支撑或垫层。开挖面积较大的基坑工程时，可根据周边环境和支撑形式等因素，采用岛式开挖、盆式开挖或分层开挖的方式。

岛式开挖的基坑，中部岛状土体高度不大于4.0m时，可采用一级边坡；中部岛状土体高度大于4.0m时，可采用二级边坡，但岛状土体高度一般不大于9.0m。一级边坡应验算边坡稳定性，二级边坡应同时验算各级边坡的稳定性和整体边坡的稳定性。

盆式开挖的基坑，盆边宽度不应小于8.0m。盆边与盆底高差不大于4.0m时，可采用一级边坡；盆边与盆底高差大于4.0m时，可采用二级边坡，但盆边与盆底高差一般不大于7.0m。一级边坡应验算边坡稳定性，二级边坡应同时验算各级边坡的稳定性和整体边坡的稳定性。

对于长度和宽度较大的基坑可采用分层、分块的土方开挖方法。分层的原则是每施工一道支撑后再开挖下一层土方，第一层土方的开挖深度一般为地面至第一道支撑底，中间各层土方的开挖深度一般为相邻两道支撑的竖向间距，最后一层土方的开挖深度应为最下一道支撑底至坑底。分块的原则是根据基坑平面形状、基坑支撑布置等，按照基坑变形和周边环境控制要求，将基坑划分为若干个周边分块和中部分块，并确定各分块的开挖顺序，通常情况下应先开挖中部分块再开挖周边分块。

狭长形基坑,如地铁车站等明挖基坑工程,应根据狭长形基坑的特点,选择合适的斜面分层、分段挖土方法。采用斜面分层挖土方法时,一般以支撑竖向间距作为分层厚度,斜面可采用分段多级边坡的方法,多级边坡间应设置安全加宽平台,加宽平台之间的土方边坡一般不应超过二级;各级土方边坡坡度一般不应大于1:1.5,斜面总坡度不应大于1:3。

11.3　不同支护形式基坑的土方分层开挖方法

基坑是由若干条直线或曲线通过组合而成的封闭平面形状，由于基坑平面形状的多样性和开挖深度的差异性，每一个基坑工程均有其特性。基坑支护形式是指为保证坑壁稳定所采取的具体围护或支护方式。同一个基坑可能只有一种支护形式，也可能是多种支护形式的组合。常见的支护形式如图 11－1 所示。

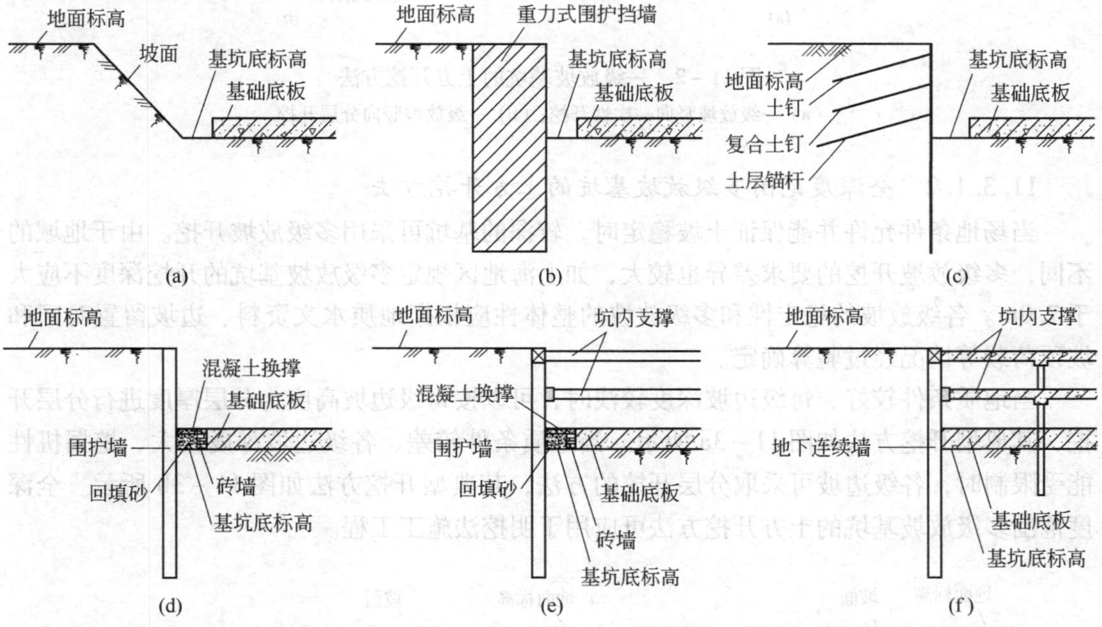

图 11－1　基坑的常见支护形式
(a) 放坡；(b) 水泥土重力式围护墙；(c) 土层锚杆或土钉墙；(d) 板式悬臂围护墙；
(e) 临时内支撑结合板式围护墙；(f) 梁板结构代替临时支撑结合板式围护墙

经过长时间的工程实践，目前有多种适用于不同地质条件和基坑深度的经济合理的基坑边界形式。不同的边界形式，其土方开挖的方法不尽相同。本节主要根据基坑边界的形式，分析基坑边界土方的分层原则和挖土方法。基坑边界分层挖土施工工况是与支护设计所设定的工况相对应的，可以根据实际来判断施工工况是否与设计工况一致。

11.3.1　放坡基坑的土方开挖方法

11.3.1.1　全深度范围一级放坡基坑的土方开挖方法

当场地允许并能保证土坡稳定时，可采用放坡开挖。由于地域的不同，放坡开挖的要求差异也较大，如上海地区规定一级放坡基坑开挖深度不应大于4.0m。放坡开挖边坡的坡度应根据地质水文资料、边坡留置时间、坡顶堆载等情况经过验算确定，各地区应根据相关规定确定放坡开挖允许的深度和坡度。

当地质条件较好、开挖深度较浅时，可采取竖向一次性开挖的方法，其典型开挖方法如图 11 - 2a 所示。当地质条件较差、开挖深度较大、挖掘机性能受到限制时，可采取分层开挖的方法，其典型开挖方法如图 11 - 2b 所示。全深度范围一级放坡基坑的土方开挖方法可应用于明挖法施工工程。

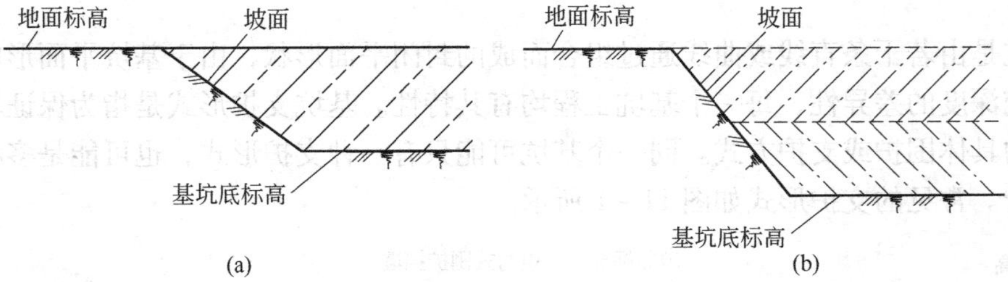

图 11 - 2 一级放坡基坑的土方开挖方法
(a) 一级放坡竖向一次性开挖；(b) 一级放坡竖向分层开挖

11.3.1.2 全深度范围多级放坡基坑的土方开挖方法

当场地条件允许并能保证土坡稳定时，较深的基坑可采用多级放坡开挖。由于地域的不同，多级放坡开挖的要求差异也较大，如上海地区规定多级放坡基坑的开挖深度不应大于7.0m。各级放坡的稳定性和多级放坡的整体性应根据地质水文资料、边坡留置时间和坡顶荷载等情况经过验算确定。

当地质条件较好、每级边坡深度较浅时，可以按每级边坡高度为分层厚度进行分层开挖，其典型开挖方法如图 11 - 3a 所示。当地质条件较差、各级边坡深度较大、挖掘机性能受限制时，各级边坡可采取分层开挖的方法，其典型开挖方法如图 11 - 3b 所示。全深度范围多级放坡基坑的土方开挖方法可应用于明挖法施工工程。

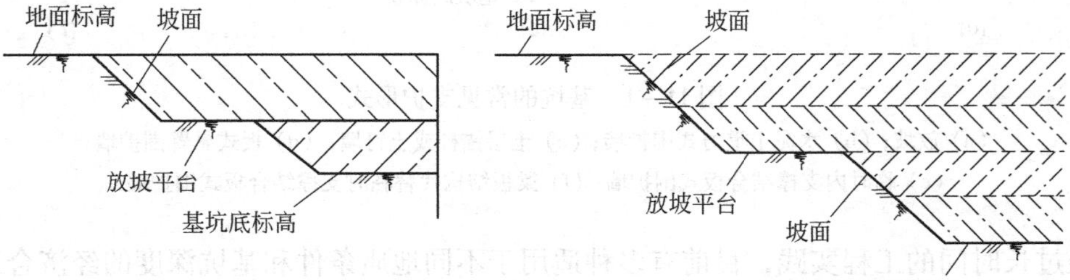

图 11 - 3 多级放坡基坑的土方开挖方法
(a) 各级边坡竖向一次性开挖；(b) 各级边坡竖向分层开挖

11.3.2 有围护的基坑土方开挖方法

11.3.2.1 全深度范围有围护无内支撑的基坑土方开挖方法

有围护无内支撑的基坑一般包括采用土钉支护、复合土钉支护、土层锚杆支护、板式悬臂围护墙、水泥土重力式围护墙、钢板桩拉锚支护的基坑。全深度范围有围护无内支撑的基坑土方开挖方法可应用于明挖法施工工程。

采用土钉支护、复合土钉支护、土层锚杆支护的基坑土方开挖，应采用分层开挖的方法，并与支护施工交替进行。每层土方开挖深度一般为土钉或锚杆的竖向间距，按照开挖一层土方施工一排土钉或锚杆的原则进行施工。若土层锚杆竖向间距较大，则上下道锚杆之间的土方应进行分层开挖。土方开挖应与支护施工密切配合，必须在土钉或锚杆支护完成并养护达到设计要求后方可开挖下一层土方。

采用板式悬臂围护墙和水泥土重力式围护墙的基坑土方的开挖，应根据地质条件、开挖深度、周围环境、坑边堆载控制要求、挖掘机性能等确定分层开挖方法。若基坑开挖深度较浅，且周围环境条件较好，可采取竖向一次开挖的方法。上海地区采用竖向一次性开挖的基坑，其开挖深度一般不超过4.0m。若基坑开挖深度较大，或周围环境保护要求较高，则基坑土方的开挖可采用竖向分层开挖的方法。

钢板桩拉锚支护基坑的土方开挖应采用分层开挖的方法。第一层土方应首先开挖至拉锚围檩底部200～300mm，拉锚支护形成并按设计要求施加预应力后，才可进行下层土方的开挖。

对于有些有围护无内支撑的基坑工程，由于受现场条件限制，或支护工程的特殊需要，可在竖向采用组合的支护方式。竖向组合的支护方式可在土钉支护、复合土钉支护、土层锚杆支护、板式悬臂围护墙、水泥土重力式围护墙、钢板桩拉锚支护等形式中选择，其土方分层开挖的方法可参照各支护形式加以确定。

11.3.2.2　全深度范围有围护有内支撑的基坑土方开挖方法

内支撑体系可分为有围檩支撑体系和无围檩支撑体系。有围檩支撑体系可采用钢管支撑、型钢支撑、钢筋混凝土支撑；无围檩支撑体系可采用钢管支撑、型钢支撑；圆形围檩属于一种特殊的内支撑体系。利用水平结构代替临时内支撑的基坑也属于全深度范围有内支撑基坑的一种形式，包括利用水平结构梁或水平结构梁板代替临时支撑的基坑。全深度范围有内支撑的基坑土方开挖方法可应用于明挖法或暗挖法施工的工程。

对于采用顺作法施工的有内支撑的基坑，其土方应采用分层开挖的方式，分层的原则是每施工一道支撑后再开挖下一层土方。第一层土方的开挖深度一般为地面至第一道支撑底，中间各层土方开挖深度一般为相邻两道支撑的竖向间距，最后一层土方开挖深度应为最下一道支撑底至坑底。

对于采用逆作法施工的基坑，其土方也采用分层开挖的方式。分层的原则与顺作法相似。由于代替临时支撑的水平结构是永久结构，所以应根据结构施工要求采用相应的模板施工方案，一般可采用胶合板木模、组合钢模和泥底模等形式。采用胶合板木模形式时的结构施工质量有保证，采用泥底模形式时的结构质量难以控制，泥底模一般在特殊情况下采用。采用胶合板木模形式时，常用的支撑形式是短排架支模方式，所以土方分层厚度应考虑短排架支模的空间要求，分层挖土深度应距结构底标高一定距离。

对于有些内支撑的基坑工程，由于受现场条件限制，或支护工程的特殊需要，可在竖向上采用顺作法与逆作法组合的方式，也可采用有围护无内支撑与有围护有内支撑的支护方式在竖向上进行组合，其土方分层开挖的方法可参照各围护和支护形式下的土方开挖方法进行。

11.3.3 放坡与围护相结合的基坑土方开挖方法

(1) 上段一级放坡下段有围护无内支撑的基坑土方开挖方法。为了节约建设成本和缩短建设工期，对于地质条件和周边环境条件较好、开挖深度相对较浅，且具有放坡场地的基坑，可采用上段一级放坡、下段有围护无内支撑的支护形式。下段有围护无内支撑支护一般包括土钉支护、土层锚杆支护、水泥土重力式围护墙、板式悬臂围护墙等形式。该方法可应用于明挖法施工工程。

(2) 上段一级放坡下段有围护有内支撑的基坑土方开挖方法。上段一级放坡下段有围护有内支撑或以水平结构代替内支撑的基坑，是一级放坡与有围护有内支撑支护形式在竖向上的组合，这种形式的基坑土方的开挖应采取分层的方式。该方法可应用于明挖法或暗挖法施工工程。

(3) 上段多级放坡下段有围护无内支撑的基坑土方开挖方法。上段多级放坡下段有围护无内支撑的基坑开挖应采用分层开挖的方法。该方法可应用于明挖法施工工程。

(4) 上段多级放坡下段有围护有内支撑的基坑土方开挖方法。上段多级放坡下段有围护有内支撑或以水平结构代替内支撑的基坑是多级放坡与有围护有内支撑支护形式在竖向上的组合，这种形式的基坑土方的开挖应采取分层的方式。该方法可应用于明挖法或暗挖法施工工程。

11.4 不同长度边界的基坑土方开挖方法

基坑的平面形状存在多样性，但无论是哪一种形状的基坑，其边界面一般为具有一定长度和高度的直面或曲面。按照对称、平衡、限时的挖土原则，考虑基坑边界形式、开挖深度、边界环境等情况，根据基坑边界直面或曲面的长短应确定不同的分层分段挖土方法。通过基坑平面分层、分块开挖控制基坑变形，降低对周边环境影响的开挖方法在工程实践中已被广泛采用。

11.4.1 边界面不分段时的基坑土方开挖方法

对于面积较小的基坑，可采用不分块的开挖方法；对于面积较大的有内支撑的基坑，若第一层土方开挖较浅，且周边环境较好，也可根据具体情况采用不分块的开挖方法；对于第一道支撑采用钢筋混凝土支撑的狭长形地铁站基坑，第一层土方的开挖也可采用不分块的开挖方法。基坑不分块的开挖方法在边界面的表现特征即为不分段开挖方法，基坑边界面不分段开挖方法，包括分层和不分层两种形式。

(1) 全深度范围内基坑边界面不分层不分段的土方开挖方法。该方法适用于采用一级放坡开挖的基坑、水泥土重力式围护墙的基坑和板式悬臂围护墙的基坑。基坑边界面不分层不分段的开挖方法可应用于明挖法施工工程。

(2) 全深度范围内基坑边界面分层不分段的土方开挖方法。该方法适用于放坡基坑的土方开挖、有围护基坑的土方开挖、放坡与围护相结合的基坑土方开挖。基坑边界面分层不分段的开挖方法可应用于明挖法或暗挖法施工工程。

11.4.2　边界面分段时的基坑土方开挖方法

对于基坑边界面纵向长度较大的基坑，为了较好地控制基坑变形，可采取边界面分段的开挖方法。基坑边界面分段的开挖方法包括分层和不分层两种形式。基坑开挖中，通过采取分段开挖方式确定合理的开挖顺序，可对周边环境起到明显的保护作用。

11.4.2.1　全深度范围内边界面不分层分段的基坑土方开挖方法

全深度范围内基坑边界面不分层分段的土方开挖方法，一般适用于面积较大、开挖对周边环境可能产生不利影响的基坑。基坑边界面不分层分段开挖方法可适用于一级放坡开挖的基坑、水泥土重力式围护墙的基坑、板式悬臂围护墙的基坑。为了减小基坑边界面的变形，基坑边界面上可分若干段先后进行开挖。以水泥土重力式围护墙基坑分三段开挖为例，可先开挖两侧土方，再开挖中部土方。基坑边界面不分层分段开挖方法可应用于明挖法施工工程。

11.4.2.2　全深度范围内边界面分层分段的基坑土方开挖方法

全深度范围内基坑边界面分层分段的开挖方法一般适用于面积较大、开挖较深、周边环境复杂、开挖对周边环境可能造成影响的基坑。边界面分层分段开挖一般应综合考虑工程特点、施工工艺、环境要求等因素，结合土方工程实际确定具体的挖土施工方案。基坑边界面分层分段开挖方法适用于放坡基坑的土方开挖、有围护基坑的土方开挖、放坡与围护相结合基坑的土方开挖。以土钉支护或土层锚杆支护基坑、有内支撑的狭长形基坑、有内支撑的分块开挖基坑最为典型。基坑边界面分层分段开挖方法可应用于明挖法或暗挖法施工工程。

（1）采用土钉或土层锚杆支护的基坑分层分段土方开挖方法。对于采用土钉支护或土层锚杆支护的基坑，基坑边界面分段长度一般控制在20～30m，以复合土钉支护的基坑边界面分层分段开挖为例，典型的开挖方法如图11－4所示。

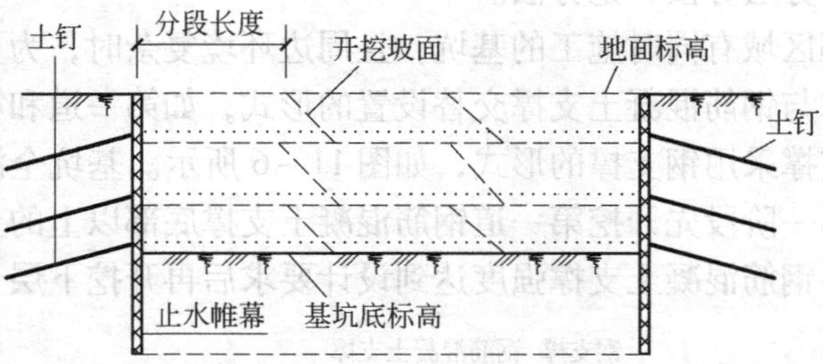

图11－4　采用土钉支护的基坑分层分段土方开挖方法

（2）有内支撑的狭长形基坑分层分段土方开挖方法。地铁车站等狭长形基坑一般采用板式支护结合内支撑的围护形式，而且地铁车站一般处于城市中心区域，开挖深度较大，基坑变形控制和周边环境保护要求很高。

对于各道支撑均采用钢支撑的狭长形基坑，可采用斜面分层分段开挖的方法。每小段长度一般按照1～2个同层水平支撑间距确定，约为3～8m，每层厚度一般按支撑竖向间距确定，约为3～4m，每小段开挖和支撑形成时间均有较为严格的限制，一般为12～

36h。通过大量工程实践证明，斜面分层分段纵向总坡度不宜大于1：3，各级土方边坡坡度一般不应大于1：1.5，各级边坡平台宽度一般不应小于3.0m。边坡间应根据实际情况设置安全加宽平台，加宽平台之间的土方边坡一般不应超过二级，加宽平台宽度一般不应小于9.0m。为保证斜面分层分段形成的多级边坡的稳定性，除按照上述边坡构造要求设置外，还需对各级小边坡、各阶段形成的多级边坡以及纵向总边坡的稳定性进行验算。采用斜面分层分段开挖至坑底时，应按照设计或基础底板施工缝设置要求，及时进行垫层和基础底板的施工，基础底板分段浇筑的长度一般控制在25m左右，在基础底板形成后，方可继续进行相邻纵向边坡的开挖。各道支撑均采用钢支撑的狭长形基坑斜面分层分段开挖方法如图11-5所示。

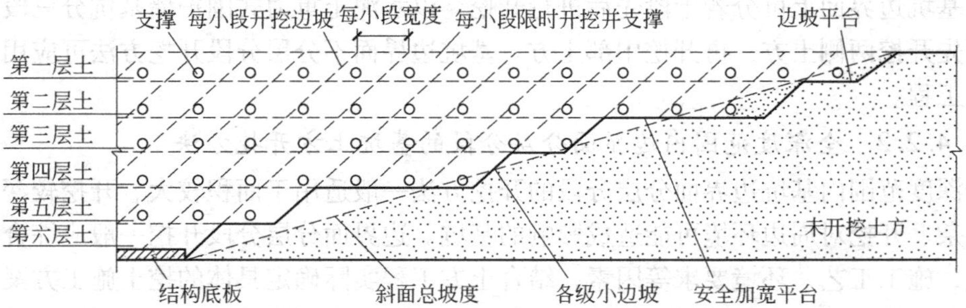

图11-5　各道支撑均采用钢支撑的狭长形基坑斜面分层分段土方开挖方法

当周边环境复杂，为控制基坑变形，狭长形基坑的第一道支撑采用钢筋混凝土支撑，其余支撑采用钢支撑的形式在软土地区被广泛应用，实践证明采用这种方式对基坑整体稳定是行之有效的。对于第一道钢筋混凝土支撑底部以上的土方，可采取不分段连续开挖的方法，待钢筋混凝土支撑强度达到设计要求后再开挖下层土方。对于第一道钢筋混凝土支撑底部以下土方，应采取斜面分层分段开挖的方法，其施工参数可参照各道支撑均采用钢支撑的狭长形基坑的分层分段开挖方法。

当地铁车站相邻区域有同时施工的基坑，且周边环境复杂时，为更有效地控制基坑变形，也可采用钢支撑与钢筋混凝土支撑交替设置的形式，如第一道和第五道支撑采用钢筋混凝土支撑，其余支撑采用钢支撑的形式，如图11-6所示。基坑全深度范围的土方开挖可分为三个阶段，第一阶段先开挖第一道钢筋混凝土支撑底部以上的土方，可采取不分段连续开挖的方法，待钢筋混凝土支撑强度达到设计要求后再开挖下层土方；第二阶段开挖

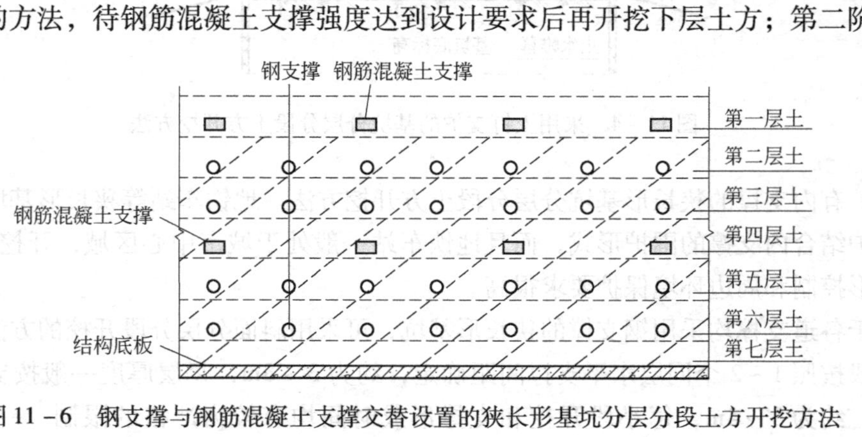

图11-6　钢支撑与钢筋混凝土支撑交替设置的狭长形基坑分层分段土方开挖方法

第一道支撑底部至第五道支撑底部之间的土方，采用斜面分层分段开挖的方法，待第五道钢筋混凝土支撑强度达到设计要求后再开挖下层土方；第三阶段开挖第五道钢筋混凝土支撑底部以下的土方，采用斜面分层分段开挖的方法。

狭长形基坑在平面上可采取从一端向另一端开挖的方式，也可采取从中间向两端开挖的方式。从中间向两端开挖的方法一般适用于长度较长的基坑，或为加快施工进度而增加挖土工作面的基坑。分层分段开挖方法可根据支撑形式合理确定。

(3) 有内支撑的分块开挖基坑分层分段土方开挖方法。对于长度和宽度均较大的有内支撑的基坑，如果基坑中部区域有对撑系统，为了控制基坑变形或便于均衡流水施工，应采取平面分块依次开挖的方法，可先开挖中部区域有对撑系统的土方，在中部对撑系统形成后，再开挖其余部分的土方，这种开挖方法在边界的表现即为分层分段开挖的形式。以全深度范围有两道钢筋混凝土支撑的基坑为例，分层分段开挖顺序按图示编号进行，边界面分层分段开挖方法如图 11-7 所示。

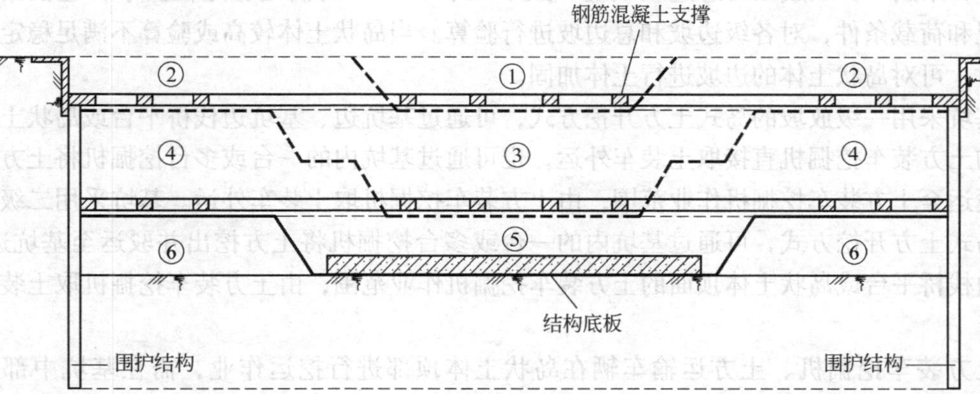

图 11-7　基坑分层分段土方开挖方法

11.5 基坑边界内的土方分层分块开挖方法

对基坑边界内的土方在平面上进行合理分块，确定各分块开挖的先后顺序，充分利用未开挖部分土体的抵抗能力有效控制土体位移，以达到减缓基坑变形、保护周边环境的目的。一般可根据现场条件、基坑平面形状、支撑平面布置、支护形式、施工进度等，按照对称、平衡、限时的原则，确定土方开挖方法和顺序。基坑对称开挖一般是指根据基坑挖土分块情况，采用对称、间隔开挖的一种方式；基坑限时开挖一般是指根据基坑挖土分块情况，对无支撑暴露时间进行控制的一种方法；基坑平衡开挖是指根据开挖面积和开挖深度等情况，以保持各分块均衡开挖的一种方式。

11.5.1 基坑岛式土方开挖方法

(1) 岛式土方开挖的概念。先开挖基坑周边的土方，挖土过程中在基坑中部形成类似岛状的土体，然后再开挖基坑中部的土方，这种挖土方式通常称为岛式土方开挖。岛式土方开挖可在较短时间内完成基坑周边土方开挖及支撑系统施工，这种开挖方式对基坑内部土体隆起控制较为有利。基坑中部大面积无支撑空间的土方，可在支撑系统养护阶段进行开挖。

（2）岛式土方开挖的适用范围。岛式土方开挖适用于支撑系统沿基坑周边布置且中部留有较大空间的基坑。边桁架与角撑相结合的支撑体系、圆环形桁架支撑体系、圆形围檩体系的基坑采用岛式土方开挖较为典型。土钉支护、土层锚杆支护的基坑也可采用岛式土方开挖方式。岛式土方开挖适用于明挖法施工工程。

（3）岛式土方开挖的主要方法。采用岛式土方开挖时，基坑中部岛状土体的大小应根据支撑系统所在区域等因素确定，岛状土体的大小不应影响整个支撑系统的形成。基坑中部岛状土体形成的边坡应满足相应的构造要求，以保证挖土过程中岛状土体的稳定。岛状土体的高度应结合土层条件、降水情况、施工荷载等因素综合确定，软土地区一般不大于6m，当高度大于4m时，可采取二级放坡的形式。当采用二级放坡时，为满足挖掘机停放，以及土体临时堆放等要求，放坡平台宽度一般不小于4m。每级边坡坡度一般不大于1：1.5，采用一二级放坡时总边坡坡度一般不大于1：2。为满足稳定性要求，应根据实际工况和荷载条件，对各级边坡和总边坡进行验算。当岛状土体较高或验算不满足稳定性要求时，可对岛状土体的边坡进行土体加固。

基坑采用一级放坡的岛式土方开挖方式，可通过基坑边、基坑边栈桥平台或岛状土体顶面的土方装车挖掘机直接取土装车外运，也可通过基坑内的一台或多台挖掘机将土方挖出并驳运至土方装车挖掘机作业范围，由土方装车挖掘机取土装车外运。基坑采用二级放坡的岛式土方开挖方式，可通过基坑内的一台或多台挖掘机将土方挖出并驳运至基坑边、基坑边栈桥平台或岛状土体顶面的土方装车挖掘机作业范围，由土方装车挖掘机取土装车外运。

土方装车挖掘机、土方运输车辆在岛状土体顶部进行挖运作业，需在基坑中部与基坑边部之间设置栈桥道路或土坡用于土方运输。采用栈桥道路或土坡作为内外联系通道时，土方外运效率较高。栈桥道路或土坡的坡度一般不大于1：8，坡道面还应采取防滑措施，保证车辆行走安全。采用土坡作为内外联系通道时，一般可采用先开挖土坡区域的土方进行支撑系统施工，然后进行回填筑路再次形成土坡，作为后续土方外运行走通道。用于挖运作业的土坡，自身的稳定性有较高的要求，一般可采取护坡、土体加固、疏干固结土体等措施，土坡路面的承载力还应满足土方运输车辆和挖掘机的作业要求。

11.5.2 基坑盆式土方开挖方法

（1）盆式土方开挖的概念。先开挖基坑中部的土方，挖土过程中在基坑中部形成类似盆状的土体，然后再开挖基坑周边的土方，这种挖土方式通常称为盆式土方开挖。盆式土方开挖由于保留基坑周边的土方，减小了基坑围护结构的无支撑暴露时间，对控制围护墙的变形和减小周边环境的影响较为有利。基坑周边的土方可在中部支撑系统养护阶段进行开挖。

（2）盆式土方开挖的适用范围。盆式土方开挖适用于基坑中部无支撑或支撑较为密集的大面积基坑。盆式土方开挖适用于明挖法或暗挖法施工工程。

（3）盆式土方开挖的主要方法。采用盆式土方开挖时，基坑中部盆状土体的大小应根据基坑变形和环境保护等因素确定。基坑中部盆状土体形成的边坡应满足相应的构造要求，以保证挖土过程中盆边土体的稳定。盆边土体的高度应结合土层条件、降水情况、施工荷载等因素综合确定，软土地区一般不大于5m，盆边宽度一般不小于10m。当盆边高度大于4m时，可采取二级放坡的形式；当采用二级放坡时，为满足挖掘机停放以及土体临时堆放等要求，放坡平台宽度一般不小于4m。每级边坡坡度一般不大于1:1.5，采用二级放坡时总边坡坡度一般不大于1:2。为满足稳定性要求，应根据实际工况和荷载条件，对各级边坡和总边坡进行验算。

在基坑中部进行土方开挖形成盆状土体后，盆边土体应按照对称的原则进行开挖。对于顺作法施工中采用对撑的基坑，盆边土体开挖应结合支撑系统的平面布置，先行开挖与对撑相对应的盆边分块土体，以使支撑系统尽早形成。对于逆作法施工，盆式土方开挖时，盆边土体应根据分区大小，采用分小块先后开挖的方法。对于利用盆中结构作为竖向斜撑支点的基坑，应在竖向斜撑形成后开挖盆边土体。

11.5.3 岛式与盆式相结合的土方开挖方法

岛式与盆式相结合的土方开挖方法是基坑竖向各分层土方采用岛式或盆式进行交替开挖的一种组合方法。岛式与盆式相结合的土方开挖方法有先岛后盆、先盆后岛和岛盆交替三种形式，在工程中采用何种组合方式，应根据实际情况而定。岛式与盆式相结合的土方开挖方法可应用于明挖法施工工程，在特殊情况下也可应用于暗挖法施工工程。

11.6 坑中坑的土方开挖方法

基坑底标高会由于基础底板底部落深而产生坑中坑，坑中坑一般由电梯井、管道井、集水井等形成。

对于坑中坑，可根据其深度及平面位置采用不同的支护形式，土方可采用放坡开挖、有围护无内支撑土方开挖、有围护有内支撑土方开挖等方法进行。放坡开挖的坑中坑一般采用水泥砂浆、混凝土、土体加固等护坡形式；有围护无内支撑的坑中坑一般采用板式、水泥土重力式围护墙、土钉、土层锚杆等支护方式；有内支撑的坑中坑一般采用钢支撑、钢筋混凝土支撑等支护方式。

开挖较浅或地质条件较好的坑中坑一般可采取放坡开挖的方法。坑中坑土方可随大面积土方一起开挖，也可在大面积垫层完成后进行土方开挖。

开挖较深或地质条件较差的坑中坑一般可采取有围护无内支撑的开挖方法。坑中坑土方应根据边界条件采用分层或不分层的开挖方法。为了减小坑中坑的土体变形，一般可采取先浇筑大面积垫层，再进行坑中坑土方开挖的方法。

开挖坑中坑可能引起基坑工程桩和土体产生较大位移，或可能对整个基坑安全产生不利影响时，应采取有围护有内支撑的开挖方法。一般可采取先浇筑大面积垫层，再进行坑中坑土方开挖的方法。如有必要也可采取先浇筑大面积基础底板，再进行坑中坑土方开挖的方法。有内支撑的坑中坑可采取土方分层开挖的方法。

11.7 工程实例分析

11.7.1 工程概况

山西省农业技术综合服务基地工程位于太原市解放南路。该工程为地下2层，其中地下1层为地下车库，地下2层为服务用房，占地面积2800m²。主楼地上28层，裙楼地上4层。设计要求基底标高-10.3m，电梯井局部13.2m。深基坑支护方式为有桩式环梁水平支撑体系，止水帷幕采用支护桩，在其缝隙处用旋喷桩塞缝。

该场地为不规则的三角形，基坑边东距迎泽公园围墙3m，南部距中财大厦停车场6m，西面与门面房距离仅7m，施工现场狭窄。因该工程位于繁华的迎泽大街和市内交通主干道上，施工车辆白天不能出入。土方工程是整个工程的关键，能否提前或按时完成直接影响着后续工程的施工进度，也是施工组织的重点所在。

11.7.2 施工方案确定

地质勘探报告表明，该工程所挖土质均为杂填土，结合工程的实际情况，决定采用分层岛式开挖的方法进行施工。

（1）土方开挖原则。

1）基坑开挖土方采用分段、分层、对称开挖的方法进行。对环梁及围护支撑结构采取逐步加载，使其均匀受力，使施工工况与设计工况相符合，避免因单向挖土不分层或不对称造成水平环撑和桩顶受力不均衡而产生过大位移，以及使结构构件节点应力集中和大应变引起开裂。严禁在无可靠措施下挖掘机直接在支撑上作业，挖运土方时施工机械严禁碰撞支撑桩。

2）挖土先外后内，留基坑内中部区域原土坡道，有利于平衡坑内外土方侧压力以及限制坑内涌土和围护侧壁变形，可搭设简易跨越环梁的架空道桥，使运土车辆直接进坑，加快挖运土方，提高工效。

3）严格实施支护结构和邻近建筑设施的变形观测与土方开挖的同步检测以及信息化施工，用观测数据控制基坑挖土。

4）开挖时做好防渗漏的准备，一旦渗漏，立即进行封堵。

（2）根据挖深10.5m的工程量进行工期安排，分两步开挖：一期降水稳定24 h后进行第一步土方开挖，二期降水稳定24 h后进行第二步土方开挖。

（3）施工机械选择。1.0m³ 和1.2m³ 液压反铲挖掘机各1台，0.6m³ 挖掘机1台，装载机2台，12 t自卸车8辆。

（4）白天进行挖土操作，夜间以运土为主。

（5）当距基底200mm时采用人工清挖，防止超挖使地基土发生扰动。

（6）运土单位选用具有资质的环卫队进行，出场时全部进行了覆盖，并及时对运土线路进行清扫。

（7）开挖顺序如下：

1）由北向南，先开挖小圆环，由浅入深；

2）开挖两环相交处的通道；

3）修大圆环的坡道；

4）大圆环开挖；

5）开挖坡道。

11.7.3 土方施工

由于该工程地处繁华闹市，施工现场狭窄，就连西侧仅有的8m宽场地也受基坑支护的影响不得堆土；所有土方均需要当日挖出当日运出，白天挖出的土方均需二次倒运；而运土每天只能利用晚上进行。针对这些施工难点，进行了土方施工的实施，如图11－8所示。

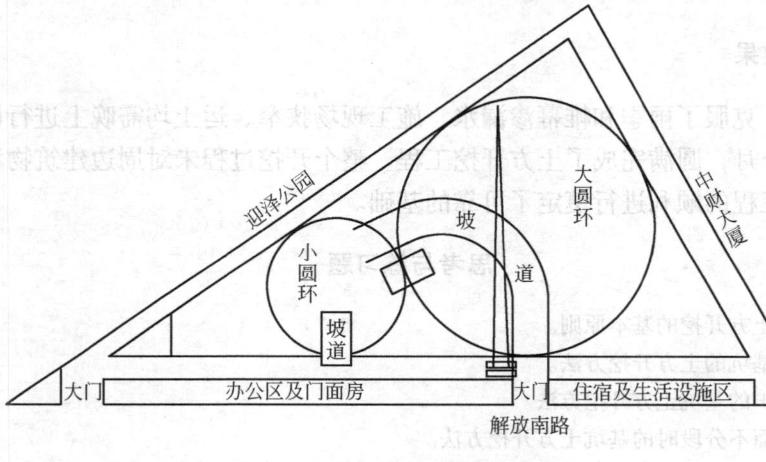

图11－8 基坑土方施工图

具体施工过程如下：

（1）由北向南，先开挖小圆环，由浅入深，分段分层岛式开挖，分层厚度不大于1m。小圆环挖到－8m。先挖－2.0m～－6.0m土方，第一层基坑周边用0.6m^3的小挖机先行挖土以免撞击周边的支护桩和环梁，引起止水帷幕渗漏，同时注意保护监控导线。两台挖掘机逆向顺圆环支护开挖，挖土宽度3m，由北向南进行，白天挖出的土方用装载机二次倒运至小圆环中部，夜间运出。运土时运土车辆从现场西北角处大门进出，跨越环梁时用钢枕搭设架空道桥，使车辆直接进入基坑；挖到－6.0m时将基坑土全部清空。

（2）开挖两环相交处的通道。在现场西侧中部门洞处开始通过大圆环向小圆环相交处修筑坡道，同时小圆环内开挖－6.0m～－8.0m土方，边部挖出的土方全部堆到中部。为防止挖土时对工程桩的振动影响桩的质量，从－6.0m起，先用小挖掘机将工程桩周围的土方挖出，然后实施破桩，接着大面积开挖，挖至－8.0m时二次设置轻型井点进行二次降水。

（3）修大圆环的坡道。从现场西部大圆环与帽梁的交界处开始，利用装载机修筑汽车运输坡道，修筑宽度为8m的弧形道路，坡度为30°。为防止塌陷，在坡道上铺设了钢枕。

(4) 大圆环开挖。开挖大圆环 -2.0m ~ -8.0m 土方，同时小圆环开挖 -8.0m ~ -10.5m 土方。大圆环土方开挖时，基坑南部分层厚度为 1.5m，每挖一步及时做喷锚一步。开挖大圆环 -8.0m ~ -10.5m 土方。在开挖的过程中由于帷幕渗漏水和正值雨季，基坑南部在 -10m 处有淤泥形成，挖土机械不能入内，采用了人工挖淤泥的方法。淤泥经塔吊吊运到基坑上，通过晾晒后运出现场。

(5) 开挖坡道。利用塔吊和小挖掘机开挖坡道，所有土方及破碎的桩头均用吊斗吊出装入车内。待土方开挖结束用吊车将小挖掘机吊出基坑。

在整个开挖的过程中，通过对基坑的监控，止水帷幕局部渗水处采用高效堵漏剂进行了渗水点的封堵；开挖土方的过程中，同时进行破桩工作，且挖、运土机械没有碰撞支撑桩和工程桩。

11.7.4 实施效果

经过努力，克服了雨季和帷幕渗漏水、施工现场狭窄、运土均需晚上进行以及清淤的困难，历经 4 个月，圆满完成了土方开挖工程。整个开挖过程未对周边建筑物和马路造成不利影响，为工程的顺利进行奠定了可靠的基础。

思考与练习题

11-1　简述基坑土方开挖的基本原则。

11-2　简述放坡基坑的土方开挖方法。

11-3　简述有围护的基坑土方开挖方法。

11-4　简述边界面不分段时的基坑土方开挖方法。

11-5　简述边界面分段时的基坑土方开挖方法。

11-6　简述岛式和盆式基坑土方开挖的概念、适用条件和主要方法。

11-7　简述坑中坑的土方开挖方法。

12 基坑工程监测

12.1 概　　述

在深基坑开挖的施工过程中，基坑内外的土体将由原来的静止土压力状态向被动和主动土压力状态转变，应力状态的改变引起土体的变形，即使采取了支护措施，一定数量的变形总是难以避免的。这些变形包括深基坑坑内土体的隆起、基坑支护结构以及周围土体的沉降和侧向位移。无论哪种位移的量值超出了某种容许的范围，都将对基坑支护结构造成危害。深基坑开挖工程往往在繁华的市中心进行，施工场地四周有建筑物和地下管线，基坑开挖所引起的土体变形将直接影响这些建筑物和地下管线的正常状态，当土体变形过大时会造成邻近结构和设施的破坏。同时，与基坑相邻的建筑物又相当于较重的集中荷载，基坑周围的管线常引起地表水的渗漏，这些因素又是导致土体变形加剧的原因。因此，在深基坑施工过程中，只有对基坑支护结构、基坑周围的土体和相邻的构筑物进行综合、系统的监测，才能对工程情况有全面的了解，确保工程顺利进行。

对深基坑施工过程进行综合监测的重要性主要表现为：

(1) 验证支护结构设计，指导基坑开挖和支护结构的施工。当前我国基坑支护结构设计水平处于半理论半经验的状态，土压力计算大多采用经典的侧向土压力公式，与现场实测值相比较有一定的差异，还没有成熟的方法计算基坑周围土体的变形情况。因此，在施工过程中迫切需要指导现场实际的应力和变形情况，与设计时采用值进行比较，必要时对设计方案或施工过程和方法进行修正。

(2) 保证基坑支护结构和相邻建筑物的安全。在深基坑开挖与支护工程中，为满足支护结构及被支护土体的稳定性，首先要防止破坏或极限状态发生。破坏或极限状态主要表现为静力平衡的丧失，或支护结构的构造性破坏。在破坏前，往往会在基坑侧向的不同部位上出现较大的变形，或变形速率明显增大。支护结构和被支护土体的过大位移，将引起邻近建筑物的倾斜或开裂，邻近管道的渗漏，有时会引发一连串灾难性的后果。如有周密的监测控制，无疑有利于采取应急措施，在很大程度上避免或减轻破坏的后果。

(3) 总结工程经验，为完善设计分析提供依据。支护结构的土压力分布受支护方式、支护结构刚度、施工过程和被支护土类的影响，并直接与侧向位移有关，往往是非常复杂的，线性设计分析理论尚未达到成熟的阶段，积累完整准确的基坑开挖与支护监测结果，对于总结工程经验，完善设计分析理论都是十分宝贵的。

基坑工程技术有着“先实践，后理论”和“地区性”的特点，其设计计算理论和技术还很不成熟，每一种支护技术和设计计算方法都是以一定的假设条件（如地层参数、物理模型、边界条件等）为基础建立的。对于较复杂的大中型工程或周围环境恶劣的工程，往往缺少成熟的经验和确切的定量分析方法。由于对工程地质和周围环境调查不实或疏漏而导致困扰施工的可能性也是难以避免的。现在国内外有经验的岩土工程师，都十分重视施工监测工作，其目的在于工程开工后凭借监测手段，对土体（或结构）的位移、应力、土中孔隙水压力和相邻结构物、管线的位移进行跟踪监测，及时发现施工中的问题，从而及时改进施工技术措施或调整设计，以取得良好的工程效果和保持周围环境的效果，同时为今后改进设计、施工提供实测数据。

通过合理准确的施工监测信息，不仅可以进一步优化设计方案，指导施工，而且可以实时监测边坡的稳定状况。当边坡变形出现不稳定时，可以及时采取补救措施，以防止因基坑失稳而带来损失。

基坑工程监测的主要目的是：

(1) 根据监测结果，发现可能发生危险的先兆，判断工程的安全性，防止工程事故和环境事故发生，采取必要的工程措施；

(2) 以工程监测的结果指导现场施工，确定和优化施工参数，进行信息化施工；

(3) 检验工程勘察资料的可靠性，验证设计理论和设计参数的正确性。

在岩土工程监测时，除了应具备工程地质勘察资料外，还应对周围环境进行详细的调查，主要包括：相邻结构的形式；地下管线（包括上、下水管道，煤气管道，电缆等）的管径、埋深、接头构造、管材；相邻道路的路基、路面结构情况及载重量等。

基坑工程的监测可参阅图 12－1，对具体工程而言，监测工作的布置必须根据工程特点、施工方法、可能对环境带来的危害综合确定。当无地区经验时，可参考表 12－1。根据设计，即可制订监测方案，进行监测设计，其基本内容有：工程概况、工程地质条件和周围环境情况、监测目的和内容、监测点的布置、监测的实施（包括仪器的选择、率定、埋设、测试及报表内容等）、报警数值及应急措施等。

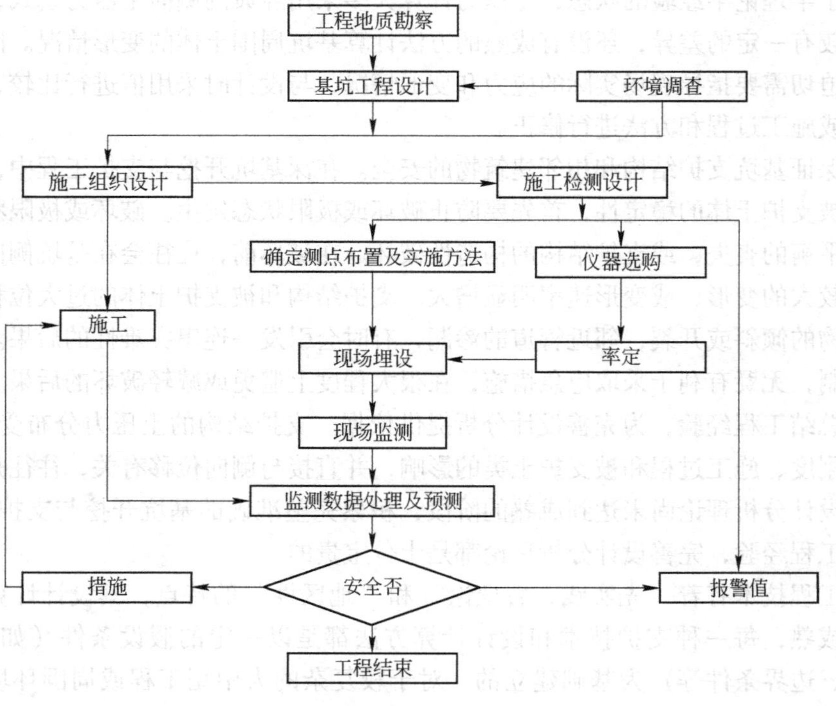

图 12－1 基坑工程监测

表 12-1 现场监测项目的选择

序号	现场监测项目	基坑工程安全等级		
		一级	二级	三级
1	自然环境（雨水、气温、洪水等）	△	△	△
2	边坡土体顶部的水平位移	△	△	△
3	边坡土体顶部的垂直位移	△	○	×
4	围护结构的水平位移	△	△	×
5	围护结构的垂直位移	△	○	×
6	基坑周围地表沉降	△	○	×
7	基坑周围地表裂缝	△	△	○
8	围护结构的应力应变	○	○	×
9	围护结构的裂缝	△	△	○
10	支撑与锚杆的应力和轴力	△	○	×
11	基坑底部回弹和隆起	○	×	×
12	地下水位	△	○	×
13	墙背土体侧压力	○	×	×
14	墙背土体孔隙水压力	○	×	×
15	周围建（构）筑物的沉降	△	△	×
16	周围建（构）筑物的水平位移	△	×	×
17	周围建（构）筑物的倾斜	△	○	×
18	周围建（构）筑物的裂缝	△	△	○
19	周围重要设施（包括市政管线）的变位与破损	△	△	△
20	基坑周围地面超载状况	△	△	△
21	基坑渗、漏水状况	△	△	△

注：△为必测项目；○为宜测项目；×为可不测项目。

12.2 基坑监测的内容

12.2.1 监测的内容

基坑开挖与支护的监测，可根据具体情况，采用以下部分或全部内容：

（1）平面和高程监控点的测量；

（2）支护结构和被支护土体的侧向位移测量；

（3）基坑坑底隆起的测量；

（4）支护结构内、外土压力的测量；

（5）支护结构内、外孔隙水压力的测量；

（6）支护结构内力的测量（包括锚杆内力）；

（7）地下水位变化的测量；

（8）基坑邻近建筑物和管线的观测。

12.2.2 监测的基本要求

无论采用何种具体的监测方法，都要满足下列技术要求：

（1）观测工作必须是有计划的，应严格按照有关的技术文件（如监测任务书）执行。这类技术文件的内容，至少应该包括监测方法和使用的仪器、监测精度、测点的布置、观测周期等。计划性是观测数据完整性的保证。

（2）监测数据必须是可靠的。数据的可靠性由监测仪器的精度、可靠性以及观测人员的素质来保证。

（3）观测必须是及时的。因为基坑开挖是一个动态的施工过程，只有保证及时观测才能有利于发现隐患，及时采取措施。

（4）对于观测的项目，应按照工程具体情况预先设定预警值，预警值应包括变形值、内力值及其变化速率。当观测发现超过预警值的异常情况，要立即考虑采取应急补救措施。

（5）每个工程的基坑支护监测，应该有完整的观测记录，形象的图表、曲线和观测报告。

12.2.3 基坑变形监测的控制值

基坑支护结构的变形允许值与土质条件、支护结构形式、地下水和基坑周围环境条件密切相关，下面提供几个行业和地区性标准中有关变形的预估值和允许值的规定，供设定预警值参考。

（1）中华人民共和国工程建设行业标准《建筑基坑工程技术规范》附录G中规定，重力式挡墙顶最大水平位移 δ_H 的预估值如表12－2所示。

表12－2 重力式挡墙顶最大水平位移 δ_H 的预估值

墙的纵向长度		≤30m	30~50m	>50m
土层条件	良好地基	(0.005~0.01)H	(0.01~0.015)H	>0.0015H
	一般地基	(0.015~0.02)H	(0.02~0.025)H	>0.0025H
	软弱地基	(0.025~0.035)H	(0.035~0.045)H	>0.0045H

注：H 为基坑的开挖深度。

（2）上海市基坑工程设计规程中规定，变形监控标准如表12－3所示。

表12－3 变形监控标准

基坑等级	墙顶位移/cm	墙体最大位移/cm	地面最大沉降/cm	最大差异沉降
一级	3	6	3	6/1000
二级	6	9	6	12/1000

（3）深圳地区建设深基坑支护技术规范SJG05—96中规定，支护结构最大水平位移允许值如表12－4所示。

表 12－4　支护结构最大水平位移允许值

安全等级	支护结构最大水平位移允许值/mm	
	排桩、地下连续墙、土钉墙	钢板桩、深层搅拌桩
一　级	0.0025H	
二　级	0.0050H	0.0100H
三　级	0.0100H	0.0200H

注：H 为基坑深度（mm）。

监测内容大致有：地表的竖向位移和水平位移；地层中的竖向位移和水平位移；土中的应力与孔隙水压力；相邻建筑物或地下管线的位移；作用在支挡结构上的侧压力及支挡结构本身的内力、变形、支撑轴力。

监测范围：当基坑的长度和宽度之比较大时，应在基坑长度方向选择不少于两个断面进行量测，在每个断面上，其监测范围应根据位移影响范围的理论预测结果而定。如果难以以理论预测，监测范围可定为开挖深度的 2～4 倍。对于矩形基坑，应在两个方向上均布置监测断面。监测范围可根据工程性质、地质条件及周围环境具体确定。

监测点布置：在现场监测中应合理确定监测范围及监测点的布置，埋设必要的仪器，获得数据以了解地层和地下结构中的应力场、位移场的实际变化规律，作为采取工程措施的依据。位移监测点应根据理论预测的分布规律来布置，变化越大的地方，测点应布置的越密。离基坑或地下结构越近，测点也应越密。土层中的水平位移、土压力、孔隙水压力测点，应在预测的基础上，结合实际工程需要来布置。应力场、位移场变化剧烈的地方，测点间距宜小些，例如 1m 左右；而在应力场、位移场变化较小的区域，测点可以稀疏一些，例如 2～3m。

基坑工程的监测应与施工过程密切配合，根据施工速度，监测结果的绝对数值及变化速率，调整监测的时间间隔，必要时要进行跟踪监测。应将监测结果及相应的施工活动、工况记录及时提供给施工管理人员。当监测数据超过警戒指标时，应不失时机地采取相应的技术措施。对重要而复杂的工程，应选择适当范围进行信息化施工。在施工监测中，运用反分析方法，优化后续施工。

现场监测是基坑工程的重要组成部分，基坑工程必须进行现场监测。基坑工程的有关技术人员应准确了解和推断基坑开挖所引起各种影响的当前程度、变化规律和发展趋势，并及时在设计和施工上采取相应的防治措施。

监测人员应严格实施现场监测方案，及时处理监测结构，并将监测结果及时向监理、设计和施工人员作信息反馈。监理、设计和施工人员应在现场监测结果的指导下及时采取相应措施。

12.3　基坑支护结构监测

12.3.1　支护结构监测项目与监测方法

基坑支护结构的监测项目，根据支护结构的重要程度、周围环境的复杂性和施工的要求而定。对重要的支护结构，监测项目和监测方法可按表 12－5 采用，对其他支护结构可参照增加或减少。

表 12－5 支护结构监测项目与监测方法

监测对象		监测项目	监测方法	备 注
支护结构	围护墙	侧压力、弯曲应力、变形	土压力计、孔隙水压力计、测斜仪、应变计、钢筋计、水准仪等	验证计算的荷载、内力、变形时需监测的项目
	支撑(锚杆)	轴力、弯曲应力	应变计、钢筋计、传感器	验证计算的内力
	腰梁(围檩)	轴力、弯曲应力	应变计、钢筋计、传感器	验证计算的内力
	立 柱	沉降、抬起	水准仪	观测坑底隆起的项目之一

12.3.2 支护结构监测常用仪器

支护结构的监测，主要分为应力监测和变形监测两类。应力监测主要用机械系统和电气系统的仪器；变形监测除用机械、电器系统仪器外，还用光学系统仪器。

应力监测仪器主要有：

(1) 测量土压力的埋设式土压力计（也称为土压力盒），用于观测作用于围护墙上土压力的变化情况。它又有液压式、气压平衡式（有差动电阻式、电阻应变式、电感式）和钢弦式，其中应用最多的为钢弦式土压力计，其常用型号、规格如表 12－6 所示。

表 12－6 钢弦式土压力计的技术性能

型 号		JXY－2 LXY－4（单膜式）	JXY－4 LXY－4（双膜式）
规格/MPa		0.1、0.2、0.3、0.4、0.5、0.6、0.8、1.0、1.5、2.0、2.5、3.0、4.0、5.0、6.0	0.1、0.2、0.3、0.4、0.5、0.6、0.8、1.0、1.5、2.0、2.5、3.0、4.0、5.0、6.0、8.0
主要技术指标	零点漂移	3～5Hz/3 个月	3～5Hz/3 个月
	重复性	<0.5% FS	<0.5% FS
	综合误差	<2.5% FS	<2.5% FS
	温度，频率特性	3～4 Hz/10℃	3～4 Hz/10℃
	使用环境温度	－10～＋50℃	－10～＋50℃
	外形尺寸	ϕ114mm×28mm	ϕ114mm×35mm

(2) 孔隙水压力计，用于测量土的孔隙水压力。使用较多的为钢弦式水压力计，其技术性能如表 12－7 所示。

(3) 支撑内力测试仪器，用于测量钢或钢筋混凝土支撑的内力。常用的有压力传感器、千分表位移量测装置、应力应变传感器等。应力应变传感器多用钢弦式传感器，其常用型号、规格、技术性能见表 12－8 和表 12－9。对一般以承受轴力为主的杆件，测量杆件的内力，只需在杆件混凝土中埋入混凝土计。对兼有轴力和弯矩的支撑杆件和围檩等，则需要同时埋入混凝土计和钢筋计，才能获得所需的内力数据。混凝土计直接埋设在要测试的截面内；钢筋计应直接与钢筋固定，可焊接或用接驳器连接。

表 12－7 钢弦式孔隙水压力计的技术性能

型 号	JXS－1	JXS－2
量 程	0.1～1.0MPa	
频 带	450Hz	
长期观测零点最大漂移	＜±1%FS	
滞后性	＜±0.5%FS	
满负荷徐变	＜－0.5%FS	
使用环境温度	4～60℃	
温度，频率特性	0.15 Hz/℃	
封闭性能	在使用量程内不泄露	
外形尺寸	ϕ60mm×140mm	ϕ60mm×260mm

表 12－8 JXH－2 型混凝土应变计的技术性能

规格/MPa	10	20	30	40
等效弹性模量/MPa	1.5×10^4	3.0×10^4	4.5×10^4	6.0×10^4
总应变/$\mu\varepsilon$	800～1000			
分辨率/%F.S.	≤0.2			
零点漂移值/Hz·(3个月)$^{-1}$	3～5			
总长/mm	150			
最大外径/mm	ϕ35.68			
承压面积/mm^2	1000			
温度漂移/Hz·(10℃)$^{-1}$	3～4			
使用环境温度/℃	－10～＋50			

表 12－9 JXG－1 型钢筋计的技术性能

规 格	ϕ12	ϕ14	ϕ16	ϕ18	ϕ20	ϕ22	ϕ25	ϕ28	ϕ30	ϕ32	ϕ36
最大外径/mm	ϕ32	ϕ32	ϕ32	ϕ32	ϕ34	ϕ35	ϕ38	ϕ42	ϕ44	ϕ47	ϕ55
总长/mm	783	783	783	785	785	785	785	795	795	795	795
最大拉力/kN	22	30	40	50	60	80	100	120	140	160	200
最大压力/kN	11	15	20	25	30	40	50	60	70	80	100
最大拉应力/MPa	200										
最大压应力/MPa	100										
分辨率/%F.S.	≤0.2										
零点漂移值/Hz·(3个月)$^{-1}$	3～5										
温度漂移/Hz·(10℃)$^{-1}$	3～4										
使用环境温度/℃	－10～＋50										

变形监测仪器除常用的经纬仪、水准仪外，主要为测斜仪，用于测量围护墙或土层各点的水平位移。测斜仪最为常用的为电阻应变片式测斜仪，这种测斜仪造价较低，精度也可满足工程实际需要。测斜管可用工程塑料、聚乙烯塑料或铝质圆管，内壁有两对互成90°的导槽。

12.4 周围环境的监测

受基坑挖土等施工的影响，基坑周围的地层往往会发生不同程度的变形，会对周围的环境（建筑物、地下管线等）产生不利影响。因此，在进行基坑支护结构监测的同时，还应对周围的环境进行监测。监测的内容主要有：坑外地层的变形；邻近建（构）筑物的沉降和倾斜；地下管线的沉降和位移等。

12.4.1 坑外地层的变形监测

基坑工程对周围环境的影响范围大约为1~2倍的基坑开挖深度，故此监测点应考虑布置在这一范围内。地层变形监测项目包括：地表沉降、土层分层沉降、土体测斜以及地下水位变化等。

12.4.2 邻近建（构）筑物沉降和倾斜监测

监测内容主要有三项：即建（构）筑物的沉降监测、建（构）筑物的倾斜监测和建（构）筑物的裂缝监测。在实施监测工作和布置测点前，应先对基坑周围的建（构）筑物进行周密调查，再布置测点进行监测。

对建（构）筑物情况的调查内容是：了解地面建（构）筑物的结构形式、基础形式、建筑层数和层高、平立面形状以及建（构）筑物对不同沉降差的反应。

各类建筑物对差异沉降的承受能力可参阅表12－10和表12－11的规定确定相应的控制标准。此外，还应对各个不同时期的建（构）筑物裂缝进行现场踏勘；在基坑工程施工前，对老的裂缝进行统一编号、测绘、照相；对裂缝变化的日期、部位、长度、宽度等进行详细的记录。

表12－10 差异沉降和相应建筑物的反应

建筑结构类型	$\frac{\delta}{L}$（L为建筑物长度，δ为差异沉降）	建筑物反应
一般砖墙承重结构，包括有内框架的结构；建筑物长高比小于10；有圈梁；天然地基（条形基础）	达1/150	分隔墙及承重砖墙发生相当多的裂缝，可能发生结构性破坏
一般钢筋混凝土框架结构	达1/150	发生严重变形
	达1/500	开始出现裂缝
高层刚性建筑（箱形基桩、桩基）	达1/250	可观察到建筑物倾斜
有桥式起重机的单层排架结构的厂房天然地基或桩基	达1/300	桥式行车运转困难，不调整轨面水平难运行，分隔墙有裂缝

续表 12－10

建筑结构类型	$\frac{\delta}{L}$（L为建筑物长度，δ为差异沉降）	建筑物反应
有斜撑的框架结构	达1/600	处于安全极限状态
对沉降差反应敏感的机器基础	达1/850	机器使用可能会发生困难，处于可运行的极限状态

注：1. 框架结构有多种基础形式，包括：现浇单独基础、现浇条形基础、现浇片筏基础、现浇箱形基础、装配式单独基础、装配条形基础以及桩基。不同基础形式的框架对沉降差异的反应也不同。上表只提出了一般框架结构对差异沉降的反应，因此对重要框架结构在差异沉降下的反应，还要仔细调研其基础形式和使用要求，以确定允许的差异沉降量。

2. 各种基础形式的高耸烟囱、化工塔罐、气柜、高炉、塔桅结构（如电视塔）、剧院、会场空旷机构等特别重要的建筑设施要做专门调研，以明确允许差异沉降值。

表 12－11　建筑物的基础倾斜允许值

建筑物类别		允许倾斜值
多层和高层建筑的整体倾斜	$H \leqslant 24m$	0.004
	$24m < H \leqslant 60m$	0.003
	$60m < H \leqslant 100m$	0.0025
	$H > 100m$	0.002
高耸结构基础的倾斜	$H \leqslant 20m$	0.008
	$20m < H \leqslant 60m$	0.006
	$60m < H \leqslant 100m$	0.005
	$100m < H \leqslant 150m$	0.004
	$150m < H \leqslant 200m$	0.003
	$200m < H \leqslant 250m$	0.002

对于内框架（特别是单排内框架）和底层框架（条形成单独基础）的多层砌体建筑结构，对不均匀沉降很敏感，应专门调研。

（1）建（构）筑物沉降观测。根据周围建（构）筑物的调查情况，确定测点布置部位和高低相差较多的部位的两侧；测点间距的确定，要尽可能充分反映建（构）筑物各部分的不均匀沉降。观测点标志和埋设方法同一般测量沉降观测。

建（构）筑物沉降观测使用的观测仪器一般为精密水准仪，按二等水准标准。每次量测应提交建（构）筑物各测点本次沉降和累计沉降报表；对连成一线的建（构）筑物沉降观测点绘制沉降曲线；对沉降量变化大又快的测点，应绘制沉降速率曲线。

（2）建（构）筑物倾斜监测。测定建（构）筑物倾斜的方法有两种：一是直接测定建（构）筑物的倾斜；一是通过测量建（构）筑物基础相对沉降的方法来确定建（构）筑物的倾斜。通过倾斜观测得到的建（构）筑物倾斜度，同建（构）筑物基础倾斜允许值（表12－11）进行比较，以判断建（构）筑物是否在安全范围内。

（3）建（构）筑物裂缝监测。在基坑工程施工中，要对已详细记录的老的裂缝进行追踪观测，及时掌握裂缝的变化情况，并同时注意在基坑施工中，有无新的裂缝产生，如发现新的裂缝，应及时进行编号、测绘、照相。并在裂缝处贴石膏板，当裂缝继续发展时，石膏板也随之开裂，从而可了解裂缝继续发展的情况。

12.4.3 邻近地下管线沉降与位移监测

城市地下管线主要有：天然气（煤气）管、上水管、电力电缆、电话电缆、雨水管和污水管等。其中天然气（煤气）管和上、下水管为刚性压力管道，为监测的重点。

监测前应做好周围地下管线情况调查，向有关部门索取基坑周围地下管线分布图，从中摸清基坑周围地下管线的种类、走向和各种管线的管径、壁厚、管节长度、接头构造和埋设年代，以及各管线距基坑的距离，然后进行现场踏勘，根据必要的探挖，确认管线图提供的管线情况和埋深。

监测点布置应优先考虑天然气（煤气）管和大口径上水管。根据预估的地表沉降曲线，对影响大的管线要加密布点；测点间距一般取 10 ~ 15m，最好按每节管的长度布点，能真实地反映管线（地基）沉降曲线。测点埋设可采取在管线上设抱箍或将测点埋设在管线轴线相对应的地表或两种测点相结合的办法。测点应编号。

沉降观测用精密水准仪，按二等水准要求。水平位移观测用 2″级全站仪。为了保证测量观测精度，平面和垂直位移监测应建立监测网，由固定基准点、工作点及监测点组成。

管线监测应提供的资料包括：管线测点沉降、位移观测成果表（本次累计变化量），时间 - 沉降、时间 - 位移曲线或时间 - 合位移曲线。

地下管线是城市的生命线，当监测中达到：沉降、位移日变量 3mm，或累计 10mm，应及时报警，由建设、监理、设计、施工单位会同管线部门共同进行分析，商定对策。

基坑工程监测多由有资质的专业单位负责进行。有关监测数据要及时送交有关单位和人员，以便及时研究处理监测中发现的问题，保证支护结构和基坑周围环境的安全。

12.5 工程实例分析

12.5.1 工程概况

深圳星河国际酒店用地红线南北向长 176.9m，东西向宽 55.75m，周长 450.4m，红线占地面积 9813.9m^2。自然地面绝对标高平均约 6m，建筑设计底板底绝对标高 -11.4m，基坑开挖深度 17.4m。地下室范围东西侧退红线 1.0m，南侧退红线 13.5m，北侧退红线 4.5m，占地面积 8419m^2。

基坑东侧北段为在建的金中环商务大厦（开挖深度 14.4m，已回填），金中环基坑采用顶部放坡，搅拌桩复合土钉墙支护，其土钉与锚索均已打入本基坑范围内；基坑南侧与福华三路相距约 14m，福华三路有少量管线通过，管线埋深较浅，锚索对其不会造成影响；基坑西侧紧邻在建的地铁会展中心站以及地下商场（商场下部为地铁 4 号线主体隧道），其中会展中心站 4 号出入口以及部分支护桩已进入本建筑用地红线；基坑西侧的地铁构筑物开挖深度约 23m。地铁所采用的支护形式是上部约 8m 采用土钉墙支护，下部采用挖孔咬合桩加内支撑支护。其上部的土钉与锚杆（索）均已进入本基坑用地范围内。基坑距北侧地铁 1 号线约 18m。地铁 1 号线开挖深度约 15.8m，排桩 + 内支撑支护，与本基坑有一定距离，其上部的土钉与锚杆（索）未打入本基坑范围内。基坑北侧有一条埋深9m的电缆沟通过，距地下室外墙边线仅1.9m，且在通过地铁4号线时，采用了挖孔桩的支护方式。部分挖孔桩已进入建筑用地红线范围内。基坑平面图如图12－2所示。

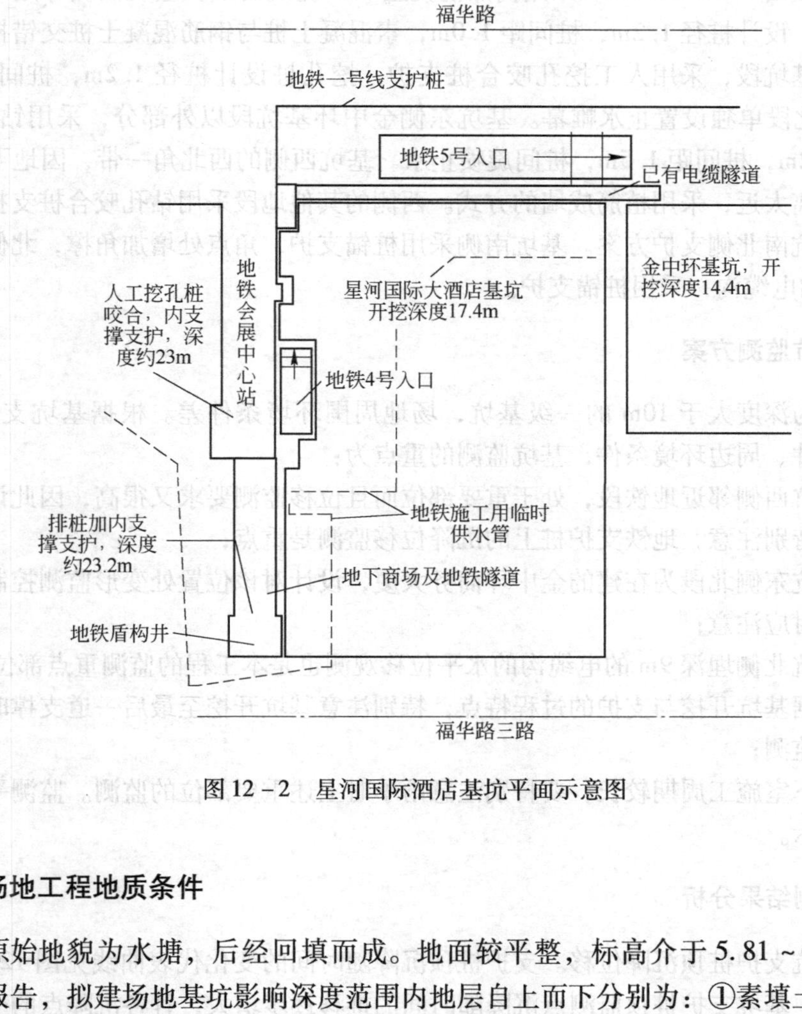

图12－2　星河国际酒店基坑平面示意图

12.5.2　场地工程地质条件

场地原始地貌为水塘，后经回填而成。地面较平整，标高介于5.81～6.62m之间。根据勘察报告，拟建场地基坑影响深度范围内地层自上而下分别为：①素填土层：主要由砾质粉质黏土堆填而成，湿，稍密状态。层厚3.2～9.0m，分布于整个场地，其中基坑北侧因电缆沟开挖回填形成9m厚填土。②粉土：湿，松散状态。层厚0.6～1.9m，分布于整个场地。③淤泥质粉细砂：灰黑，黑色。层厚0.5～7.4m，标贯3～9击，分布于整个场地。④含黏土中粗砂：饱和，稍密状态。层厚1.1～5.7m，标贯6～17击，分布于场地局部地段。⑤含砾粉质黏土：可塑状态，层厚0.7～3.2m，标贯5～17击，分布于场地局部地段。⑥砾质粉质黏土，湿，可塑～硬塑状态。层厚1.6～12.6m，标贯6～27击，分布于整个场地。⑦中粒花岗岩，基坑的东南侧中风化花岗岩层顶埋深约25～28m，距基坑底约3～5m。

12.5.3　基坑支护方案

本基坑安全等级为一级，通过一系列的方案对比优选，同时结合周边的环境考虑，最终决定对基坑的东西两侧采用混凝土对撑，南北两侧采用桩锚支护，基坑角点采用角撑加固。具体方案如下：

（1）基坑东西侧支护方案。基坑东西两侧均采用三道混凝土支撑结构控制地铁结构的位移。支撑截面 1.0m×1.2m，采用商品混凝土 C30 浇筑而成。基坑西侧邻近地铁，采用钻孔咬合桩。设计桩径 1.2m，桩间距 1.0m，素混凝土桩与钢筋混凝土桩交错搭接。基坑东侧金中环基坑段，采用人工挖孔咬合桩支护，挖孔桩设计桩径 1.2m，桩间距 1.15m，搭接 5cm，此段单独设置止水帷幕。基坑东侧金中环基坑段以外部分，采用钻孔桩支护，设计桩径 1.2m，桩间距 1.5m，桩间旋喷止水。基坑西侧的西北角一带，因地下室结构与地铁结构距离太近，采用植筋成墙的方式。西侧的其他地段采用钻孔咬合桩支护。

（2）基坑南北侧支护方案。基坑南侧采用桩锚支护，角点处增加角撑，北侧存在一条埋深达 9m 的电缆沟，采用桩锚支护。

12.5.4 基坑监测方案

本基坑为深度大于 10m 的一级基坑，场地周围环境条件差。根据基坑支护的特点、场地地质条件、周边环境条件，基坑监测的重点为：

（1）基坑西侧邻近地铁段，处于重要部位而且位移监测要求又很高，因此该段的沉降位移监测应特别注意，地铁支护桩上的沉降位移监测是重点；

（2）基坑东侧北段为在建的金中环商务大厦，设计对该位置处变形监测控制标准要求很高，监测时应注意；

（3）基坑北侧埋深 9m 的电缆沟的水平位移观测也是本工程的监测重点部位；

（4）根据基坑开挖与支护的过程特点，特别注意基坑开挖至最后一道支撑时及坑底面板施工时的监测；

（5）地下室施工周期较长，要特别注意雨季时上述重要部位的监测。监测平面布置如图 12-3 所示。

12.5.5 监测结果分析

（1）基坑支护桩顶沉降位移。支护桩顶沉降随时间的变化代表曲线见图 12-4。从图中可以看到，基坑支护桩顶监测点沉降随时间的推移逐步增大，且各沉降点的变化幅度基本一致。由最终监测结果除 WS18 及 WS19 点累计沉降值超过 10mm 之外，其余各点累计沉降量均在 10mm 以下。从图中分析，监测工作开始至 7 月初，各监测点的沉降缓步发展，基本处于稳定状态，随后，沉降开始发生，并发展较为迅速，至 10 月底，沉降有所放缓，但仍有少量发展。支护桩顶的沉降发展与现场施工进度是一致的，基坑是在 7 月初开始开挖，到 10 月底基坑南侧底部第一道换撑已形成。由此可知，基坑支护桩施作阶段，其沉降量很小；随基坑支护桩悬臂高度的增加，基坑桩顶沉降量逐步增大；换撑后，基坑悬臂高度缩小，沉降量继续增大，但沉降速率明显放缓。

（2）基坑支护桩顶水平位移。支护桩顶位移随时间的变化代表曲线如图 12-5 所示。由图可知，各基坑支护桩顶监测点位移随时间的推移逐步增大，且各位移点的变化幅度基本一致。但各位移点位移量差别较为明显。位移较大处位于基坑南一支撑梁东侧，最大处 WS19′测点位移量超过 17mm。另外基坑南侧 WS2 测点、基坑北侧 WS14 测点位移量也达

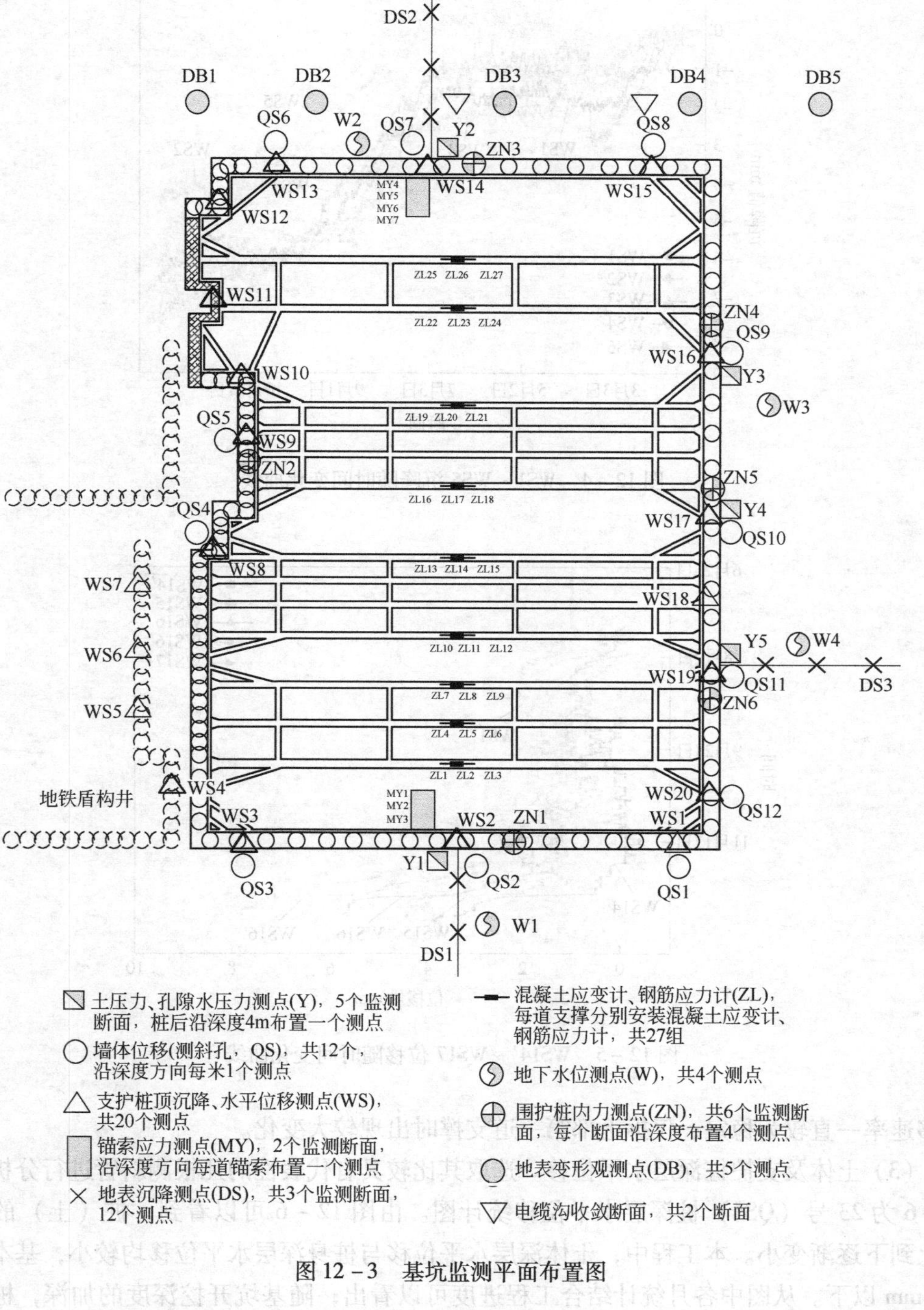

图 12－3 基坑监测平面布置图

到了 14.6mm 和 9.8mm。其余各点累计位移量均在 10mm 以下。由图 12－5 还可知，从监测工作开始至 11 月底，各监测点的位移总体趋势为缓步发展，基本处于稳定状态，随后，位移呈迅速发生趋势。分析现场施工进度可知，11 月底基坑结构基本已施工至拆除最上部一道支撑梁，此时楼板换撑无法实施，支护桩悬臂高度比拆除上部第一道支撑增加了 2.4m，因此，位移迅速发展，而至基坑出地面后，位移量迅速呈收敛趋势。整个过程中，

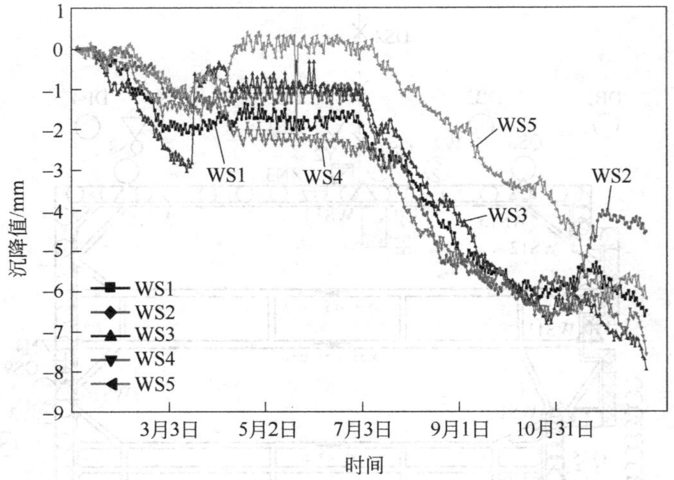

图 12－4 WS1～WS5 沉降随时间变化曲线

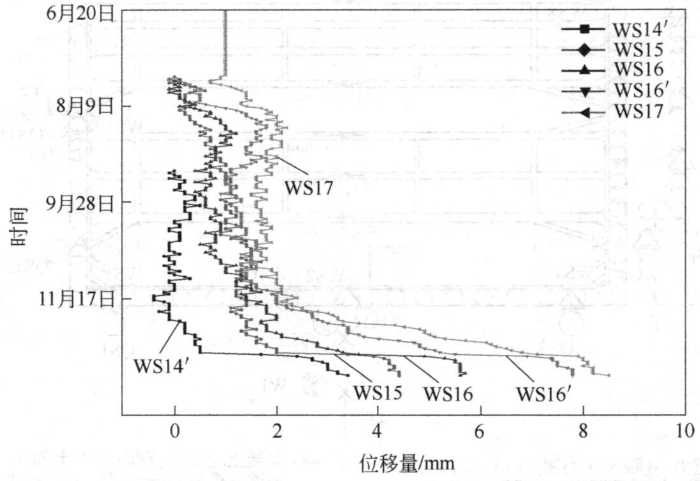

图 12－5 WS14′～WS17 位移随时间变化曲线

位移速率一直较为稳定，仅拆上部第一道支撑时出现较大变化。

（3）土体及支护桩深层水平位移。选取其比较具有代表性的几根测斜管进行分析，图 12－6 为 23 号（QS4）桩深层水平位移统计图。由图 12－6 可以看到，桩（土）的位移由上到下逐渐变小。本工程中，土体深层水平位移与桩身深层水平位移均较小，基本上都在 2mm 以下。从图中各月统计结合工程进度可以看出，随基坑开挖深度的加深，桩身深层水平位移增加。至建筑下部结构到正负零后及基坑开挖前，桩身深层水平位移可能呈现反复的趋势。

（4）地面沉降。整个基坑共布设三个沉降监测断面。图 12－7、图 12－8 为 DS1 与 DS2 沉降观测断面。由图 12－7、图 12－8 监测断面可知，地面沉降监测点沉降随时间的推移逐步增大，且位移点的变化幅度基本一致。支护桩施作阶段，由于基坑降水，地面有

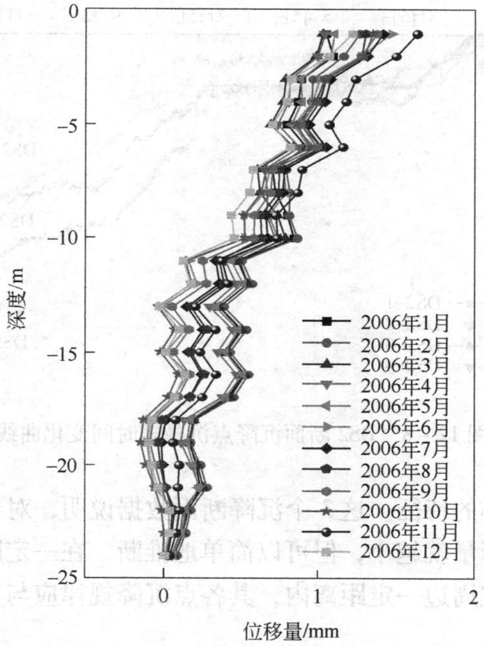

图 12－6　23 号桩（QS4）深层水平位移统计图

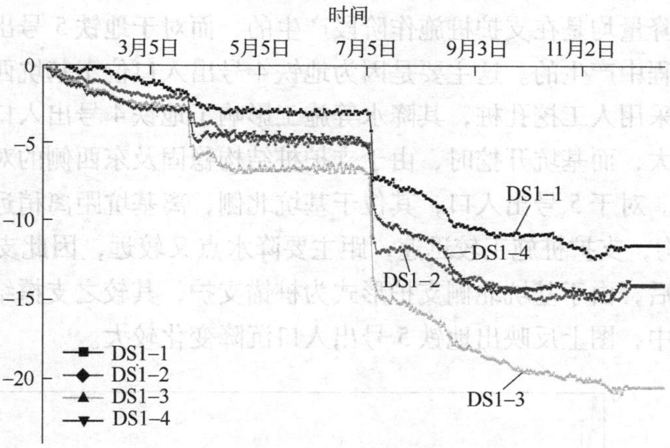

图 12－7　DS1 断面沉降点沉降随时间变化曲线

所沉降；基坑开始开挖，地面沉降迅速发展，直到基坑开挖结束。基坑开挖中沉降速率较大，而支护桩施作阶段，沉降速率较小。

与支护桩桩顶沉降量变化作比较可以看出，其两者之间变化是相互联系的，支护桩与地面沉降成正比例，地面沉降量约为支护桩桩顶沉降量的 2 倍。另外，由于支护桩施作阶段的降水，该阶段的沉降量最大达到了 7mm，因此对于基坑尚未进行开挖时进行沉降观测是不可忽视的。3 个地面沉降断面比较而言，DS1 断面总沉降量明显大于其他两个断面，这与基坑桩顶沉降、位移变化是相互印证的，反映出基坑开挖过程中对于危险部位，其两者有相同的作用，且其变化规律基本相同。对于同一沉降监测断面，沉降量并没有呈

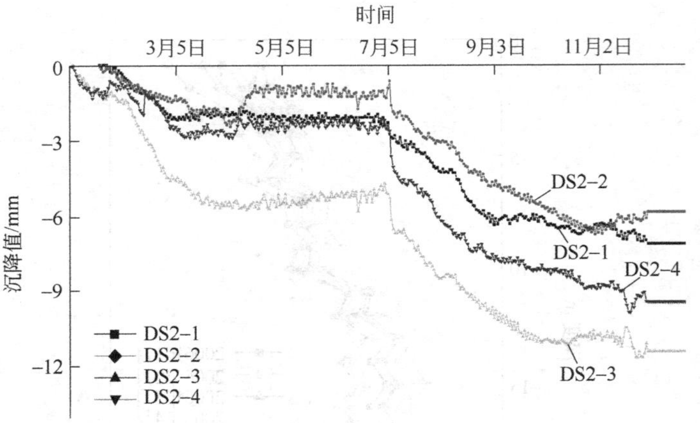

图 12－8　DS2 断面沉降点沉降随时间变化曲线

现离基坑越远沉降量越小的特征。这 3 个沉降断面数据说明，对于基坑周边各点，不能简单地认为距离越远，沉降量就越小，但可以简单地推断，在一定距离外，沉降随离基坑的距离增长而增大。在基坑周边一定距离内，其各点沉降规律应与其平面位置有关，而不仅仅只与该断面有关。

（5）地铁出入口变形监测。图 12－9 与图 12－10 分别为地铁 4 号口与地铁 5 号口各沉降点沉降随时间变化曲线，由图中可知，对于地铁 4 号出入口，支护桩开挖对其影响较大，其大部分沉降量均是在支护桩施作阶段产生的，而对于地铁 5 号出入口，大部分沉降是在基坑开挖过程中产生的。这主要是因为地铁 4 号出入口位于基坑西侧，且离基坑距离非常近，支护桩采用人工挖孔桩，其降水等施工影响了地铁 4 号出入口，导致其在支护桩施作阶段沉降较大，而基坑开挖时，由于支护桩结构稳固及东西侧的对撑，地铁 4 号出入口反而沉降稳定。对于 5 号出入口，其位于基坑北侧，离基坑距离稍远，中间还夹了一条埋深 9m 的电缆沟，支护桩施工较迅速，距主要降水点又较远，因此支护桩施作对其影响较小。基坑开挖后，由于基坑北侧支护形式为桩锚支护，其较之支撑结构稍微不稳固，结果基坑开挖过程中，图上反映出地铁 5 号出入口沉降变化较大。

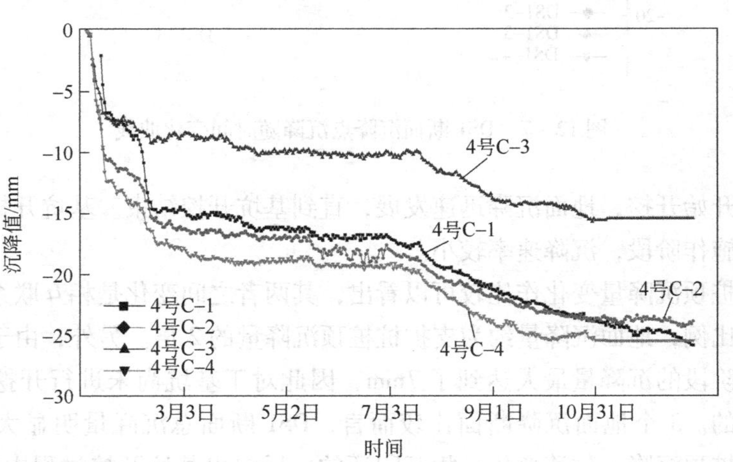

图 12－9　地铁 4 号出入口各沉降点沉降随时间变化曲线

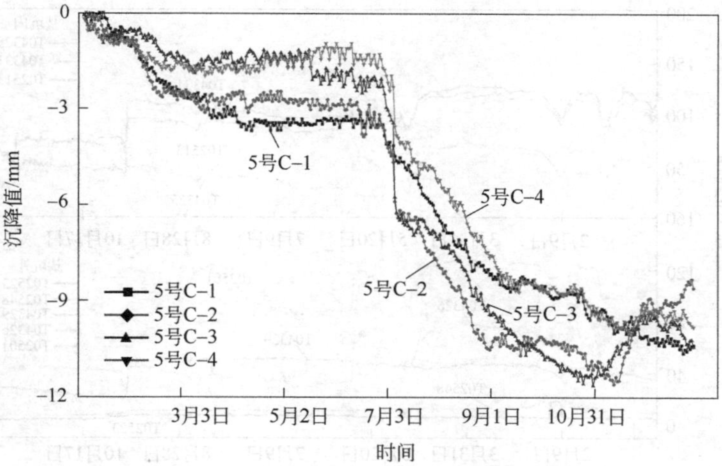

图 12－10　地铁 5 号出入口各沉降点沉降随时间变化曲线

(6) 支撑轴力。图 12－11 为代表性的支撑轴力随时间变化曲线，局部跳跃主要是因为施工荷载增加所致。支撑轴力受支撑体系结构等因素的影响，变化不规律，但其总体趋势稳定，监测自该条支撑梁制作完成开始至拆除结束，支撑梁制作完成，随其下部土体开挖，其轴力稳步上升，至一定位置后呈现较稳定的特性。随后可能由于施工荷载的增加呈跳跃的特征，但变化不大。

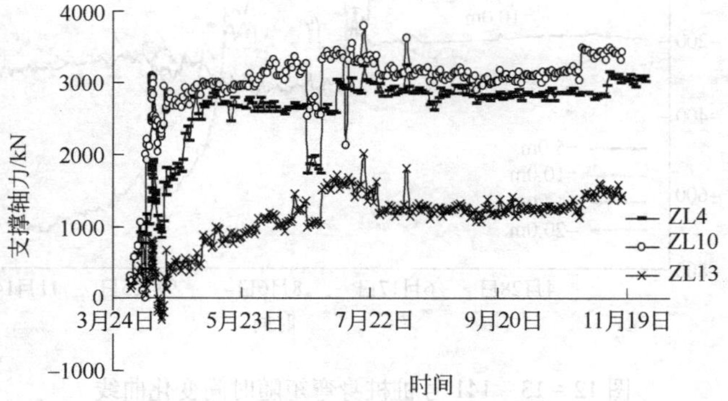

图 12－11　支撑轴力随时间变化曲线

(7) 土压力与孔隙水压力。图 12－12 为代表断面土压力随时间变化的曲线。开挖初期，基坑外侧土压力显示出静止土压力特征，随深度的增加，土压力增加不大，其不同位置、不同深度表现略有不同。静止土压力向主动土压力转变过程中，变化较为缓慢，中间随施工荷载影响出现偶尔跳跃的特征，监测结束时土压力较之开始时增加不大，说明支护结构较为稳定，受到的侧向土压力不是很大。

基坑开挖过程中，土压力的动态变化受施工进程、土体沉降、墙体挠曲、施工机械布置等各种因素而变得异常复杂，它是荷载作用与结构变形、土体与墙体变形协调的结果。

(8) 支护桩弯矩。图 12－13、图 12－14 为支护桩桩身弯矩随时间变化的曲线。基坑

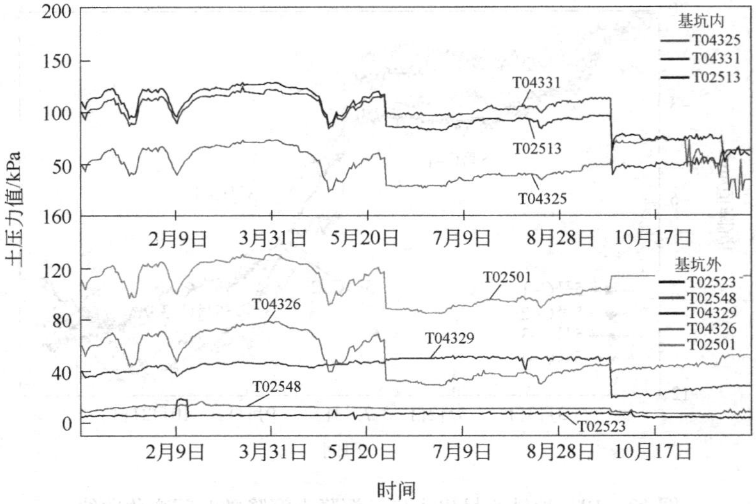

图 12 - 12 T4 土压力随时间变化曲线

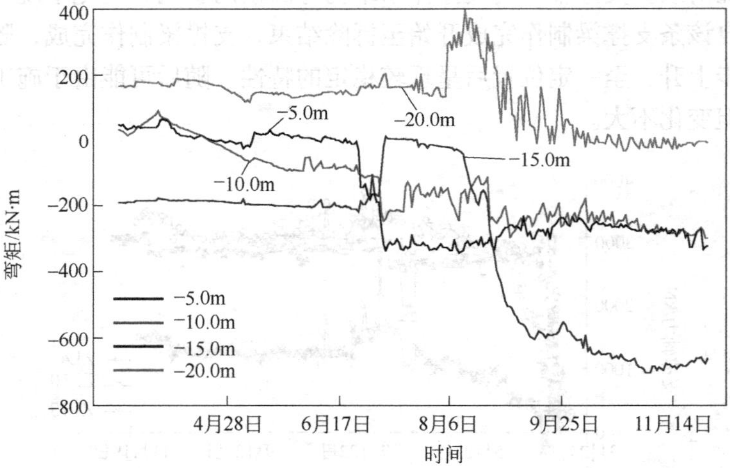

图 12 - 13 141 号桩桩身弯矩随时间变化曲线

开挖约为 7 月初至 10 月（基坑北侧较晚些）。从图中可以看到，基坑开挖前，桩身弯矩较为稳定，基本无变化；基坑开挖后，其上部弯矩开始增大，随开挖加深及上一道支撑的完工，上部弯矩开始减小，而下部弯矩有增加的趋势，随后弯矩被支撑分担，有减小趋势。23 号桩、59 号桩桩身弯矩最大处出现在 -15.0m 深度处，同时其他深度处弯矩很小，表明该处支撑可能间距过大。

（9）锚索应力。图 12 - 15 为锚索应力实测结果，表 12 - 12 为锚索实测值与设计值的比较。锚索应力监测结果表明，基坑南侧锚索应力较大，北侧的锚索应力较小，表 12 - 12 中可以看到，南侧锚索实测值与设计值之比为 37.4% ~65.9%，而北侧的锚索实测值与设计值之比仅为 12.5% ~29.8%。锚索应力未得到充分发挥，另外，下面一道锚索张拉过程中会导致其上一层锚索周围土体松弛，使其应力值降低。

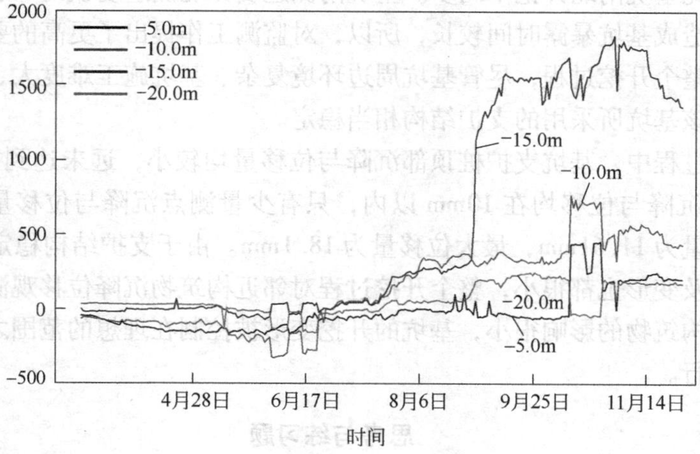

图 12-14 59号桩桩身弯矩随时间变化曲线

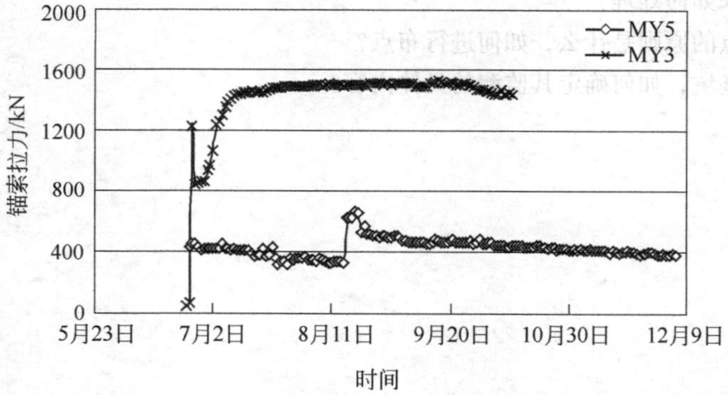

图 12-15 锚索应力实测值随时间变化曲线

表 12-12 锚索应力实测值与设计值的比较

锚索编号/位置	应力实测值	应力设计值	应力实测值与设计值之比/%
MY1/南侧	197.6	300	65.9
MY2/南侧	112.3	300	37.4
MY3/南侧	144.4	300	48.1
MY4/北侧	89.3	300	29.8
MY5/北侧	37.6	300	12.5
MY6/北侧	75.6	300	25.2
MY7/南侧	189.1	300	63.0

12.5.6 结论与建议

由以上分析可知，该基坑周边环境复杂，施工及观测难度较大，而且在开挖工程中遇到的难题较多。基坑南北开挖不同步，且相差较大；作为一个整体基坑，北侧施工难度较之南侧大，因此基坑南北开挖不同步。基坑南侧进度比北侧进度快约2层地下室。由于各方面的原因，造成基坑暴露时间较长，所以，对监测工作提出了更高的要求。

该基坑在整个开挖过程，尽管基坑周边环境复杂、基坑施工难度大、暴露时间长，但监测数据表明该基坑所采用的支护结构相当稳定。

整个监测过程中，基坑支护桩顶部沉降与位移量均较小，远未达到报警值（30mm），其大部分测点沉降与位移均在10mm以内，只有少量测点沉降与位移量在10～20mm之间。最大沉降量为11.61mm，最大位移量为18.1mm。由于支护结构稳定可靠，所以地铁口周边的沉降及变形也都很小，整个开挖过程对邻近构筑物沉降位移观测结果也表明，基坑开挖对邻近构筑物的影响很小，基坑的开挖变形被控制在理想的范围之内，最终保证了工程的顺利进行。

思考与练习题

12－1 基坑监测的主要内容是什么，为什么对不同的基坑监测的内容不一样？

12－2 基坑监测的频率如何确定？

12－3 对监测的成果如何处理？

12－4 基坑监测布点的原则是什么，如何进行布点？

12－5 对于不同的基坑，如何确定其监测的具体内容？

参 考 文 献

[1] 中华人民共和国国家标准．GB 50497—2009 建筑基坑工程监测技术规范［S］．北京：中国计划出版社，2009.
[2] 中华人民共和国行业标准．JGJ 120—99 建筑基坑支护技术规程［S］．北京：中国建筑工业出版社，1999.
[3] 刘国彬，王卫东．基坑工程手册［M］.2 版．北京：中国建筑工业出版社，2009.
[4] 赵志缙，应惠清．简明深基坑工程设计施工手册［M］．北京：中国建筑工业出版社，2000.
[5] 姜晨光．基坑工程理论与实践［M］．北京：化学工业出版社，2009.
[6] 贾金青．深基坑预应力锚杆柔性支护法的理论及实践［M］．北京：中国建筑工业出版社，2006.
[7] 熊智彪．建筑基坑支护［M］．北京：中国建筑工业出版社，2008.
[8] 龚晓南．基坑工程实例 3［M］．北京：中国建筑工业出版社，2010.
[9] 刘宗仁，刘雪雁．基坑工程［M］．哈尔滨：哈尔滨工业大学出版社，2008.
[10] 林鸣，徐伟．深基坑工程信息化施工技术［M］．北京：中国建筑工业出版社，2006.
[11] 应惠清．基坑支护工程［M］．北京：中国建筑工业出版社，2003.
[12] 赵锡宏，等．大型超深基坑工程实践与理论［M］．北京：人民交通出版社，2005.
[13] 王曙光．深基坑支护事故处理经验录［M］．北京：机械工业出版社，2005.
[14] 聂庆科，梁金国，韩立君．深基坑双排桩支护结构设计理论与应用［M］．北京：中国建筑工业出版社，2008.
[15] 吴林高．工程降水设计施工与基坑渗流理论［M］．北京：人民交通出版社，2003.
[16] 郑刚，焦莹．深基坑工程设计理论及工程应用［M］．北京：中国建筑工业出版社，2010.
[17] 唐孟雄，陈如桂，陈伟．深基坑工程变形控制［M］．北京：中国建筑工业出版社，2006.
[18] 陈忠汉，程丽萍．深基坑工程［M］．北京：机械工业出版社，1999.
[19] 刘建航，侯学渊．基坑工程手册［M］．北京：中国建筑工业出版社，1997.
[20] 刘俊岩．建筑基坑工程监测技术规范实施手册［M］．北京：中国建筑工业出版社，2010.
[21] 范益群．软土基坑考虑时空效应的三维动态设计与过程控制［M］．上海：上海科学普及出版社，2005.
[22] 邢六金．深基坑土方岛式开挖施工技术［J］．山西建筑，2009，35（33）：104 ~ 105.

冶金工业出版社部分图书推荐